房屋建筑与
土木工程项目管理研究

敬通明　朱关岐　李攀攀　著

吉林科学技术出版社

图书在版编目（CIP）数据

房屋建筑与土木工程项目管理研究 / 敬通明，朱关岐，李攀攀著．-- 长春 ：吉林科学技术出版社，2019.10

ISBN 978-7-5578-6173-5

Ⅰ．①房… Ⅱ．①敬… ②朱… ③李… Ⅲ．①建筑工程－工程项目管理－研究②土木工程－工程项目管理－研究 Ⅳ．①TU712.1

中国版本图书馆 CIP 数据核字（2019）第 232652 号

房屋建筑与土木工程项目管理研究 FANGWU JIANZHU YU TUMU GONGCHENG XIANGMU GUANLI YANJIU

著　　者　敬通明　朱关岐　李攀攀
出 版 人　李　梁
责任编辑　朱　萌
封面设计　刘　华
制　　版　王　朋
开　　本　185mm×260mm
字　　数　340 千字
印　　张　15
版　　次　2019 年 10 月第 1 版
印　　次　2019 年 10 月第 1 次印刷

出　　版　吉林科学技术出版社
发　　行　吉林科学技术出版社
地　　址　长春市福祉大路 5788 号出版集团 A 座
邮　　编　130118
发行部电话 / 传真　0431—81629529　81629530　81629531
81629532　81629533　81629534
储运部电话　0431—86059116
编辑部电话　0431—81629517
网　　址　www.jlstp.net
印　　刷　北京宝莲鸿图科技有限公司

书　　号　ISBN 978-7-5578-6173-5
定　　价　60.00 元

前　言

在房屋建设的工程开展过程中，为了保证工程的有序开展，成本的合理控制以及安全性的全面保障，必不可少的要注重管理工作的开展与优化。实际管理工作的开展需针对施工现场的物资、材料、人员以及技术进行调整与搭配，通过整体工程开展效果的优化，保证工程的开展效率与建设水平。

土木工程项目管理是一项具体细致的内容，通过完善的土木工程结构内容分析，确定实际经济结构变化，发展优化水平，对土木工程的实际形式，发展水平进行促进和提升，拓展经济发展形式特点。深入分析人类自然改造形式特点，对各类建筑物的规模效果，造型，科技水平的复杂程度进行判断，分析施工中各类建筑材料的实际科技效果，传统土木工程的具体施工特点，土木工程项目施工管理的具体挑战内容。通过分析具体的科技形式特点，创新作用方法，从需求出发，准确的判断土木工程项目管理特点，明确把握土木工程的整体施工发展趋势，加强综合经济知识的判断和时代走势的分析。

本书从十三章内容对房屋建筑与土木工程项目管理研究进行详细介绍，希望能够有一定帮助。

目　录

第一章　建筑材料

第一节　材料的基本性能

材料是人类用于制造物品、器件、构件、机器或其他产品的那些物质。

材料是物质，但不是所有物质都称为材料。燃料和化学原料、工业化学品、食物和药物，一般都不算作材料，往往称为原料。但这个定义并不严格，如炸药、固体火箭推进剂，一般称之为“含能材料”，因为它属于火炮或火箭的组成部分。材料总是和一定的使用场合相联系，可由一种或若干种物质构成。同一种物质，由于制备方法或加工方法不同，可成为用途迥异的不同类型和性质的材料。

材料是人类赖以生存和发展的物质基础。20 世纪 70 年代人们把信息、材料和能源誉为当代文明的三大支柱。80 年代以高技术群为代表的新技术革命，又把新材料、信息技术和生物技术并列为新技术革命的重要标志，就是因为材料与国民经济建设、国防建设和人民生活密切相关。

材料的性能可分为两类，一种是特征性能，属于材料本身固有的性质，

包括热学性能（热容、热导率、熔化热、热膨胀、熔沸点等）、力学性能（弹性模量、拉伸强度、抗冲强度、屈服强度、耐疲劳强度等）、电学性能（电导率、电阻率、介电性能、击穿电压等）、磁学性能（顺磁性、反磁性、铁磁性）、光学性能（光的反射、折射、吸收、透射以及发光、荧光等性质）、化学性能（即材料参与化学反应的活泼性和能力，如耐腐蚀性、催化性能、离子交换性能等）

一种是功能物性，指在一定条件和一定限度内对材料施加某种作用时，通过材料将这种作用转化为另一形式功能的性质，包括热 - 电转换性能（热敏电阻、红外探测等）、光 - 热转换性能（如将太阳光转变为热的平板型集热器）、光 - 电转换性能（太阳能电池）、力 - 电转换性能、磁 - 光转换性能、电 - 光转换性能、声 - 光转换性能等。

第二节　胶凝材料

胶凝材料，又称胶结料。在物理、化学作用下，能从浆体变成坚固的石状体，并能胶结其他物料，制成有一定机械强度的复合固体的物质。土木工程材料中，凡是经过一系列物理、化学变化能将散粒状或块状材料黏结成整体的材料，统称为胶凝材料。胶凝材料是指通过自身的物理化学作用，由可塑性浆体变为坚硬石状体的过程中，能将散粒或块状材料黏结成为整体的材料，亦称为胶结材料。

一、石灰

石灰是一种以氧化钙为主要成分的气硬性无机胶凝材料。石灰是用石灰石、白云石、白垩、贝壳等碳酸钙含量高的产物，经 900 ～ 1100℃煅烧而成。石灰是人类最早应用的胶凝材料。石灰在土木工程中应用范围很广，在我国还可用在医药方面。为此，古代流传下以石灰为题材的诗词，千古吟诵。

（一）发展历程

公元前 8 世纪古希腊人已用于建筑，中国也在公元前 7 世纪开始使用石灰。至今石灰仍然是用途广泛的建筑材料。石灰有生石灰和熟石灰（即消石灰），按其氧化镁含量（以 5% 为限）又可分为钙质石灰和镁质石灰。由于其原料分布广，生产工艺简单，成本低廉。

石灰具有较强的碱性，在常温下，能与玻璃态的活性氧化硅或活性氧化铝反应，生成有水硬性的产物，产生胶结。因此，石灰还是建筑材料工业中重要的原材料。

1. 陶弘景

石灰，今近山生石，青白色，作灶烧竟，以水沃之，即热蒸而解末矣。性至烈，人以度酒饮之，则腹痛下痢。疗金疮亦甚良。

2. 唐本草

石灰，《名医别录》及今人用疗金疮止血大效。若五月采蘩缕、葛叶、鹿活草、槲叶、芍药、地黄叶、苍耳叶、青蒿叶，合石灰捣为团如鸡卵，暴干，末，以疗疮生肌，大验。

3.《本草图经》

石灰，今所在近山处皆有之，此烧青石为灰也。又名石锻，有两种：风化、水化，风化者，以锻了石，置风中自解，此为有力；水化者，以水沃之，则热蒸而解，力差劣。古方多用合百草团，末，治金创殊胜。今医家或以腊月黄牛胆取汁搜和，却纳胆中，挂之当风，百日，研之，更胜草叶者。

4.《纲目》

今人作窑烧之，一层柴，或煤炭一层在下，上累青石，自下发火，层层自焚而散。入药唯用风化、不夹石者良。

（二）物理性质

石灰是一种以氧化钙为主要成分的气硬性无机胶凝材料。石灰是用石灰石、白云石、白垩、贝壳等碳酸钙含量高的产物，经 900 ~ 1100℃煅烧而成。石灰是人类最早应用的胶凝材料。石灰在土木工程中应用范围很广，在我国还可用在医药方面。为此，古代流传以石灰为题材的诗词，千古吟诵。

（三）生产工艺

原始的石灰生产工艺是将石灰石与燃料（木材）分层铺放，引火煅烧一周即得。现代则采用机械化、半机械化立窑以及回转窑、沸腾炉等设备进行生产。煅烧时间也相应地缩短，用回转窑生产石灰仅需 2 ~ 4 小时，比用立窑生产可提高生产效率 5 倍以上。又出现了横流式、双斜坡式及烧油环行立窑和带预热器的短回转窑等节能效果显著的工艺和设备，燃料也扩大为煤、焦炭、重油或液化气等。

（四）原料成分

凡是以碳酸钙为主要成分的天然岩石，如石灰岩、白垩、白云质石灰岩等，都可用来生产石灰。

将主要成分为碳酸钙的天然岩石，在适当温度下煅烧，排除分解出的二氧化碳后，所得的以氧化钙（CaO）为主要成分的产品即为石灰，又称生石灰。

在实际生产中，为加快分解，煅烧温度常提高到 1000 ~ 1100℃。由于石灰石原料的尺寸大或煅烧时窑中温度分布不匀等原因，石灰中常含有欠火石灰和过火石灰。欠火石灰中的碳酸钙未完全分解，使用时缺乏黏结力。过火石灰结构密实，表面常包覆一层熔融物，熟化很慢。由于生产原料中常含有碳酸镁（$MgCO_3$），因此生石灰中还含有次要成分氧化镁（MgO），根据氧化镁含量的多少，生石灰分为钙质石灰（MgO≤5%）和镁质石灰（MgO>5%）。

生石灰呈白色或灰色块状，为便于使用，块状生石灰常需加工成生石灰粉、消石灰粉或石灰膏。生石灰粉是由块状生石灰磨细而得到的细粉，其主要成分是 CaO；消石灰粉是块状生石灰用适量水熟化而得到的粉末，又称熟石灰，其主要成分是 $Ca(OH)_2$；石灰膏是块状生石灰用较多的水（约为生石灰体积的 3 ~ 4 倍）熟化而得到的膏状物. 也称石灰浆。其主要成分也是 $Ca(OH)_2$。

（五）适用范围

特别适用于膨化食品、香菇、木耳等土特产，以及仪表仪器、医药、服饰、电子电信、皮革、纺织等行业的产品。

石灰和石灰石大量用作建筑材料，也是许多工业的重要原料。石灰石可直接加工成石料和烧制成生石灰。石灰有生石灰和熟石灰。生石灰的主要成分是 CaO，一般呈块状，纯的为白色，含有杂质时为淡灰色或淡黄色。生石灰吸潮或加水就成为消石灰，消石灰也叫熟石灰，它的主要成分是 $Ca(OH)_2$。熟石灰经调配成石灰浆、石灰膏、石灰砂浆等，用作涂装材料和砖瓦黏合剂。纯碱是用石灰石、食盐、氨等原料经过多步反应制得（索尔维法）。利用消石灰和纯碱反应制成烧碱（苛化法）。利用纯有 1286 处，其中大型矿床 257 处、中型 481 处、小型 486 处（矿石储量大于 8000 万吨为大型、4000 ~ 8000 万吨为中型、小于 4000 万吨为小型），共计保有矿石储量 542 亿吨，其中石灰岩储量 504 亿吨，占 93%；大理岩储量 38 亿吨，占 7%。保有储量广泛分布于除上海市以外 29 个省、直辖市、自治区，其中陕西省保有储量 49 亿吨，为全国之冠；其余依次为安徽省、广西壮族自治区、四川（含重庆市）省，各保有储量 34 ~ 30 亿吨；山东、河北、河南、广东、辽宁、湖南、湖北 7 省各保有储量 30 ~ 20 亿吨；黑龙江、浙江、江苏、贵州、江西、云南、福建、山西、新疆、吉林、内蒙古、青海、甘肃 13 省各保有储量 20 ~ 10 亿吨；北京、宁夏、海南、西藏、天津 5 省各保有储量 5 ~ 2 亿吨。

（六）深加工

（1）碳化法：将石灰石等原料煅烧生成石灰（主要成分为氧化钙）和二氧化碳，加水消化石灰生成氢氧化钙，再通入二氧化碳，碳化石灰乳生成碳酸钙沉淀，然后碳酸钙沉淀经脱水、干燥后再经石灰磨粉机粉碎便制得轻质碳酸钙。

（2）纯碱（Na_2CO_3）氯化钙法：在纯碱水溶液中加入氯化钙，即可生成碳酸钙沉淀。

3. 碱法：在生产烧碱（NaOH）过程中，可得到副产品轻质碳酸钙。在纯碱水溶液中加入消石灰即可生成碳酸钙沉淀，并同时得到烧碱水溶液，最后碳酸钙沉淀经脱水、干燥和粉碎便制得轻质碳酸钙。

（4）联钙法：用盐酸处理消石灰得到氯化钙溶液，氯化钙溶液在吸入氨气后用二氧化碳进行碳化便得到碳酸钙沉淀。

（5）苏尔维（Solvay）法：在生产纯碱过程中，可得到副产品轻质碳酸钙。饱和食盐水在吸入氨气后用二氧化碳进行碳化，便得到重碱（碳酸轻钙）沉淀和氯化铵溶液。在氯化铵溶液中加入石灰乳便得到氯化钙氨水溶液，然后用二氧化碳对其进行碳化便得到碳酸钙沉淀。

（七）熟化与硬化

生石灰（CaO）与水反应生成氢氧化钙的过程，称为石灰的熟化或消化。反应生成的产物氢氧化钙称为熟石灰或消石灰。

石灰熟化时放出大量的热，体积增大 1.5 ~ 2 倍。煅烧良好、氧化钙含量高的石灰熟化较快，放热量和体积增大也较多。工地上熟化石灰常用两种方法：消石灰浆法和消石灰粉法。

根据加水量的不同，石灰可熟化成消石灰粉或石灰膏。石灰熟化的理论需水量为石灰重量的 32%。在生石灰中，均匀加入 60% ~ 80% 的水，可得到颗粒细小、分散均匀的消石灰粉。若用过量的水熟化，将得到具有一定稠度的石灰膏。石灰中一般都含有过火石灰，过火石灰熟化慢，若在石灰浆体硬化后再发生熟化，会因熟化产生的膨胀而引起隆起和开裂。为了消除过火石灰的这种危害，石灰在熟化后，还应“陈伏”两周左右。

石灰浆体的硬化包括干燥结晶和碳化两个同时进行的过程。石灰浆体因水分蒸发或被吸收而干燥，在浆体内的孔隙网中，产生毛细管压力。使石灰颗粒更加紧密而获得强度。这种强度类似于黏土失水而获得的强度，其值不大，遇水会丧失。同时，由于干燥失水。引起浆体中氢氧化钙溶液过饱和，结晶出氢氧化钙晶体，产生强度；但析出的晶体数量少，强度增长也不大。在大气环境中，氢氧化钙在潮湿状态下会与空气中的二氧化碳反应生成碳酸钙，并释放出水分，即发生碳化。

碳化所生成的碳酸钙晶体相互交叉连生或与氢氧化钙共生，形成紧密交织的结晶网，使硬化石灰浆体的强度进一步提高。但是，由于空气中的二氧化碳含量很低，表面形成的碳酸钙层结构较致密，会阻碍二氧化碳的进一步渗入，因此，碳化过程是十分缓慢的。

生石灰熟化后形成的石灰浆中，石灰粒子形成氢氧化钙胶体结构，颗粒极细（粒径约为 1μm），比表面积很大（达 10 ~ 30m^2/g），其表面吸附一层较厚的水膜，可吸附大量的水，因而有较强保持水分的能力，即保水性好。将它掺入水泥砂浆中，配成混合砂浆，可显著提高砂浆的和易性。

石灰依靠干燥结晶以及碳化作用而硬化，由于空气中的二氧化碳含量低，且碳化后形成的碳酸钙硬壳阻止二氧化碳向内部渗透，也妨碍水分向外蒸发，因而硬化缓慢，硬化后的强度也不高，1 ∶ 3 的石灰砂浆 28d 的抗压强度只有 0.2 ~ 0.5MPa。在处于潮湿环境时，石灰中的水分不蒸发，二氧化碳也无法渗入，硬化将停止；加上氢氧化钙微溶于水，已硬化的石灰遇水还会溶解溃散。因此，石灰不宜在长期潮湿和受水浸泡的环境中使用。

石灰在硬化过程中，要蒸发掉大量的水分，引起体积显著收缩，易出现干缩裂缝。所以，石灰不宜单独使用，一般要掺入砂、纸筋、麻刀等材料，以减少收缩，增加抗拉强度，并能节约石灰。

（八）腐蚀性防护

其粉尘或悬浮液滴对粘膜有刺激作用，虽然程度上不如氢氧化钠重，但也能引起喷嚏和咳嗽，和碱一样能使脂肪乳化，从皮肤吸收水分、溶解蛋白质、刺激及腐蚀组织。吸入石灰粉尘可能引起肺炎。最高容许浓度为 5mg/m^3。吸入粉尘时，可吸入水蒸气、可待因及犹奥宁，在胸廓处涂芥末膏；当落入眼内时，可用流水尽快冲洗，再用 5% 氯化铵溶液或 0.01%CaNa-EDTA 溶液冲洗，然后将 0.5% 地卡因溶液滴入。工作时应注意保护呼吸器官，穿戴用防尘纤维制的工作服、手套、密闭防尘眼镜，并涂含油脂的软膏，以防止粉尘吸入。

（九）注意事项

（1）使用操作过程时间越短越好，放置在包装容器内的适当处，起到密封吸湿的作用。

（2）存放在干燥库房中，防潮，避免与酸类物接触。

（3）运输过程中避免受潮，小心轻放，以防止包装破损而影响产品质量。

（4）禁止食用，万一入口，用水漱口立即求医。（切记不能饮水，生石灰是碱性氧化物遇水会腐蚀。）

（十）中毒处理

（1）皮肤接触：立即脱去污染的衣着，先用植物油或矿物油清洗，用大量流动清水冲洗，就医；

（2）眼睛接触：提起眼睑，用食用植物油冲洗，就医；

（3）吸入：迅速脱离现场至空气新鲜处，保持呼吸道通畅，如呼吸困难，给输氧，如呼吸停止，立即进行人工呼吸，就医；

（4）食入：用水漱口，给饮牛奶或蛋清，就医。

（十一）储运条件

储存于阴凉、通风的库房。包装必须完整密封，防止吸潮。应与易（可）燃物、酸类等分开存放，切忌混储。储区应备有合适的材料收容泄漏物。

二、石膏

石膏是单斜晶系矿物，是主要化学成分为硫酸钙（$CaSO_4$）的水合物。石膏是一种用途广泛的工业材料和建筑材料。可用于水泥缓凝剂、石膏建筑制品、模型制作、医用食品添加剂、硫酸生产、纸张填料、油漆填料等。

石膏及其制品的微孔结构和加热脱水性，使之具优良的隔音、隔热和防火性能。

（一）分类

一般所称石膏可泛指生石膏和硬石膏两种矿物。生石膏为二水硫酸钙（Ca〔SO_4〕·$2H_2O$），又称二水石膏、水石膏或软石膏，理论成分 CaO 32.6%，$SO_3$46.5%，H_2O+20.9%，单斜晶系，晶体为板状，通常呈致密块状或纤维状，白色或灰、红、褐色，玻璃或丝绢光泽，摩氏硬度为 2，解理平行 {0 10} 完全，密度 2.3g/cm^3；硬石膏为无水硫酸钙（Ca〔SO_4〕），理论成分 CaO 41.2%，$SO_3$58.8%，斜方晶系，晶体为板状，通常呈致密块状或粒状，白、灰白色，玻璃光泽，摩氏硬度为 3 ~ 3.5，解理平行 {0 10} 完全，密度 2.8 ~ 3.0g/cm^3。两种石膏常伴生产出，在一定的地质作用下又可互相转化。

（二）基本性质

天然二水石膏（$CaSO_4 \cdot 2H_2O$）又称为生石膏，经过煅烧、磨细可得 β 型半水石膏（$2CaSO_4 \cdot H_2O$），即建筑石膏，又称熟石膏、灰泥。若煅烧温度为 190℃可得模型石膏，其细度和白度均比建筑石膏高。若将生石膏在 400 ~ 500℃或高于 800℃下煅烧，即得地板石膏，其凝结、硬化较慢，但硬化后强度、耐磨性和耐水性均较普通建筑石膏为好。

通常为白色、无色，无色透明晶体称为透石膏，有时因含杂质而成灰、浅黄、浅褐等色。条痕白色。透明。玻璃光泽，解理面珍珠光泽，纤维状集合体丝绢光泽。解理极完全，和中等，解理片裂成面夹角为 66 和 114 的菱形体。性脆。硬度 1.5 ~ 2。不同方向稍有变化。相对密度 2.3。偏光镜下：无色。二轴晶（+）。2V=58。Ng=1.530，Nm=1.523，Np=1.521。随温度升高 2V 减小，在大约 90℃时 2V 为零。

加热时存在 3 个排出结晶水阶段：105 ~ 180℃，首先排出 1 个水分子，随后立即排出半个水分子，转变为烧石膏 $Ca[SO_4] \cdot 0.5H_2O$，也称熟石膏或半水石膏。200 ~ 220℃，排出剩余的半个水分子，转变为Ⅲ型硬石膏 $Ca[SO_4] \cdot \varepsilon H_2O$（$0.06<\varepsilon<0.11$）。约 350℃，转变为Ⅱ型石膏 $Ca[SO_4]$。1120℃时进一步转变为Ⅰ型硬石膏。熔融温度 1450℃。

（三）化学成分

理论组成（wB%）：CaO 32.5，$SO_3$46.6，H_2O+20.9。成分变化不大。常有黏土、有机质等机械混入物。有时含 SiO_2、Al_2O_3、Fe_2O_3、MgO、Na_2O、CO_2、Cl 等杂质。

（四）结构形态

单斜晶系，a0=0.568nm，b0=1.518nm，c0=0.629nm，β=11823'; Z=4。晶体结构由 $[SO_4]^{2-}$ 四面体与 Ca^{2+} 联结成（010）的双层，双层间通过 H_2O 分子联结。其完全解理即沿此方向发生。Ca^{2+} 的配位数为 8，与相邻的 4 个 $[SO_4]$ 四面体中的 6 个 O^{2-} 和两个 H_2O 分子联结。H_2O 分子与 $[SO_4]$ 中的 O^{2-} 以氢键相联系，水分子之间以分子键相联系。

斜方柱晶类，C2h-2/m（L2PC）。晶体常依发育成板状，亦有呈粒状。常简单形：平行双面 b、p，斜方柱 m、l 等；晶面和常具纵纹；有时呈扁豆状。双晶常见，一种是依（100）为双晶面的加里双晶或称燕尾双晶，另一种是以（101）为双晶面的巴黎双晶或称箭头双晶。集合体多呈致密粒状或纤维状。细晶粒状块状称之为雪花石膏；纤维状集合体称为纤维石膏。少见由扁豆状晶体形成的似玫瑰花状集合体。亦有土状、片状集合体。

（五）资源现状

天然石膏是自然界中蕴藏的石膏石，主要为二水石膏和硬石膏。中国石膏矿产资源储量丰富，已探明的各类石膏总储量约为 570 亿吨，居世界首位，分布于的 23 个省、市、自治区，其中储量超过 10 亿吨的有 10 个，依次是：山东、内蒙古、青海、湖南、湖北、宁夏、西藏、安徽、江苏和四川，石膏资源比较贫乏的是东北和华东地区。

中国石膏资源主要是普通石膏和硬石膏，其中硬石膏占总量的 60% 以上，作为优质资源的特级及一级石膏，仅占总量的 8%，其中纤维石膏仅占总量的 1.8%。因此，我们是石膏储量大国的同时，又是优质石膏储量的穷国。优质石膏资源主要分布于湖北应城和荆门、湖南衡山、广东三水、山东枣庄、山西平陆等地区，部分矿点已过度开采接近枯竭，部分因与低品位石膏混杂难以分离而造成优质资源浪费。因此，中国实际能够开采并有效利用的优质石膏资源比例更少。

中国石膏工业虽然起步较晚，基础较差，但发展很快，1995 年石膏产量就猛增至 2659 万吨，超过美国，成为世界第一石膏消费大国。至 2004 年，全国石膏原矿年生产 3000 万吨以上，总计石膏消费量约为 3500 万吨。中国现有石膏开采矿山 500 多个，年产量 10 万吨以上的大中型矿山约 50 个，其产量占总产量的 40%，乡镇小型矿山产量约占总产量的 60%。按生产方式分，露天开采约占 30%，地下开采约占 70%。在地下开采的石膏矿山中，因种种原因使平均回采率低于 30%，得到优先开采的优质资源并未得到合理开发和有效利用，资源浪费严重，令人痛心！

天然石膏中用途最广的是二水石膏，其有效成分为二水硫酸钙，一般根据矿石中二水硫酸钙含量对石膏进行等级划分。石膏应用领域较宽，产品种类也较多，不同的用途对石膏原料的质量有着不同的要求，高品位石膏多被用于特种石膏产品的生产原料，如食用、医用、艺术品、模型和化工填料等；二水硫酸钙含量低于 60% 的石膏矿则很少得到应用；高于 60% 的石膏矿石，则根据其含量的不同，被用于建材、建筑等各个领域。

世界不同国家对石膏的消费结构不同，发达国家石膏深加工产品的消费占较大比重，其石膏消费结构为：产制品占 45%，水泥生产占 45%，其他各领域占 10%。发展中国家多偏重于矿石的初级应用，依赖于水泥工业，石膏制品的比重随经济发展有逐步增大的趋势。中国的消费结构大致为：84% 用作水泥生产的缓凝剂，6.5% 用于陶瓷模具，4.0% 用于石膏制品、墙体材料，5.5% 用于化工及其他行业；随着中国水泥产量的不断增大，对石膏的需求相应增大，同时随着中国经济的高速增长，石膏产业尤其是石膏制品将存在着一个极大的发展空间，各种石膏产制品及石膏墙体会得到高速的发展，石膏的需求量必将猛增，随着传统的陶瓷及其他特种行业的发展，优质石膏资源不断减少，石膏资源的开发利用将被愈加重视。因此，为了保证整体石膏行业的可持续发展，绿色的、环保的、健康的石膏建筑材料及产制品更广泛地应用于人民生活中，必须对有限的石膏资源进行优化利用。

（六）主要产地

世界上最大石膏生产国是美国。在美国，石膏矿床分布在 22 个州，共有 69 座矿山，最大产地在阿依华州道奇堡；其次是加拿大；法国在欧洲石膏生产中居领先地位；再次为德国、英国、西班牙。中国石膏矿资源丰富。全国 23 个省（区）有石膏矿产出。探明储量的矿区有 169 处，总保有储量矿石 576 亿吨。从地区分布看，以山东石膏矿最多，占全国储量的65%；内蒙古、青海、湖南次之。主要石膏矿区有山东枣庄底阁镇，内蒙古鄂托克旗、湖北应城市、吉林浑江、江苏南京、山东大汶口、广西钦州、山西太原、宁夏中卫石膏矿等。

（七）成矿类型

石膏矿以沉积型矿床为主，储量占全国90%以上，后生型及热液交代型石膏矿不很重要。石膏矿在各地质时代均有产出，以早白垩纪和第三纪沉积型石膏矿为最重要。

主要为化学沉积作用的产物，常形成巨大的矿层或透镜体，赋存于石灰岩、红色页岩和砂岩、泥灰岩及黏土岩系中，常与硬石膏、石盐等共生。硬石膏层在近地表部位，由于外部压力的减小，受地表水作用而转变为石膏：$CaSO_4+2H_2O——CaSO_4\text{-}2H_2O$；同时体积增大约30%，引起石膏层的破坏。

（八）鉴别特征

低硬度，一组极完全解理，以及各种特征之形态可以鉴别。致密块状的石膏，以其低硬度和遇酸不起泡可与碳酸盐区别。

硬度分类中标准矿物之一。

（九）工业应用

石膏属单斜晶系，解理度很高，容易裂开成薄片。将石膏加热至100 ~ 200℃，失去部分结晶水，可得到半水石膏。它是一种气硬性胶凝材料，具有α和β两种形态，都呈菱形结晶，但物理性能不同。α型半水石膏结晶良好、坚实；β型半水石膏是片状并有裂纹的晶体，结晶很细，比表面积比α型半水石膏大得多。

生产石膏制品时，α型半水石膏比β型需水量少，制品有较高的密实度和强度。通常用蒸压釜在饱和蒸汽介质中蒸炼而成的是α型半水石膏，也称高强石膏；用炒锅或回转窑敞开装置煅炼而成的是β型半水石膏，亦即建筑石膏。工业副产品化学石膏具有天然石膏同样的性能，不需要过多的加工。半水石膏与水拌和的浆体重新形成二水石膏、在干燥过程中迅速凝结硬化而获得强度，但遇水则软化。

石膏是生产石膏胶凝材料和石膏建筑制品的主要原料，也是硅酸盐水泥的缓凝剂。石膏经600 ~ 800℃煅烧后，加入少量石灰等催化剂共同磨细，可以得到硬石膏胶结料（也称金氏胶结料）；经900 ~ 1000℃煅烧并磨细，可以得到高温煅烧石膏。用这两种石膏制得的制品，强度高于建筑石膏制品，而且硬石膏胶结料有较好的隔热性，高温煅烧石膏有较好的耐磨性和抗水性。

1. 石膏板

利用建筑石膏生产的建筑制品主要有：

（1）纸面石膏板。在建筑石膏中加入少量胶粘剂、纤维、泡沫剂等与水拌和后连续浇注在两层护面纸之间，再经辊压、凝固、切割、干燥而成。板厚 9 ~ 25mm，干容重 750 ~ 850 公斤 /m^3，板材韧性好，不燃，尺寸稳定，表面平整，可以锯割，便于施工。主要用于内隔墙、内墙贴面、天花板、吸声板等，但耐水性差，不宜用于潮湿环境中。

（2）纤维石膏板。将掺有纤维和其他外加剂的建筑石膏料浆，用缠绕、压滤或辊压等方法成型后，经切割、凝固、干燥而成。厚度一般为 8 ~ 12mm，与纸面石膏板比，其抗弯强度较高，不用护面纸和胶粘剂，但容重较大，用途与纸面石膏板相同。

（3）装饰石膏板。将配制的建筑石膏料浆，浇注在底模带有花纹的模框中，经抹平、凝固、脱模、干燥而成，板厚为 10mm 左右。为了提高其吸声效果，还可制成带穿孔和盲孔的板材，常用作天花板和装饰墙面。

（4）石膏空心条板和石膏砌块。将建筑石膏料浆浇注入模，经振动成型和凝固后脱模、干燥而成。空心条板的厚度一般为 60 ~ 100mm，孔洞率 30% ~ 40%；砌块尺寸一般为 600 × 600mm，厚度 60 ~ 100mm，周边有企口，有时也可做成带圆孔的空心砌块。空心条板和砌块均用专用的石膏砌筑，施工方便，常用作非承重内隔墙。

（十）工业生产

1. 石膏矿石

来自 USGS“矿物年鉴”的数据称 2004 年全球开采且消费的天然石膏达到 10600 万吨。美国的开采量最大，达到 1800 万吨，占全球开采量的 17%；其后依次为伊朗（10.8%），加拿大（8.5%），西班牙（7.1%），中国（6.5% 即 690 万吨）（但根据中国有关部门统计为 2900 万吨，主要用于水泥生产），其他进入前 10 位的国家有泰国、澳大利亚、法国和德国，这 10 个国家的开采量加起来占全球的 72%。

根据德国 OneStone 咨询公司的资料，全球天然石膏开采量约 45% 被加工成熟石膏。世界熟石膏年产量大约 6650 万吨，其中 60% 即 4000 万吨来自天然石膏，40% 即 2650 万吨来自合成石膏及回收重复利用的废石膏。据估计世界合成石膏年产量大约 16000 万吨，其中，大约 3500 万吨来自发电站脱硫系统生产的脱硫石膏，约 11000 万吨是磷肥生产的副产品磷石膏，约 1500 万吨是钛石膏及其他化学石膏。石膏工业所利用的合成石膏有 90% 来源于脱硫石膏。

对于石膏工业来说，大约有 80% 的熟石膏被用来生产建筑墙板。约 20% 用来生产石膏抹灰料或其他石膏产品。

对于石膏板工厂来说，石膏较短的凝结时间很重要。闪烧、磨细和煅烧联产工艺通常被使用。对于使用脱硫石膏而言，煅烧炉与相关配套锤式磨机由各厂根据自己的工艺设计。粉磨和煅烧系统及与其匹配的垂直滚筒辗粉机大约占到 40% 的市场份额。市场的领导者是 ClaudiusPeters 工艺，在过去的两年，他收到了 9 个 EM 粉磨机系统订单。Gebr. PfeifferAG 的 MPS 石膏磨机实际上能够满足任何的生产要求，并且允许在煅烧过程中加入高达 45% 的脱硫石膏。

石膏板工厂通过顺流烘干机或逆流烘干机干燥。对于纤维石膏板干燥来说，则是通过干筛机干燥。石膏板在所占空间尽量小的干燥机达到 32 ~ 40 分钟的保留时间，每组设计 6 ~ 16 个板面，3 个干燥区域。顺流烘干机喂料装置的精确性非常重要。首先，将板切割以后布置到一系列的板面上，随后开始堆垛；紧随其后的板必须保持“随进随出”的原则并保持质量稳定。

石膏板工厂机器操作越来越重要。这涉及湿料末端设备、干燥喂料设备和卸垛设备的协调，也包括协调干燥末端设备和堆垛设备。这些设备必须能够弹性操作以生产不同尺寸、厚度和品质的石膏板。生产不同产品时手动操作必须满足安全要求。尽管在现代化工厂中机械化生产方法的转变几乎能保证生料准备和纸的操纵，板的操作完全实现自动化。然而，高速的生产速率也要求在生产末端配置完善的码垛体系。

三、水玻璃

俗称泡花碱，是一种水溶性硅酸盐，其水溶液俗称水玻璃，是一种矿黏合剂。其化学式为 $R_2O·nSiO_2$，式中 R_2O 为碱金属氧化物，n 为二氧化硅与碱金属氧化物摩尔数的比值，称为水玻璃的摩数。建筑上常用的水玻璃是硅酸钠的水溶液。

（一）分类

（1）硅酸钠分两种，一种为偏硅酸钠，化学式 NaSiO，式量 122.00。偏硅酸钠别名“三氧硅酸二钠”，CAS 号：6834-92-0。

另一种为正硅酸钠（原硅酸钠），化学式 NaSiO，相对分子质量 184.04。

（2）正硅酸钠是无色晶体，熔点 1361K（1088℃），不多见。水玻璃溶液因水解而呈碱性（比纯碱稍强）。因是弱酸盐所以遇盐酸，硫酸、硝酸、二氧化碳都能析出硅酸。保存时应密切防止二氧化碳进入，并应使用橡胶塞以防粘住磨口玻璃塞。工业上常用纯碱与石英共熔制取 NaCO+SiO → NaSiO+CO ↑，制品常因含亚铁盐而带浅蓝绿色。用为无机粘接制剂（可与滑石粉等混合共用），肥皂填充剂，调制耐酸混凝土，加入颜料后可做外墙的涂料，灌入古建筑基础土壤中使土壤坚固以防倒塌。

（3）偏硅酸钠是普通泡花碱与烧碱水热反应而制得的低分子晶体，商品有无水、五水和九水合物，其中九水合物只有我国市场上存在，是在 20 世纪 80 年代急需偏硅酸钠而仓促开发的技术含量较低的应急产品，因其熔点只有 42℃，贮存时很容易变为液体或膏状，正逐步被淘汰，但由于一些用户习惯和一些领域对结晶水不是很在意，九水偏硅酸钠还是有一定市场。

（三）生产方法

硅酸钠的生产方法分干法（固相法）和湿法（液相法）两种。

（1）干法生产是将石英砂和纯碱按一定比例混合后在反射炉中加热到 1400℃左右，

生成熔融状硅酸钠；

（2）湿法生产以石英岩粉和烧碱为原料，在高压蒸锅内，0.6 ~ 1.0MPa 蒸汽下反应，直接生成液体水玻璃。微硅粉可代替石英矿生产出模数为 4 的硅酸钠。

（四）基本性质

1. 理化性能

黏结力强、强度较高，耐酸性、耐热性好，耐碱性和耐水性差。

2. 化学式

NaSiO·9HO

3. 分子质量

284.20

4. 性状

无色正交双锥结晶或白色至灰白色块状物或粉末。能风化。在 100℃时失去 6 分子结晶水。易溶于水，溶于稀氢氧化钠溶液，不溶于乙醇和酸。熔点 1088℃。低毒，半数致死量（大鼠，经口）1280mg/kg（无结晶水）。

5. 储存

密封阴凉干燥保存。

6. 用途

分析试剂、防火剂、黏合剂。

7. 水玻璃的用途

（1）涂刷材料表面，提高其抗风化能力以密度为 1.35g/cm³ 的水玻璃浸渍或涂刷黏土砖、水泥混凝土、硅酸盐混凝土、石材等多孔材料，可提高材料的密实度、强度、抗渗性、抗冻性及耐水性等。

（2）加固土将水玻璃和氯化钙溶液交替压注到土中，生成的硅酸凝胶在潮湿环境下，因吸收土中水分处于膨胀状态，使土固结。

（3）配制速凝防水剂。

（4）修补砖墙裂缝将水玻璃、粒化高炉矿渣粉、砂及氟硅酸钠按适当比例拌和后，直接压入砖墙裂缝，可起到黏结和补强作用。

（5）硅酸钠水溶液可做防火门的外表面。

（6）可用来制作耐酸胶泥，用于炉窑类的内衬。物化性质。

（7）制备硅胶

第三节 砂浆与混凝土

一、建筑砂浆

建筑砂浆是将砌筑块体材料（砖、石、砌块）粘结为整体的砂浆。是由无机胶凝材料、细骨料和水，有时也掺入某些掺合料组成，常以抗压强度作为最主要的技术性能指标。

（一）分类

建筑砂浆根据用途分类：可分为砌筑砂浆、抹面砂浆。抹面砂浆包括普通抹面砂浆、装饰抹面砂浆、特种砂浆。特种砂浆包括防水砂浆、耐酸砂浆、绝热砂浆、吸声砂浆等。

建筑砂浆根据胶凝材料分类：可分为水泥砂浆、石灰砂浆、混合砂浆。混合砂浆又可分为：水泥石灰砂浆、水泥粘土砂浆、石灰黏土砂浆、石灰粉煤灰砂浆等。

（二）技术性质

1. 新拌砂浆的和易性

砂浆的和易性是指砂浆是否容易在砖石等表面铺成均匀、连续的薄层，且与基层紧密黏结的性质。包括流动性和保水性两方面含义。

（1）流动性

影响砂浆流动性的因素，主要有胶凝材料的种类和用量，用水量以及细骨料的种类、颗粒形状、粗细程度与级配，除此之外，也于掺入的混合材料及外加剂的品种、用量有关。

通常情况下，基底为多孔吸水性材料，或在干热条件下施工时，应选择流动性大的砂浆。相反，基底吸水少，或湿冷条件下施工，应选流动性小的砂浆。

（2）保水性

保水性是指砂浆保持水分的能力。保水性不良的砂浆，使用过程中出现泌水，流浆，使砂浆与基底黏结不牢，且由于失水影响砂浆正常的黏结硬化，使砂浆的强度降低。

影响砂浆保水性的主要因素是胶凝材料种类和用量，砂的品种、细度和用水量。在砂浆中掺入石灰膏、粉煤灰等粉状混合材料，可提高砂浆的保水性。

2. 硬化砂浆的强度

影响砂浆强度的因素有：当原材料的质量一定时，砂浆的强度主要取决于水泥标号和水泥用量。此外，砂浆强度还受砂、外加剂，掺入的混合材料以及砌筑和养护条件有关。砂中泥及其他杂质含量多时，砂浆强度也受影响。

（三）分类

建筑砂浆根据用途分类：可分为砌筑砂浆、抹面砂浆。抹面砂浆包括普通抹面砂浆、装饰抹面砂浆、特种砂浆。特种砂浆包括防水砂浆、耐酸砂浆、绝热砂浆、吸声砂浆等。

建筑砂浆根据胶凝材料分类：可分为水泥砂浆、石灰砂浆、混合砂浆。混合砂浆又可分为：水泥石灰砂浆、水泥粘土砂浆、石灰黏土砂浆、石灰粉煤灰砂浆等。

二、混凝土

混凝土，简称为“砼（tóng）”：是指由胶凝材料将集料胶结成整体的工程复合材料的统称。通常讲的混凝土一词是指用水泥作胶凝材料，砂、石作集料；与水（可含外加剂和掺合料）按一定比例配合，经搅拌而得的水泥混凝土，也称普通混凝土，它广泛应用于土木工程。

（一）定义

混凝土是当代最主要的土木工程材料之一。它是由胶凝材料，颗粒状集料（也称为骨料），水，以及必要时加入的外加剂和掺合料按一定比例配制，经均匀搅拌，密实成型，养护硬化而成的一种人工石材。

（二）特点

混凝土具有原料丰富，价格低廉，生产工艺简单的特点，因而使其用量越来越大。同时混凝土还具有抗压强度高，耐久性好，强度等级范围宽等特点。这些特点使其使用范围十分广泛，不仅在各种土木工程中使用，就是造船业，机械工业，海洋的开发，地热工程等，混凝土也是重要的材料。

（三）功能作用

1. 和易性

混凝土拌合物最重要的性能。它综合表示拌合物的稠度、流动性、可塑性、抗分层离析泌水的性能及易抹面性等。测定和表示拌合物和易性的方法和指标很多，中国主要采用截锥坍落筒测定的坍落度（mm）及用维勃仪测定的维勃时间（秒），作为稠度的主要指标。

2. 强度

混凝土硬化后的最重要的力学性能，是指混凝土抵抗压、拉、弯、剪等应力的能力。水灰比、水泥品种和用量、集料的品种和用量以及搅拌、成型、养护，都直接影响混凝土的强度。混凝土按标准抗压强度（以边长为 150mm 的立方体为标准试件，在标准养护条件下养护 28 天，按照标准试验方法测得的具有 95% 保证率的立方体抗压强度）划分的强度等级，称为标号，分为 C10、C15、C20、C25、C30、C35、C40、C45、C50、C55、

C60、C65、C70、C75、C80、C85、C90、C95、C100 共 19 个等级。混凝土的抗拉强度仅为其抗压强度的 1/10 ~ 1/20。提高混凝土抗拉、抗压强度的比值是混凝土改性的重要方面。

3. 变形

混凝土在荷载或温湿度作用下会产生变形，主要包括弹性变形、塑性变形、收缩和温度变形等。混凝土在短期荷载作用下的弹性变形主要用弹性模量表示。在长期荷载作用下，应力不变，应变持续增加的现象为徐变，应变不变，应力持续减少的现象为松弛。由于水泥水化、水泥石的碳化和失水等原因产生的体积变形，称为收缩。

硬化混凝土的变形来自两方面：环境因素（温、湿度变化）和外加荷载因素，因此有：

（1）荷载作用下的变形

弹性变形。

非弹性变形。

（2）非荷载作用下的变形

收缩变形（干缩、自收缩）。

膨胀变形（湿胀）。

（3）复合作用下的变形

徐变。

耐久性。

在一般情况下，混凝土具有良好的耐久性。但在寒冷地区，特别是在水位变化的工程部位以及在饱水状态下受到频繁的冻融交替作用时，混凝土易于损坏。为此对混凝土要有一定的抗冻性要求。用于不透水的工程时，要求混凝土具有良好的抗渗性和耐蚀性。抗渗性、抗冻性、抗侵蚀性为混凝土耐久性。

4. 组成材料与结构

普通混凝土是由水泥、粗骨料（碎石或卵石）、细骨料（砂）、外加剂和水拌和，经硬化而成的一种人造石材。砂、石在混凝土中起骨架作用，并抑制水泥的收缩；水泥和水形成水泥浆，包裹在粗细骨料表面并填充骨料间的空隙。水泥浆体在硬化前起润滑作用，使混凝土拌合物具有良好工作性能，硬化后将骨料胶结在一起，形成坚强的整体。

5. 主要技术性质

混凝土的性质包括混凝土拌合物的和易性、混凝土强度、变形及耐久性等。

和易性又称工作性，是指混凝土拌合物在一定的施工条件下，便于各种施工工序的操作，以保证获得均匀密实的混凝土的性能。和易性是一项综合技术指标，包括流动性（稠度）、粘聚性和保水性三个主要方面。

强度是混凝土硬化后的主要力学性能，反映混凝土抵抗荷载的量化能力。混凝土强度包括抗压、抗拉、抗剪、抗弯、抗折及握裹强度。其中以抗压强度最大，抗拉强度最小。

混凝土的变形包括非荷载作用下的变形和荷载作用下的变形。非荷载作用下的变形有化学收缩、干湿变形及温度变形等。水泥用量过多，在混凝土的内部易产生化学收缩而引起微细裂缝。

混凝土耐久性是指混凝土在实际使用条件下抵抗各种破坏因素作用，长期保持强度和外观完整性的能力。包括混凝土的抗冻性、抗渗性、抗蚀性及抗碳化能力等。

（四）分类

1. 按胶凝材料分类

（1）无机胶凝材料混凝土，如水泥混凝土、石膏混凝土、硅酸盐混凝土、水玻璃混凝土等；

（2）有机胶结料混凝土，如沥青混凝土、聚合物混凝土等。

2. 按表观密度分类

混凝土按照表观密度的大小可分为：重混凝土、普通混凝土、轻质混凝土。这三种混凝土不同之处就是骨料的不同。

重混凝土是表观密度大于 2500Kg/m^3，用特别密实和特别重的集料制成的。如重晶石混凝土、钢屑混凝土等，它们具有不透 x 射线和 γ 射线的性能。

普通混凝土即是我们在建筑中常用的混凝土，表观密度为 1950 ~ 2500Kg/m^3，集料为砂、石。

轻质混凝土是表观密度小于 1950Kg/m^3 的混凝土。它由可以分为三类：

（1）轻集料混凝土，其表观密度在 800 ~ 1950Kg/m^3，轻集料包括浮石、火山渣、陶粒、膨胀珍珠岩、膨胀矿渣、矿渣等。

（2）多空混凝土（泡沫混凝土、加气混凝土），其表观密度是 300 ~ 1000Kg/m^3。泡沫混凝土是由水泥浆或水泥砂浆与稳定的泡沫制成的。加气混凝土是由水泥、水与发气剂制成的。

（3）大孔混凝土（普通大孔混凝土、轻骨料大孔混凝土），其组成中无细集料。普通大孔混凝土的表观密度范围为 1500 ~ 1900Kg/m^3，是用碎石、软石、重矿渣作集料配制的。轻骨料大孔混凝土的表观密度为 500 ~ 1500Kg/m^3，是用陶粒、浮石、碎砖、矿渣等作为集料配制的。

3. 按使用功能分类

结构混凝土、保温混凝土、装饰混凝土、防水混凝土、耐火混凝土、水工混凝土、海工混凝土、道路混凝土、防辐射混凝土等。

4. 按施工工艺分类

离心混凝土、真空混凝土、灌浆混凝土、喷射混凝土、碾压混凝土、挤压混凝土、泵送混凝土等。按配筋方式分有：素（即无筋）混凝土、钢筋混凝土、钢丝网水泥、纤维混凝土、预应力混凝土等。

5. 按拌合物的和易性分类

干硬性混凝土、半干硬性混凝土、塑性混凝土、流动性混凝土、高流动性混凝土、流态混凝土等。

（五）制备过程

1. 折叠配合比设计

制备混凝土时，首先应根据工程对和易性、强度、耐久性等的要求，合理地选择原材料并确定其配合比例，以达到经济适用的目的。混凝土配合比的设计通常按水灰比法则的要求进行。材料用量的计算主要用假定容重法或绝对体积法。

2. 混凝土搅拌机

混凝土搅拌机：根据不同施工要求和条件，混凝土可在施工现场或搅拌站集中搅拌。流动性较好的混凝土拌合物可用自落式搅拌机；流动性较小或干硬性混凝土宜用强制式搅拌机搅拌。搅拌前应按配合比要求配料，控制称量误差。投料顺序和搅拌时间对混凝土质量均有影响，应严加掌握，使各组分材料拌和均匀。

3. 输送与灌筑

输送与灌筑：混凝土拌合物可用料斗、皮带运输机或搅拌运输车输送到施工现场。其灌筑方式可用人工或借助机械。采用混凝土泵输送与灌筑混凝土拌和物，效率高，每小时可达数百立方米。无论是混凝土现浇工程，还是预制构件，都必须保证灌筑后混凝土的密实性。其方法主要用振动捣实，也有的采用离心、挤压和真空作业等。掺入某些高效减水剂的流态混凝土，则可不振捣。

4. 养护

养护的目的在于创造适当的温湿度条件，保证或加速混凝土的正常硬化。不同的养护方法对混凝土性能有不同影响。常用的养护方法有自然养护、蒸汽养护、干湿热养护、蒸压养护、电热养护、红外线养护和太阳能养护等。养护经历的时间称养护周期。为了便于比较，规定测定混凝土性能的试件必须在标准条件下进行养护。中国采用的标准养护条件是：温度为 20±2℃；湿度不低于 95%。

第四节 砌筑材料

一、砌筑砂浆

砌筑砂浆指的是将砖、石、砌块等块材经砌筑成为砌体的砂浆。它起黏结、衬垫和传力作用，是砌体的重要组成部分。水泥砂浆宜用于砌筑潮湿环境以及强度要求较高的砌体。

水泥石灰砂浆宜用于砌筑干燥环境中的砌体；多层房屋的墙一般采用强度等级为 M5 的水泥石灰砂浆；砖柱、砖拱、钢筋砖过梁等一般采用强度等级为 M5~M10 的水泥砂浆；砖基础一般采用不低于 M5 的水泥砂浆；低层房屋或平房可采用石灰砂浆；简易房屋可采用石灰黏土砂浆。

（一）组成材料

1. 水泥

水泥是砂浆的主要胶凝材料，常用的水泥品种有普通水泥、矿渣水泥、火山灰水泥、粉煤灰水泥和复合水泥等，具有可根据设计要求、砌筑部位及所处的环境条件选择适宜的水泥品种。选择中低强的水泥即能满足要求。水泥砂浆采用的水泥，其强度等级不宜大于 32.5 级；水泥混合砂浆采用的水泥，其强度等级不宜大于 42.5 级。如果水泥强度等级过高，则可加些混合材料。对于一些特殊用途，如配置构件的接头、接缝或用于结构加固、修补裂缝，应采用膨胀水泥。

2. 胶凝材料

用于砌筑砂浆的胶凝材料有水泥和石灰。

水泥品种的选择与混凝土相同。水泥标号应为砂浆强度等级的 4 ~ 5 倍，水泥标号过高，将使水泥用量不足而导致保水性不良。石灰膏和熟石灰不仅是作为胶凝材料，更主要的是使砂浆具有良好的保水性。

3. 细骨料

细骨料主要是天然砂，所配制的砂浆称为普通砂浆。砂中黏土含量应不大于 5%；强度等级小于 m2.5 时，黏土含量应不大于 10%。砂的最大粒径应小于砂浆厚度的 1/4 ~ 1/5，一般不大于 2.5mm。作为勾缝和抹面用的砂浆，最大粒径不超过 1.25mm，砂的粗细程度对水泥用量、和易性、强度和收缩性影响很大。

4. 拌合用水

砂浆拌合用水与混凝土拌和水的要求相同，应选用无有害杂质的洁净水来拌制砂浆。

（二）性质

（1）和易性。

（2）砂浆的强度。

（3）砂浆的黏结力。

（三）性能指标

包括砂浆的配合比、砂浆的稠度、砂浆的保水性、砂浆的分层度和砂浆的强度等级。砂浆配合比——指根据砂浆强度等级及其他性能要求而确定砂浆的各组成材料之间的比例。以重量比或体积比表示。砂浆稠度——指在自重或施加外力下，新拌制砂浆的流动性能。以标准的圆锥体自由落入砂浆中的沉入深度表示。砂浆保水性——指在存放、运输和使用过程中，新拌制砂浆保持各层砂浆中水分均匀一致的能力，以砂浆分层度来衡量。砂浆分层度——指新拌制砂浆的稠度与同批砂浆静态存放达规定时间后所测得下层砂浆稠度的差值。砂浆的强度等级——指用标准试件（70.7 × 70.7 × 70.7mm 的立方体）一组 3 块，用标准方法养护 28 天，用标准方法测定其抗压强度的平均值（MPa）。砌筑砂浆按抗压强度可分为 M30、M25、M20、M15、M10、M7.5、M5.0。砂浆的强度除受砂浆本身的组成材料及配比影响外，还与砌筑基层的吸水性能有关。

（四）拌制使用

砌筑砂浆应采用砂浆搅拌机进行拌制。砂浆搅拌机可选用活门卸料式、倾翻卸料式或立式，其出料容量常用 200L。

搅拌时间从投料完成算起，应符合下列规定：

（1）水泥砂浆和水泥混合砂浆，不得小于 2 分钟。

（2）水泥粉煤灰砂浆和掺用外加剂的砂浆，不得小于 3 分钟。

（3）掺用有机塑化剂的砂浆，应为 3~5 分钟。

拌制水泥砂浆，应先将砂与水泥干拌均匀，再加水拌和均匀。

拌制水泥混合砂浆，应先将砂与水泥干拌均匀，再加掺加料（石灰膏、黏土膏）和水拌和均匀。

掺用外加剂时，应先将外加剂按规定浓度溶于水中，在拌和水投入时投入外加剂溶液，外加剂不得直接投入拌制的砂浆中。

砂浆拌成后和使用时，均应盛入贮灰器中。如灰浆出现泌水现象，应在砌筑前再次拌和。

砂浆应随拌随用。水泥砂浆和水泥混合砂浆必须分别在拌成后 3 小时和 4 小时内使用完毕；当施工期间最高气温超过 30 度时，必须分别在拌成后 2 小时和 3 小时内使用完毕。对掺用缓凝剂的砂浆，其使用时间可根据具体情况延长。

（五）验收

砌筑砂浆试块强度验收时，其强度合格标准必须符合以下规定：

同一验收批砂浆试块抗压强度平均值必须大于或等于设计强度等级所对应的立方体抗压强度；同一验收批砂浆试块抗压强度的最小一组平均值必须大于或等于设计强度所对应的立方体抗压强度的 0.75 倍。

注意：①砌筑砂浆的验收批，同一类型、强度等级的砂浆试块应不少于 3 组，当同一验收批只有一组试块时，该组试块抗压强度的平均值必须大于或等于设计强度等级所对应的立方体抗压强度；②砂浆强度应以标准养护，龄期 28 天的试块抗压试验结构为准。

抽样数量：每一检验批且不超过 $250m^3$ 砌体的各种类型及其强度等级的砌筑砂浆，每台搅拌机应至少抽检一次。

检验方法：在砂浆搅拌机出料口取样制作砂浆试块（同盘砂浆只应制作一组试块），最后检查试块强度实验报告单。

当施工中或验收时出现以下情况，可采用现场检验方法对砂浆和砌体强度进行原位检测或取样检测，并判定其强度：

①砂浆试块缺乏代表性或试块数量不足；

②对砂浆试块的实验结果有怀疑或有争议；

③砂浆试块的试验结果，不能满足设计要求。

二、砌块

砌块是一种比黏土砖体型大的块状建筑制品。其原材料来源广、品种多，可就地取材，价格便宜。按尺寸大小分为大型、中型、小型三类。目前中国以生产中小型砌块为主。块高在 380 ~ 940mm 者为中型；块高小于 380mm 者为小型。按材料分为混凝土、水泥砂浆、加气混凝土、粉煤灰硅酸盐、煤矸石、人工陶粒、矿渣废料等砌块。按结构构造砌块分为密实的和空心的两种，空心的又有圆孔、方孔、椭圆孔、单排孔、多排孔等空心砌块。密实的或空心的砌块，都能作承重墙和隔断作用。中国是采用砌块较早的国家之一，早在 20 世纪 30 年代，上海便用小型空心砌块建造住宅。50 年代，北京、上海等地利用水泥、砂石、炉渣、石灰等生产了中小型砌块。60 年代上海等地利用粉煤灰、石灰、石膏和炉渣等制成粉煤灰硅酸盐中型砌块，同时还研制了砌块成型机和轻型吊具，推动了砌块建筑的发展。粉煤灰硅酸盐中型砌块已大量应用并不断改进。近年来又研制了楼面砌块起重机，施工工艺更趋成熟。

（一）要求

当砌块用作建筑主体材料时，其放射性核素限量应符合 GB6566-2001《建筑材料放射性核素限量》的规定。当建筑主体材料中天然放射性核素镭 -226、钍 -232、钾 -40 的放射性比活度同时满足 IRa≤1.0 和 Ir≤1.0 时，其产销与使用范围不受限制。对空心率大于 25% 的建筑主体材料，其天然放射性核素镭 -226、钍 -232、钾 -40 的放射性比活度同时满足 IRa≤1.0 和 Ir≤1.3 时，其产销与使用范围不受限制。

（二）原料

（1）胶凝材料：主要使用普通硅酸盐水泥 42.5 级或 32.5 级；若想缩短生产周期，可采用快硬硅酸盐水泥或硫铝酸盐水泥。

（2）发泡剂：WE-30 复合发泡剂

（3）集料：可选用粉煤灰、矿渣微粉、河沙、石粉、人造空心微珠、高炉水渣、尾矿砂、加气碎渣等。

（4）添加剂：根据情况添加料浆稳定剂、水泥促凝剂、抗水剂等添加剂。

（三）施工安全

（1）班前，应对各种起重机械设备、绳索、夹具、临时脚手架和其他施工安全设备进行检查，特别是砌块夹具要灵活、牢靠。

（2）砌块在装夹前，应先使砌块处于平稳的位置，夹具的夹板要夹在砌块的中心线上，如发现破裂，应停止吊运。

（3）砌块卸下和堆放处应平稳，无杂物。砌块就位时，应待砌块放稳后，方可松开夹具。砌块吊装时，吊钩下方不得站人或进行其他操作。

（4）砌体施工时，不得站在墙身上进行砌筑、画线等操作。采用内脚手架时，应在房屋外墙四周设置安全网，并随施工的高度逐层提升；屋檐下的一层安全网，在屋面工程未完工前，不得拆除。

（5）已就位的砌块，必须立即进行竖缝灌浆，对稳定性较差的窗间墙、独立柱和挑出墙面较多的部位，应加临时稳定支撑。

（6）在砌块的砌体上，不宜拉缆风绳，不宜吊挂重物，也不宜作为其他施工的临时实施，支撑的支撑点如确需设在砌体上，应采取有效的构造措施。

（7）灰浆泵使用前，应先做检查。操作时，应按规定压力进行，并戴劳保防护用品。

（四）相关规定

砌块的产品质量必须合格，应先试验后使用，要有出厂质量合格证和试验报告单。使用前应按照品种、规格、产地、批量的不同进行取样试验。

有下列情况之一者，如对其材质有怀疑的、用于承重结构的，应进行复试。对于不合格的材料，不得使用，并应做出相应的处理报告。对于需要采取一定技术处理措施后才能再使用的砌块，应首先满足技术要求，并经有技术负责人批准后，才能使用。

资料员应及时收集、整理、核验砌块的出厂质量合格证和试验报告单。其质量合格证和试验报告单应字迹清楚，项目齐全、准确、真实，不得漏填或填错，且无未了事项，并不得涂改、伪造、损毁或随意抽撤。如批量较大且提供的出厂合格证又较少时，可做抄件（如复印件）备查，并应注明原件证号、存放单位、抄件时间，并且应有抄件人签字、抄件单位盖章。

（五）注意事项

砌块的出厂质量合格证和试验报告单应与实物之间物证相符。其出厂质量合格证中必须有生产厂家质量检验部门盖章，试验报告单中应有检测单位的相关人员签字、单位盖章。试验报告单中应有试验编号，以便于与试验室的有关资料查证核实，并应有明确的结论，签字、盖章齐全。对于不合格的试验报告单，应附上双倍试件复试的合格试验报告单或处理报告，并且不合格的试验报告单不得抽撤或毁坏。

使用单位一定要认真核对砌块的试验报告单中各项实测数值与规范和设计中技术要求符合与否。与砌块出厂质量合格证和试验报告单相关的施工资料还有施工组织设计、技术交底、洽商记录、施工日志、隐检记录、质量验收记录、竣工图等，因此其合格证、试验报告单等不仅应与实际所用的工程、部位相一致，还应与以上施工资料一一对应相符。

第五节　建筑钢材

建筑钢材通常可分为钢结构用钢和钢筋混凝土结构用钢筋。钢结构用钢主要有普通碳素结构钢和低合金结构钢。品种有型钢、钢管和钢筋。型钢中有角钢、工字钢和槽钢。

钢筋混凝土结构用钢筋，按加工方法可分为：热轧钢筋、热处理钢筋、冷拉钢筋、冷拔低碳钢丝和钢绞线管；按表面形状可分为光面钢筋和螺纹；按钢材品种可分为低碳钢、中碳钢、高碳钢和合金钢等。我国钢筋按强度可分为 I、Ⅱ、Ⅲ、Ⅳ、V 五类级别。

一、分类

（一）按品质

1. 钢材按品质分类

（1）普通钢（P≤0.045%，S≤0.050%）

（2）优钢材质钢（P、S 均 ≤0.035%）

（3）高级优质钢（P≤0.035%，S≤0.030%）

2. 按化学成分

（1）碳素钢：钢材 a. 低碳钢（C≤0.25%）；b. 中碳钢（C≤0.25~0.60%）；c. 高碳钢（C≥0.60%）。

（2）合金钢：a. 低合金钢（合金元素总含量 ≤5%）；b. 中合金钢（合金元素总含量 >5~10%）；c. 高合金钢（合金元素总含量 >10%）。

3. 按成形方法

（1）锻钢；（2）铸钢；（3）热轧钢；（4）冷拉钢。

4. 钢材按金相组织分类

（1）退火状态的：a. 亚共析钢（铁素体 + 珠光体）；b. 共析钢（珠光体）；c. 过共钢材析钢（珠光体 + 渗碳体）；d. 莱氏体钢（珠光体 + 渗碳体）。

（2）正火状态的：a. 珠光体钢；b. 贝氏体钢；c. 马氏体钢；d. 奥氏体钢。

（3）钢材无相变或部分发生相变的。

5. 按用途分类

（1）建筑及工程用钢：a. 普通碳素结构钢；b. 低合金结构钢；c. 钢筋钢。

（2）钢材结构钢。

1）机械制造用钢：调质结构钢；表面硬化结构钢：包括渗碳钢、渗氨钢、表面淬火用钢；易切结构钢；冷塑性成形用钢：包括冷冲压用钢、冷镦用钢。

2）弹簧钢。

3）轴承钢。

（3）工具钢：a. 碳素工具钢；b. 合金工具钢；c. 高速工具钢。

（4）特殊性能钢：a. 不锈耐酸钢；b. 耐热钢：包括抗氧化钢、热强钢、气阀钢；c. 电热合金钢；d. 耐磨钢；e. 低温用钢；f. 电工用钢。

（5）专业用钢——如桥梁用钢、船舶用钢、锅炉用钢、压力容器用钢、农机用钢等。

6. 综合分类

（1）普通钢

1）碳素结构钢：Q195；Q215（A、B）；Q235（A、B、C）；Q255（A、B）；Q275。

2）低合金结构钢

3）特定用途的普通结构钢

（2）优质钢（包括高级优质钢）

1）钢材结构钢：优质碳素结构钢；合金结构钢；弹簧钢；易切钢；轴承钢；特定用途优质结构钢。

2）工具钢：碳素工具钢；合金工具钢；高速工具钢。

3）特殊性能钢：不锈耐酸钢；耐热钢；电热合金钢；电工用钢；高锰耐磨钢。

7. 按冶炼方法分类

（1）按炉种分：

1）平炉钢：酸性平炉钢；碱性平炉钢。

2）转炉钢：酸性转炉钢；碱性转炉钢。或底吹转炉钢；侧吹转炉钢；顶吹转炉钢。

3）电炉钢：电弧炉钢；电渣炉钢；感应炉钢；真空自耗炉钢；电子束炉钢。

（2）钢材按脱氧程度和浇注制度分：

1）沸腾钢；

2）半镇静钢；

3）镇静钢；

4）特殊镇静钢。

二、钢铁工业运行情况

（一）产量创历史最高水平

2013 年 1 ~ 6 月，全国累计生产粗钢 3.9 亿吨，同比增长 7.4%，增速较去年同期提高 5.6 个百分点。前 6 个月，粗钢日均产量 215.4 万吨，相当于年产粗钢 7.86 亿吨水平。其中，2 月份达到历史最高的 220.8 万吨，3 ~ 6 月份虽有回落，但仍保持在 210 万吨以上较高水平。分省区看，1 ~ 6 月，河北、江苏两省粗钢产量同比分别增长 6.8% 和 13.2%，两省合计新增产量占全国 2694 万吨增量的 42.4%，另有山西、辽宁、河南和云南等省增产也在 100 万吨以上。分企业类型看，1 ~ 6 月，重点大中型钢铁企业粗钢产量同比增长 5.5%，低于全国平均增幅 2 个百分点，但仍有 60% 的增产来自重点大中型钢铁企业。

（二）钢材价格低位运行

2013 年 1 ~ 6 月，国内钢材市场整体表现低迷。随着粗钢产能大幅释放，市场供需陷入失衡状态，钢材价格步入下降通道，已弱势下跌 4 个多月。截至 2013 年 7 月 26 日，钢材价格指数降到 100.48 点，低于年初 6.6 点。钢铁工业协会重点统计的八个钢材品种价格比年初均有不同程度的下降，平均跌幅 5.7%。分品种来看，占我国钢材产量比重较大的建筑用线材、螺纹钢价格跌幅分别达 4.9% 和 6.7%，中厚板和热轧卷板价格跌幅分别达 5.7% 和 9.7%。

（三）钢材出口增长较快

国内钢材市场供需失衡刺激企业出口。1 ~ 6 月，我国累计出口钢材 3069 万吨，同比增长 12.6%；进口钢材 683 万吨，下降 1.8%，进口钢坯和钢锭 32 万吨，增长 50%。将坯材折合粗钢，累计净出口 2506 万吨，同比增长 17.3%，占我国粗钢产量的 6.4%。从出口价格看，1 ~ 6 月出口棒线材均价 624.3 美元 / 吨，同比下降 18%；板材 835.2 美元 / 吨，同比下降2.8%。

（四）钢厂及社会库存高位运行

市场供需矛盾向流通领域蔓延，国内钢材库存延续上年末增长态势。3月15日达到历史最高的2252万吨，比上年最高点增加351万吨，其中建筑钢材库存1432万吨，占库存总量的63.6%。之后，随着季节性消费增加，库存逐渐回落，7月26日降至1540万吨。市场供大于求也推高钢厂库存，3月中旬重点企业钢材库存创历史纪录，达到1451万吨，同比增长29.7%，6月下旬降至1268万吨，仍比年初增长29.9%，比2012年同期增长11.4%。

（五）钢厂盈利水平逐月下滑

2013年上半年，冶金行业实现利润736.9亿元，同比增长13.7%，其中黑色金属冶炼和压延加工业实现利润454.4亿元，同比增长22.7%。1-5月份重点大中型钢铁企业的盈利状况远不如行业总体水平，并呈逐月下降态势，尽管实现利润增长34%，但也仅有28亿元，销售利润率为0.19%。5月当月，86家重点大中型钢铁企业仅实现利润1.5亿元，连续5个月环比下滑，其中34家亏损，亏损面高达40%。

（六）钢铁行业固定资产投资增幅明显回落

2013年1 ~ 6月，钢铁行业固定资产投资3035亿元，同比增长4.3%，其中黑色金属冶炼及压延投资2356亿元，同比增长3.3%，比2012年同期回落6.1个百分点；黑色金属矿采选投资679亿元，同比增长7.8%，增速大幅回落15个百分点。

三、常用

建筑中常用的钢材主要有钢筋混凝土用的钢筋、钢丝、钢绞线及各类型材。

（一）钢筋和钢丝

结构中用的钢筋，按加工方法不同常分为热轧钢筋和冷加工钢筋。

1. 热轧钢筋

经热轧成型并自然冷却的成品钢筋称热轧钢筋。

热轧钢筋按外形分为光圆钢筋和带肋钢筋。带肋钢筋按肋的截面形式不同有月牙肋钢筋和螺旋肋、人字肋等高肋钢筋。按钢种不同热轧钢筋为碳素钢钢筋和普通低合金钢钢筋。按钢筋强度等级分Ⅰ、Ⅱ、Ⅲ、Ⅳ四个等级。I级钢筋为碳素钢制的光圆钢筋，钢筋牌号为HPB235；Ⅱ、Ⅲ、Ⅳ级为低合金钢制的带肋钢筋，其牌号为HRB335、HRB400和HRB500。

Ⅰ—Ⅲ级热轧钢筋焊接性能尚好，且有良好塑性和韧性，适用于强度要求较低的非预应力混凝土结构。预应力混凝土结构要求采用强度更高的钢作受力钢筋。

2. 冷拉钢筋

热轧钢筋在常温下将一端固定，另一端予以拉长，使应力超过屈服点至产生塑性变形为止，此法称冷拉加工。冷拉后的钢筋屈服点可提高 20% ~ 30%，如经时效处理（即冷拉后自然放量 15 ~ 20d 或加热至 100 ~ 200℃，保温一段时间）其屈服点和抗拉强度均进一步提高，但塑性和韧性相应降低。

冷拉 I 级钢可用作非预应力受拉钢筋，冷拉 II、Ⅲ、IV 级纲可用作预应力钢筋。

3. 冷拔低碳钢丝

将直径 6.5 ~ 8mm 的 Q235（或 Q215）热轧圆盘条，通过拔丝机进行多次强力冷拔加工制成的钢丝。

根据《混凝土结构工程施工质量验收规范》（GB50204—2002），冷拔低碳钢丝分为甲、乙两个级别，甲级用于预应力钢丝，乙级用作非预应力钢丝，如焊接网、焊接骨架、构造钢筋等。

（二）型钢

由钢锭经热轧加工制成具有各种截面的钢材称为型钢（或型材）。按截面形状不同，型钢分有圆钢、方钢、扁钢、六角钢、角钢、工宁钢、槽钢、钢管及钢板等。型钢属钢结构用钢材，不同截面的型钢可按要求制成各种钢构件。型钢按化学成分不同主要有两种：碳素结构钠和低合金结构钢。

1. 角钢

角钢俗称角铁，是两边互相垂直成角形的长条钢材，有等边角钢和不等边角钢之分。角钢广泛用于各种建筑结构和工程结构，如房梁、桥梁、输电塔、起重运输机械、船舶、工业炉、反应塔、容器架以及仓库货架等。等边角钢的两个边宽相等，其规格以边宽 × 边宽 × 边厚的 mm 数表示，如“30 × 30 × 3”。也可用型号表示，型号是边宽的 cm 数，如 3#。角钢可以按照结构的不同需要组成各种不同的受力构件，也可作为构件之间的连接件。以边长的 cm 数为号数，一般边长 12.5cm 以上的大型角钢，5cm ~ 12.5cm 之间的为中型角钢，边长 5cm 以下的为小型角钢。角钢价格结构规律较为难寻，但与建筑钢材、板材基本相同，也是中间组距产品相对便宜，大型、小型角钢价格略贵。角钢的代表规格为 5#。

2. 槽钢

槽钢是截面为凹槽形的长条钢材。槽钢主要用于建筑结构、车辆制造和其他工业结构，其规格表示方法，如 120 × 53 × 5，表示腰高为 120mm，腿宽为 53mm，腰厚为 5mm 的槽钢，或称为 12# 槽钢。腰高相同的槽钢，如有几种不同的腿宽和腰厚也需要在型号右边加 a、b、c 予以区别，如 25#a、25#b、25#c 等。槽钢分普通槽钢和轻型槽钢。热轧普通槽钢的规格为：5# ~ 40#，5# ~ 8# 为小型槽钢，10# ~ 18# 为中型槽钢，20# ~ 40# 为大型槽钢。

槽钢价格中间组距产品相对便宜，大型、小型槽钢价格略贵。槽钢的代表规格为 25#。

3. 工字钢

工字钢也成钢梁，是截面为工字型的长条钢材。工字钢广泛用哪个与各种建筑结构、桥梁、车辆、支架、机械等。其规格以腰高（h）× 腿宽（b）× 腰厚（d）的 mm 数表示，如“工 160 × 88 × 6”。也可用型号表示，型号表示腰高的 cm 数，如工 16#。腰高相同的工字钢，如有几种不同的腿宽和腰厚，需在型号右边加 a、b、c 予以区别，如 25#a、25#b、25#c 等。8# ~ 18# 为小型工字钢，20# ~ 63# 为大型工字钢。工字钢价格结构也是中间组距产品相对便宜，大型、小型工字钢价格略贵。工字钢的代表规格为 25#。

4.H 型钢

H 型钢是由工字钢优化发展而成的一种断面力学性能更为优良的经济型断面钢材，由其断面与英文字母“H”相近而得名。其特点如下：翼缘宽，侧向刚度大，抗弯能力强；翼缘两表面相互平行使得连接、加工、安装简便。H 型钢的规格用其腰高、翼缘宽度、腹板厚度表示，腰高为 200mm、翼缘宽度为 200mm、腹板厚度为 12mm、翼缘厚度为 15mm 的 H 型钢，规格表示方法为 200 × 200 × 12 × 15。

5. 冷弯型钢

冷弯型钢是制作轻型钢结构的主要材料，采用钢板或者钢带冷弯成型制成，可以生产用一般热轧方法难以生产的壁厚均匀但截面形状复杂的各种型材和不同材质的冷弯型钢。冷弯型钢除用于各种建筑结构外，还广泛用于车辆制造，农业机械制造等方面。

6. 异型钢

包括挡圈、马蹄钢、磁极钢、压脚钢、浅槽钢、小槽钢、丁字钢、球扁钢、送布牙钢、热轧六角钢等，另外还有铆钉钢、农具钢、窗框钢。

（三）冷轧钢筋

冷轧带肋钢筋：冷轧带肋钢筋是采用普通低碳钢或低合金钢热轧圆盘条为母材，经冷轧或冷拔减径后在其表面冷轧成具有三面或二面月牙形横肋的钢筋。

钢筋混凝土结构及预应力混凝土结构中的冷轧带肋钢筋，可按下列规定选用：

550 级钢筋宜用作钢筋混凝土结构构件中的受力主筋、架立筋、箍筋和构造钢筋。

650 级和 800 级钢筋宜用作预应力混凝土结构构件中的受力主筋。

另外使用冷轧带肋钢筋的钢筋混凝土结构的混凝土强度等级不宜低于 c20；预应力混凝土结构构件的混凝土强度等级不应低于 C30。

注：处于室内高湿度或露天环境的结构构件，其混凝土强度等级不得低于 c30。

第六节 木 材

木材是能够次级生长的植物，如乔木和灌木，所形成的木质化组织。这些植物在初生生长结束后，根茎中的维管形成层开始活动，向外发展出韧皮，向内发展出木材。

木材是维管形成层向内的发展出植物组织的统称，包括木质部和薄壁射线。木材对于人类生活起着很大的支持作用。根据木材不同的性质特征，人们将它们用于不同途径。

木材作为传统的材料，一直为人类所利用。随着自然资源和人类需求发生变化和科学技术的进步，木材利用方式从原始的原木逐渐发展到锯材、单板、刨花、纤维和化学成分的利用，形成了一个庞大的新型木质材料家族，如胶合板、刨花板、纤维板、单板层积材、集成材、重组木、定向刨花板、重组装饰薄木等木质重组材料，以及石膏刨花板、水泥刨花板、木 / 塑复合材料、木材 / 金属复合材料、木质导电材料和木材陶瓷等木基复合材料。

木质材料在建筑、家具、包装、铁路等领域发挥着巨大的作用。在不可再生资源日益枯竭、人类社会正在走向可持续发展的今天，木材以其特有的固碳、可再生、可自然降解、美观和调节室内环境等天然属性，以及强度 - 重量比高和加工能耗小等加工利用特性，将为社会的可持续发展做出显著贡献。

与其他材料相比，木材具有多孔性、各向异性、湿胀干缩性、燃烧性和生物降解性等独特性质，如何更好地利用这些特性和最大限度地限制其副作用，是木材科学家和工程技术专家长期努力解决的主要问题。林学家也积极参与木材科学研究，从树木的遗传学角度认识和改良木材的基本特性。木质材料主要分为木质板材、木质型材、木质线材、木质片材、竹制品等类别。

一、木材的分类

（一）黄花梨

这种材料颜色不静不喧，恰到好处，纹理或隐或现，生动多变。花梨木颜色从浅黄到紫赤，木质坚实，花纹精美，成八字形，锯解时芳香四溢，中国海南产的花梨木最佳，其显著特点是花纹面上有鬼脸，即树结子为最佳，花粗色淡者为低。另一特点是其心材和边材差异很大，其心材红褐至深红褐或紫红褐色，深浅不匀，常带有黑褐色条纹。其边材灰黄褐或浅黄褐色。黄花梨古无此名，只有“花梨”或写作“花榈”，后来冠之黄花梨，主要是区别所谓“新花梨”，因为海南花梨早在明朝末年就已砍伐殆尽，所以用料多为缅甸等东南亚国家进口花梨木，但品种繁多，质次各异，品质相差很大。

（二）鸡翅木

鸡翅木属红豆科，计约四十到六十种，在我国有二十六种，主要产于福建省。因其花纹秀美似鸡翅膀而得名。匠师普遍认为鸡翅木有新、老两种，新鸡翅木木质粗糙，紫黑相间，纹理浑浊不清，僵直无旋转之势，且木丝有时容易翘裂、起茬。老鸡翅木肌理细致紧密，紫褐色深浅相间成文。尤其是纵切面丝细浮动，具有禽鸟头翅那样灿烂闪耀的光辉。市场的鸡翅木，绝大部分是新鸡翅木。

（三）铁力木

铁力木或作“铁犁木”或“铁栗木”，在几种硬木中长的最高大，价值又较低廉。铁力木有时有花纹，似鸡翅木而较粗，过去家具商曾用它冒充鸡翅木出售。铁力木是较大的常绿乔木，树干直立，高可十余丈，直径达丈余。原产东印度。我国两广皆有分布：木质坚硬耐久，心材暗红色，色泽及纹理略似鸡翅木，质糙纹粗，棕眼显著。在热带多用于建筑，极经久耐用。

（四）榉木

榉木属榆种，产于江、浙等地，别名榉榆或大叶榆，木材坚致，色泽兼美，用途极广，颇为贵重，其老龄木材带赤色故名“血榉”，又叫红榉。它比一般木材坚实，但不能算是硬木，故老匠师及明式家具的真正爱好者都予以重视，认为不应因用料较差而贬低它的艺术价值和历史价值。榉木材质坚硬，色纹兼美，有很美丽的大花纹，层层如山峦重叠，被木工称之为“宝塔纹”。

（四）沉香

1. 进口沉香

又名沉水香、燕口香、蓬莱香、蜜香、芝兰香、青桂香等。来自瑞香科植物沉香的含树脂的心材。主产于印度尼西亚、马来西亚、新加坡、越南、柬埔寨、伊朗、泰国等地。

印度尼西亚、马来西亚、新加坡所产的沉香习称新州香，质量最好，燃之香味清幽，并能持久。越南产的沉香习称会安香，质量稍次，燃之香味甚善，带有甜味，但不能持久。

进口沉香多呈圆柱形或不规则棒状，表面为黄棕色或灰黑色；质坚硬而重，能沉于水或半沉于水；气味较浓，燃之发浓烟，香气强烈。进口沉香性微温，味苦辛。具有行气止痛、温中止呕、纳气平喘的功效，药效比白木香佳。

2. 国产沉香

又名沉水香、沉香木、耳香、上沉、白木香、海南沉香、女儿香、莞香、岭南沉刀香。来自瑞香科植物白木香的含树脂的心材。

土沉香分为一号香（质重香浓）、二号香（质坚香浓）、三号香（质较松、香味佳）、四号香（质浮松、香淡）四种规格。其状不规则，表面多呈朽木状凹凸不平，有刀痕，偶有孔洞，可见黑褐色树脂与黄白色木质相间的斑纹。

（五）黑檀木

黑檀木属柿树类，主要产于印度、印尼、泰国、缅甸等国。黑檀木心边材区别明显，边材白色（带黄褐或青灰）至浅红褐色；心材黑色（沌黑色或略带绿玉色）及不规则黑色心材（其深浅相间排列条纹）。木材有光泽、无特殊气味。纹理黑白相间，直至浅交错，结构缅而匀，耐腐、耐久性强、材质硬重、细腻，是一种十分稀少的珍贵家具及工艺品用材。

（六）绿檀木

绿檀，学名维腊木（Bulnesiaarborea）蒺藜科维腊木属。产于委内瑞拉、智力、墨西哥等国家。乔木，高 10 ~ 25m，直径可达 40cm。维腊木心材颜色呈橄榄绿色，间或有暗黄带绿的条纹，并能散发出一种酷似檀香的香气，香气浓而不刺鼻，清醇四溢。乔木维腊木材质中的良品为罕见的“降香绿檀”，最为稀有珍贵，据传具辟邪之能，价比黄金。

（七）檀香木

檀香木是檀香的芯材部分，不包括檀香的边材（没有香气，呈白色）。檀香隶檀香科檀香属，是一种半寄生性小乔木，高可达 8 ~ 15 米，胸径约 20 ~ 30cm，小者仅 3 ~ 5cm。原产地为印度哥达维利亚河流域，南至迈索尔邦及印度尼西亚，东、西努沙登加省及东帝汶。檀香木一般呈黄褐色或深褐色，时间长了则颜色稍深，光泽好，包浆不如紫檀或黄花梨明显。香气醇厚，经久不散，久则不甚明显，但用刀片刮削，仍香气浓郁，与香樟、香楠刺鼻的浓香相比略显清淡、檀香分老山香，新山香，地门香，雪梨香。

（八）酸枝木

酸枝木有多种，为豆科植物中蝶形花亚科黄檀属植物。在黄檀属植物中，按红木国标 GB/T18107-2000 规定，除海南岛降香黄檀被称为“香枝木”（俗称黄花梨）外，其余尽属酸枝类。酸枝木分为，黑酸枝木、红酸枝木两种。它们的共同特性是在加工过程中发出一股食用醋的味道，故名酸枝。

在两种种酸枝木中，以黑酸枝木最好。其颜色由紫红至紫褐或紫黑，木质坚硬，抛光效果好。有的与紫檀木极接近，常被人们误认为是紫檀，唯大多纹理较粗。

红酸枝纹理较黑酸枝更为明显，纹理顺直，颜色大多为枣红色。

（九）花梨木

花梨木，为蝶形花科紫檀属树种，它的木质比较硬，颜色大多是赤色或红紫色，纹理很清晰，色泽也比较柔和，木材的颜色有点淡时靠近木材的中心，但是越往外颜色就越深，就是赤色或红紫色，其实这才是花梨木的本色。

（十）香樟木

香樟木有一种很好闻类似有樟脑的香味。有不规则的纵裂纹。生于山坡、溪边；多栽培。主产长江以南及西南各地。木材块状大小不一，表面红棕色至暗棕色，横断面可见年轮。质重而硬。味清凉，有辛辣感。香樟木有治疗祛风湿，通经络，止痛，消食的功效。

（十一）黄杨木

黄杨木，树小而肌理坚细，色彩极艳丽，有的呈蛋黄色，因其难长，故无大料，常用其制作木梳及用于刻印，用于家具则多做镶嵌材料。

黄杨木是热带、温带较常见的常绿植物，我国东南沿海、西南、台湾都有广泛的分布。

黄杨科树种有 4 属 100 多种。为常绿灌木或小乔木，木材淡黄色，质地坚韧，纹理细腻，硬度适中，没有棕眼，生长期长，无大料，

黄杨木生长非常缓慢，逢冬开花，春到结子，一般要生长四、五十年才能长到3 ~ 5米高，直径也不足 15cm，所以有“千年难长黄杨木”“千年黄杨难做拍”（乐器中的一种拍子）的说法。旧时传说黄杨遇闰年不仅不长，反要缩短。宋苏轼：“俗说，黄杨一岁长一寸，遇闰退三寸”故有“千年矮”之谓，

（十二）楠木

楠木中比较著名的品种可分三种：一是香楠，木微紫而带清香，纹理也很美观；二是金丝楠，木纹里有金丝，是楠木中最好的一种，更为难得的是，有的楠木材料结成天然山水人物花纹；三是水楠，木质较软，多用其制作家具。

楠木属樟科，种类很多，常用于建筑及家具的主要是雅楠和紫楠。前者为常绿大乔木，产于四川雅安、灌县一带；后者别名金丝楠，产浙江、安徽、江西及江苏南部。楠木的色泽淡雅匀称，伸缩变形小，易加工，耐腐朽，是软性木材中最好的一种。

（十三）椴木

椴木的白木质部分通常颇大，呈奶白色，逐渐并入淡至棕红色的心材，有时会有较深的条纹。这种木材具有精细均匀纹理及模糊的直纹。

椴木机械加工性良好，容易用手工工具加工，因此是一种上乘的雕刻材料。钉子、螺钉及胶水固定性能尚好。经砂磨、染色及抛光能获得良好的平滑表面。干燥尚算快速，且变形小、老化程度低。干燥时收缩率颇大，但尺寸稳定性良好。

椴木重量轻，质地软，强度比较低，属于抗蒸汽弯曲能力不良的一类木材。抗腐力，白木质易受常见家具甲虫蛀食。可渗透防腐处理剂。

（十四）阴沉木

在中国民间，阴沉木即炭化木，蜀人称之为乌木，西方人称之为“东方神木”。阴沉木的形成久远，据可考资料记载：远古时期，原始森林中的百年千年名贵古木，由于遭受

到突如其来的重大的地理、气象变化（如地震、山洪、雷击、台风等），有的被深埋于江河湖泊的古河床、泥沙之下，有的被埋藏在缺氧的阴暗地层中，时间长达数千年，甚至几万年，它们历经激流冲刷、泥石碾压、鱼啄蟹栖，以致形状各异，姿态万千。经大自然千年磨蚀造化，阴沉木兼备木的古雅和石的神韵，其质地坚实厚重，色彩乌黑华贵，断面柔滑细腻，且木质油性大、耐潮、有香味，万年不腐不朽、不怕虫蛀，浑然天成。古籍中记载个别树种还具有药用价值。它集“瘦、透、漏、皱”的特性于一身，不愧享有“东方神木”和“植物木乃伊”的美誉。

阴沉木自古以来就被视为名贵木材，稀有之物，是尊贵及地位的象征。我国民间素有“纵有珠宝一箱，不如乌木一方”和“黄金万两送地府，换来乌木祭天灵”的民谚。在古代，达官显贵、文人雅士皆把阴沉木家具及出自阴沉木雕刻的艺术品视为传家、镇宅之宝，辟邪之物。历代以来，特别是明、清时期，阴沉木尤其成为各代帝王建筑宫殿和制作棺木的首选之材。清代帝王更将其列为皇室专用之材，民间不可私自采用，致使阴沉木更加稀少。民国时的窃国大盗袁世凯，逆历史潮流而动，“皇帝梦”没做多久就一命呜呼。但为了显示曾有过帝王身份，其家人费尽心思，耗费大量家财觅得阴沉木，为其拼了一副棺木。这虽是历史笑谈，但从中也看出了阴沉木的贵在难求。

严格说来，阴沉木已超出了木头的范围，而应将之列为“珍宝”的范畴。这是因为，在故宫博物院的“珍宝苑”就珍藏有阴沉木雕刻而成的巧夺天工的艺术品，可见其珍贵的程度已远远不是一般木头所能企及的。阴沉木家具及艺术品就其质地、文化价值和升值前景看，可以说是无与伦比的，甚至已经超过了名贵的紫檀木。

由于乌木为不可再生资源，开发量越来越少，一些天然造型的乌木艺术品极具收藏价值。

（十五）条纹乌木

条纹乌木，又称纹乌木，顾名思义是有条纹的乌木。《红木》国标将条纹乌木从乌木中分出，独立成为一个类别。条纹乌木与乌木同属于柿树科（Ebenaceae）柿树属（Diospyros），两者的区别就在于材色：乌木木材的心材材色乌黑，而条纹乌木木材的心材材色黑或栗褐，间有浅色条纹。条纹乌木古时称木、文木、乌文木，晋代崔豹《古今注》：“木出交州林邑，色黑而有文，亦谓之文木。”晋代嵇合《南方草木状》：“文木树高七八尺，其色正黑，如水牛角，作马鞭，日南有之。”据古籍记载：“乌文”舶上将来，乌文烂然。在日本对乌木与条纹乌木有黑檀的称谓，据须藤彰司《南洋材》介绍：条纹黑檀，心材黑色，有灰色或红褐色的条纹。

二、木材的化学性质

(一)木材的化学成分

木材细胞的组成成分分为主要成分和次要成分两种，主要组成成分是纤维素(cellulose)、半纤维素(hemicelluloses)和木素(lignin);次要成分有树脂、单宁、香精油、色素、生物碱、果胶、蛋白质等。

木材纤维素含量为 40% ~ 50%，禾本科植物纤维素含量略低些。数字显示：针叶材木素含量高于阔叶材；禾本科植物和阔叶材半纤维素及聚戊糖含量高于针叶材；针、阔叶材的纤维素含量无显著差别，依树种不同而略有不同。

纤维素、半纤维素和木素是构成细胞壁的物质基础，其中纤维素形成微纤丝(micro fibril)，在细胞壁中起着骨架作用，半纤维素和木素则成为骨架间的黏结和填充材料，三者相互交织形成多个薄层，共同组成植物的细胞壁。

从木材细胞壁中化学成分的分布来看：初生壁中含有较少的纤维素，而半纤维素和木素的浓度较高，相反次生壁纤维素含量高，而且呈现由外(S1 层)向内(S3 层)纤维素含量逐渐增加的趋势；利用电子显微镜直接观察云杉切片半纤维素的分布，结果表明总的趋势是由外向内渐减，以 S2 层中层半纤维素含量为最低。云杉管胞细胞壁各个部位的聚葡萄糖甘露糖含量和复合胞间层中聚阿拉伯糖含量均明显高于桦木细胞壁。复合胞间层中木素浓度最高(60% ~ 90%)，利用紫外显微镜摄影分析云杉早材管胞细胞壁沿虚线处对细胞壁进行断面扫描，其峰值对应于复合胞间层处。次生壁中木素浓度较低，但是由于次生壁总体积远高于复合胞间层，所以次生壁中木素的含量至少占总量的 70%。木材细胞壁中纤维素、半纤维、木素的分布，与木材软化、纤维分离制浆以及热压成型有密切关系，在高温和水分作用下，木素可以发生软化而塑化，当受到外力作用后，纤维可以分离，为达到单体纤维分离的目的，在制浆工艺中尽可能分解和软化复合胞间层的木素。随着木素和半纤维素的溶出，微纤丝暴露在纤维表面，经过打浆处理，使纤维细胞壁进一步破损，暴露更多的微纤丝，形成分丝帚化作用。

木材次要成分多存在于细胞腔内，部分存在于细胞壁和胞间层中，由于可以利用冷水、热水、碱溶液或者有机溶剂浸提出来，所以又称浸提物(extractives)。木材浸提物包含多种类型的天然高分子有机化合物，其中最常见的是多元酚类，还有萜类、树脂酸类、脂肪类和碳水化合物类等。木材浸提物与木材的色、香、味和耐久性有关，也影响木材的加工工艺和利用。

不同树种、同一树种不同树株，木材的化学成分都有差异。树干与树枝的化学成分差异很大，纤维素含量树干多于树枝，木素含量树枝大于树干；半纤维素和聚戊糖含量树枝大于树干，热水抽提物(其中含有大量多元酚类物质)树枝也大于树干。除少数树种如桑树、构树和柘树外，树皮中纤维素含量比木材低，约占树皮干重的 35%，树皮中的灰分和浸提物的含量都比木材高。

组成木材基本元素和平均含量分别是：碳 49.5% ~ 50%、氢 6.3% ~ 6.4%、氧 42.6% ~ 44%、氮 0.1% ~ 0.2%。此外，还有少量无机物即灰分组成，总含量为 0.2 ~ 1.7%，主要是钾、钠、钙、磷、镁、铁、锰等元素。

纤维素是构成植物细胞壁结构的物质，是地球上最丰富的天然有机材料，分布非常广泛，含在植物中的碳，约有 40% 是结合在纤维素中，每年仅陆生植物就可以达到 500 亿吨的产量，它是一种可再生资源。纤维素的含量因不同的植物体而异，在种子的绒毛中，如棉花、木棉纤维素含量高达 95% ~ 99%；韧皮纤维如苧麻、亚麻中纤维素含量大约 80% ~ 90%。

在制浆工业中，纤维素有综纤维素（holo-cellulose）、α - 纤维素、β - 纤维素和 γ - 纤维素之分，综纤维素也称全纤维素，是指植物纤维原料中除去木素后，所残留的全部碳水化合物，即纤维素和半纤维素的总和。用浓度 17.5% 的氢氧化钠（或者 24% 的氢氧化钾）溶液，在温度 20℃条件下处理漂白浆，非纤维素的碳水化合物大部分溶出，不溶解的部分称为 α - 纤维素。所得溶液，用醋酸中和后其中沉淀出来的部分称为 β - 纤维素，未沉淀的部分称为 γ - 纤维素。α - 纤维素、β - 纤维素和 γ - 纤维素是技术概念，是聚合度不同的多分散性、非均一化合物。

（二）纤维素的结构

纤维素属于多糖类天然高分子化合物，其化学式为 $C_6H_{10}O_5$，化学结构的实验分子式为（$C_6H_{10}O_5$）n，由碳、氢、氧三种元素构成，质量分数分别为 44.44%、6.17%、49.39%。纤维素是由葡萄糖单体聚合而成的，而葡萄糖属于已糖，经由 1 ~ 5 个碳原子和一个氧原子形成的六环结构称吡喃葡萄糖（glucopyranose），经由 1 ~ 4 个碳原子和一个氧原子形成的五环结构称呋喃葡萄糖（glucofuranose）。纤维素的重复单元是纤维素二糖（cellobiose），它的 C1 位置上保持着半缩醛的形式，具有还原性，而在 C4 位置上留有一个自由羟基，由此说明纤维素化学结构是由许多 β -D- 吡喃葡萄糖基相互以 1-4-ß- 甙键连接而成的线性高分子，它表明一个纤维素大分子中包含着 n 个葡萄糖基，n 称为聚合度，由此可以计算出纤维素的相对分子质量。

根据大量研究，证明纤维素的化学结构具有如下特点：

第一，纤维素大分子仅由一种糖基即葡萄糖基组成，糖基之间以 1 → 4 甙键联结，即在相邻的两个葡萄糖单元 C1 和 C4 之间连接，在酸或高温作用下，甙键会发生断裂，从而使纤维素大分子降解；第二，纤维素链的重复单元是纤维素二糖基，其长度为 1.03nm，每一个葡萄糖基与相邻的葡萄糖基之间相互旋转 180° ；第三，除两端的葡萄糖基外，中间的每个葡萄糖基具有三个游离的羟基，分别位于 C2、C3 和 C6 位置上，其中第 2、3 碳原子上的羟基为仲羟基，第 6 碳原子上的羟基为伯

羟基，它们的反应能力不同，对纤维素的性质具有重要影响；第四，纤维素大分子两

端的葡萄糖末端基，其结构和性质不同，左端的葡萄糖末端基在第 4 碳原子上多一个仲醇羟基，而右端的第 1 个碳原子上多一个伯醇羟基，此羟基的氢原子在外界条件作用下容易转位，与基环上的氧原子相结合，使氧环式结构转变为开链式结构，从而在第 1 个碳原子处形成醛基，显还原性。左端的葡萄糖末端基是非还原性的，由于纤维素的每一个分子链只有一端具有还原性，所以纤维素分子具有极性和方向性；第五，纤维素为结构均匀的线性高分子，除了具有还原性的末端基在一定的条件下氧环式和开链式结构能够互相转换外，其余每个葡萄糖基均为氧环式椅式结构，具有较高的稳定性。

纤维素的聚合度与纤维的物理力学性质有关，聚合度越大，分子链越长，化学稳定性越高，越不易溶解，强度也越高。木浆纤维素分子聚合度为 7000 ~ 1000，韧皮纤维为 7000 ~ 15000，棉花纤维次生壁为 13000 ~ 14000。当聚合度低于 200 时，纤维素为粉末状，不呈现力学强度，当聚合度达到 200 以上，随着聚合度的增大，纤维力学强度增大。所以在纤维分离、制浆、热压及后期处理工艺中，应避免纤维素分子链过度降解而降低纤维板或纸张的强度。

（三）纤维素的物理化学性质

纤维素为白色、无味，具有各向异性的高分子物质，相对密度为 1.55，质量热容 0.32（J/kg• K）。其化学稳定性较高，不溶于水、酒精、乙醚和丙酮等溶剂。可溶于 10% ~ 15%的铜氨溶液、70% ~ 72% 的硫酸、85%的磷酸、41%的盐酸、浓的氧化锌溶液。

纤维素大分子之间的结合键主要是氢键、范德华力和碳氧键。氢键的键能为 5 ~ 8kcal/mol，范德华力的能量为 2 ~ 3kcal/mol，碳氧键键能较大，为 80 ~ 90kcal/mol，但是由于纤维素的聚合度大，所形成氢键的数量大，键能的总和远远大于碳氧键。形成氢键的先决条件是纤维素分子中存在羟基，而且相距的距离要适当，如果距离超过 3Å，不能形成氢键，只能存在范德华力。氢键对纤维素和木材性质影响很大，尤其是对木材的吸湿性、溶解度、化学反应能力影响更大。氢键理论常用来解释纤维板、纸张等纤维相互之间结合力和其他一系列工艺现象。例如，在纤维板生产过程中，通过打浆可以促使纤维分离和一定程度的帚化，增加游离羟基的数目，而板坯通过热压可以活化内部某些功能基团或者缩短纤维之间的距离，以利于形成氢键和范德华力。

纤维素分子聚集的特点是易于结晶，当纤维素分子链满足形成氢键的条件时，纤维素分子链聚集成束，如果彼此间相互平行、排列整齐，具有晶体的基本特征，这一区段称为结晶区（crystalline regions）；不平行排列的区段称为非结晶区或称为无定形区（amorphous regions），结晶区和无定形区并无明显的界限，纤维素分子链长度可达 50000A，可以连续穿过几个结晶区和非结晶区。在纤维素结晶结构方面，涉及晶胞参数、分子链在晶胞中的排列等内容，并由此引申出结晶度、微晶大小和取向的概念。纤维素的结晶度（crystallinity）是指纤维素的结晶区占纤维素整体的百分数，它反映纤维素聚集时形成结晶的程度。测定纤维素结晶度的方法有 X 射线衍射法、红外光谱法和密度法等。微晶取向度（degree of orientation）是指所选择的择优取向单元相对于参考单元的平行排列程度。当纤维素受到拉伸外力作用后，分子链会沿着外力方向平行排列起来而产生择优取向，分子间的相互作用力会大大加强，其结果对纤维断裂强度、断裂伸度、杨氏模量都有显著影响。纤维素分子链的取向可以利用光学双折射方法测定，结晶的取向可以利用X射线法测定。

纤维素具有吸附水分子的能力，纤维素的吸湿直接影响到木材及其制品的尺寸稳定性和强度。纤维素非结晶区内纤维素分子链上的羟基，只有一部分形成氢键，另一部分处于游离状态，游离的羟基为极性基团，容易吸附空气中的极性分子而形成氢键结合。纤维素吸湿仅发生于非结晶区内，吸湿能力的大小取决于非结晶区所占的比例，非结晶区所占比例愈大，吸湿能力愈强。如果经过处理，纤维素分子上的羟基被置换后，纤维的吸湿性则明显降低。

纤维素吸湿后，体积增大称为湿胀，解吸时体积变小，称为干缩，由于水分子能够进入非结晶区或结晶区的表面，引起纤维素分子链的间距增大或减小，从而发生湿胀和干缩现象，这是木材尺寸不稳定的主要原因。如果纤维素受到溶剂或水的作用后，水分子最先进入非结晶区，使纤维素分子链间距增大而发生膨胀。

（四）纤维素的化学反应

纤维素的化学反应包括纤维素链降解和纤维素羟基反应两种情况，其化学反应能力与纤维素的可及度（accessibility）和反应性（reactivity）有关。可及度是指反应试剂到达纤维内部和纤维素羟基附近的难易程度，是纤维素发生化学反应的前提条件，一般认为，水分子或化学反应试剂只能穿透到纤维素非结晶区，而很难进入结晶区。所以大多数纤维素原料在进行化学反应前进行预处理，采用减压、加压，水、热和溶胀剂处理纤维原料，都可以增加纤维素反应的可及度。纤维素分子链每个葡萄糖基上都有三个活泼的羟基（一个伯羟基、两个仲羟基），它们可以发生酯化、醚化等化学反应，所以纤维素的化学反应性就是指纤维素分子链上羟基的反应能力，不同的羟基、不同聚合度和结构都是影响纤维素反应性的因素。取代度（degree of substitution）是指纤维素分子链上平均每个失水葡萄糖单元上被反应试剂取代的羟基数目，纤维素取代度小于或等于3，它也是标志纤维素化学反应性的一个指标。

1. 纤维素的降解反应

纤维素是由许多葡萄糖基相互以甙键连接而成的线性高分子，但在一定的条件下，甙键也可以发生断裂，纤维素高分子聚合度下降，在溶剂中溶解度提高，最后得到低分子的化合物，这个过程称为纤维素的降解反应。

纤维素的1-4-ß-甙键是一种缩醛键，对酸敏感，在适当的氢离子浓度、温度和时间作用下，甙键断裂聚合度下降，这类反应称为纤维素的酸性水解，部分水解后的纤维素产物称为水解纤维素（hydrocellulose），完全水解时的产物则生成葡萄糖。纤维素在浓酸（41 ~ 42% HCl、65 ~ 70% H_2SO_4、80 ~ 85% H_3PO_4）中的水解是均相水解，首先是纤维素发生润胀和溶解，通过形成酸的复合物再水解成低聚糖和葡萄糖。稀酸水解纤维素发生于固相纤维素和稀酸溶液之间，属于多相水解，在高温高压作用下，通过形成水解纤维素形成可溶性多糖和葡萄糖。在稀酸存在的环境下，纤维素还可以发生酶水解降解，酶是一种具有特殊催化作用的生物蛋白质，能使纤维素水解的酶称为纤维素酶，它主要包括三种酶组分，水解过程首先是纤维素被内切葡聚糖酶（endo-β-glucanase）攻击生成无定形纤维素和可溶性低聚糖，然后被外切葡聚糖酶（exo-β-glucanase）作用直接生成葡萄糖，也可以生成纤维二糖，然后在纤维二糖酶（β-glucosidase）作用下生成葡萄糖。上述情况说明，当酸作用于纤维素时，纤维素便产生各种变化，这种变化的大小取决于酸的浓度、作用时间、温度和酶的活性等情况，木材加工中常采用水热处理、切削、研磨等工艺措施来处理木材，要注意尽量减少纤维素分子链过度降解，防止其固有强度严重下降，影响产品质量。

纤维素还会发生碱性降解，在化学法制浆中，随着木材蒸煮温度的升高和木素的脱除，纤维素部分配糖键断裂，聚合度下降而发生碱性水解作用。随着配糖键的断裂，产生新的还原性末端基，不断从纤维素大分子链上掉下来，从而导致纤维素降解，这就是所谓的剥皮反应。

纤维素分子链上的羟基容易被空气、氧气和漂白剂等氧化剂所氧化，引起氧化降解。氯、次氯酸盐和二氧化氯常用于纸浆和纺织纤维的漂白，但是这些氧化剂能使纤维素分子链上形成羰基，具有羰基的纤维素不稳定，促进了配糖键在碱性溶液中的断裂，降低了聚合度。过氧化氢能将纤维素的还原性末端基氧化成羧基，也能将醇羟基氧化成羰基，然后在热碱溶液中发生糖甙键的断裂。纤维素氧化是纤维工业的一个重要工艺过程，除了漂白作用以外，利用碱纤维素的氧化降解转变纤维素上的羟基，形成新的基团得到再生纤维，这种再生纤维与其他物质发生酯化、醚化和接枝共聚反应，从而得到新型功能性纤维。四氧化二氮能够将纤维素伯醇羟基氧化成羧基，所得到的四氧化二氮纤维素有助于血液凝固，并能够为血液溶解，因而可用于制作有吸附能力的止血绷带。

热降解是纤维素在热的作用下，聚合度和强度下降，挥发性成分的逸出、质量损失等发生的一系列物理化学性质的变化。纤维素在140℃以下时，热稳定性较佳，水分和挥发性物质散失，但在水分存在条件下会发生水解，在空气中会发生氧化；高于140℃，纤维素变为黄色，在碱液中溶解度增大；温度高于180℃时，热裂解程度增大，超过250℃时，则发生剧烈降解，生成许多简单的有机化合物；温度超过370℃质量损失达到40～60%，结晶区遭到破坏，聚合度下降。

在光的作用下引起纤维素的化学碱断裂和聚合度下降称为光降解，光降解有直接光降解和光敏降解两种形式。在有氧气存在的情况下，纤维素受到光的作用，产生羰基和羧基导致强度下降和聚合度降低。当纤维素中存在某些化合物（如氧化锌、氧化钛）时，能吸收近紫外或者可见光，引发纤维素降解称为纤维素的光敏降解。高能电子辐射能够使纤维素分子脱氢和破坏葡萄糖基产生降解，有研究显示纤维素随着辐射强度的增加，聚合度下降，羰基和羧基数量增加。

木材在锯、刨、制备木片和热磨加工过程中，纤维素也受到了外力的作用，产生纤维断裂变短、聚合度和强度下降等现象，这属于机械降解。

2. 纤维素的酯化反应

纤维素与酸发生反应得到酯类化合物，称为纤维素酯化反应（esterification）。纤维素大分子每个葡萄糖基上有 3 个醇羟基，具有醇的性质，在某些酸溶液中能发生亲核取代反应，生成相应的纤维素酯。

纤维素硝酸酯又称为硝化纤维素，它是由纤维素和硝酸反应得到的，如果单用硝酸且浓度低于75%，纤维素几乎不发生酯化作用，当浓度达到77.5%时，大约50%的羟基被酯化，工业上采用硝酸和硫酸的混合物来制备高取代度的纤维素硝酸酯。纤维素硝酸酯主要用于涂料、黏合剂、日用化工、皮革、印染、制药和磁带等行业产品的制造。

纤维素黄酸酯是碱纤维素与二硫化碳反应得到的，它是再生纤维素的一个中间体，是黏胶纤维生产的主要方法。纤维素黄酸酯溶于稀碱溶液中成为黏胶液，通过纺丝得到黏胶人造丝，如果成膜就得到玻璃纸。

纤维素醋酸酯通常称为醋酸纤维素或者乙酰纤维素，它是与乙酸酐在硫酸作为催化剂作用下，在不同的稀释剂中生成不同酯化度的醋酸纤维素。稀释剂的作用是维持一定的液比，保证酯化均匀进行，常用的稀释剂有冰醋酸、乙酸乙酯等。目前不仅可以成功制备纤维素三醋酸酯，还可以制备单取代和二取代纤维素醋酸酯，它们在纺织、塑料、涂料和香烟用过滤嘴等方面应用广泛。

第七节　防水材料

一、沥青

沥青是由不同分子量的碳氢化合物及其非金属衍生物组成的黑褐色复杂混合物，是高黏度有机液体的一种，呈液态，表面呈黑色，可溶于二硫化碳。沥青是一种防水防潮和防腐的有机胶凝材料。沥青主要可以分为煤焦沥青、石油沥青和天然沥青三种：其中，煤焦沥青是炼焦的副产品。石油沥青是原油蒸馏后的残渣。天然沥青则是储藏在地下，有的形成矿层或在地壳表面堆积。沥青主要用于涂料、塑料、橡胶等工业以及铺筑路面等。

（一）组成结构

近年来最常采用的方法是按 L·W·科尔贝特的方法一将沥青分离为饱和分、芳香分、胶质和沥青质等四个组分。沥青中各组分的含量与沥青和技术性质之间存在一定的规律性。

按胶体结构解释，随着分散介质饱和分和芳香分含量的减少，保护物质胶质和分散相沥青质含量的增加，沥青由溶胶结构转变为溶凝胶结构以至凝胶结构。沥青技术指标中的针入度随之减小，软化点随之升高。而当沥青中各组分含量比例协调时，可得到最佳的延度。但是上述规律只适用于相同油源和相同工艺获得的沥青均为大庆原油，采用丙脱工艺获得沥青对于相同原油，采用不同工艺，或者不同原油相同工艺甚至不同原油和工艺获得的沥青，它们即使具有相近的沥青组分含量但是它们的技术性质指标可以相差很大。产生这些现象的原因是由于不同油源和工艺获得的沥青，它们的各化学组分虽然可以很接近，但是它们各个组分的化学结构并不相同，各组分的溶度参数不同。亦即各组分的相溶性不同，因而形成不同的胶体结构，所以它们的技术性质亦不相同。

沥青属于憎水性材料，它不透水，也几乎不溶于水、丙酮、乙醚、稀乙醇，溶于二硫化碳、四氯化碳、氢氧化钠。

沥青及其烟气对皮肤黏膜具有刺激性，有光毒作用和致癌作用。我国三种主要沥青的毒性：煤焦沥青 > 页岩沥青 > 石油沥青，前二者有致癌性。沥青的主要皮肤损害有：光毒性皮炎，皮损限于面、颈部等暴露部分；黑变病，皮损常对称分布于暴露部位，呈片状，呈褐－深褐－褐黑色；职业性痤疮；疣状赘生物及事故引起的热烧伤。此外，尚有头昏、头胀，头痛、胸闷、乏力、恶心、食欲不振等全身症状和眼、鼻、咽部的刺激症状。

（二）应用领域

在土木工程中，沥青是应用广泛的防水材料和防腐材料，主要应用于屋面、地面、地下结构的防水，木材、钢材的防腐。沥青还是道路工程中应用广泛的路面结构胶结材料，它与不同组成的矿质材料按比例配合后可以建成不同结构的沥青路面，高速公路应用较为广泛。

（三）类别

沥青主要可以分为煤焦沥青、石油沥青和天然沥青三种：

1. 煤焦沥青

煤焦沥青是炼焦的副产品，即焦油蒸馏后残留在蒸馏釜内的黑色物质。它与精制焦油只是物理性质有分别，没有明显的界线，一般的划分方法是规定软化点在26.7℃（立方块法）以下的为焦油，26.7℃以上的为沥青。煤焦沥青中主要含有难挥发的蒽、菲、芘等。这些物质具有毒性，由于这些成分的含量不同，煤焦沥青的性质也因而不同。温度的变化对煤焦沥青的影响很大，冬季容易脆裂，夏季容易软化。加热时有特殊气味；加热到260℃在5小时以后，其所含的蒽、菲、芘等成分就会挥发出来。

2. 石油沥青

石油沥青是原油蒸馏后的残渣。根据提炼程度的不同，在常温下成液体、半固体或固体。石油沥青色黑而有光泽，具有较高的感温性。由于它在生产过程中曾经蒸馏至400℃以上，因而所含挥发成分甚少，但仍可能有高分子的碳氢化合物未经挥发出来，这些物质或多或少对人体健康是有害的。

3. 天然沥青

天然沥青储藏在地下，有的形成矿层或在地壳表面堆积。这种沥青大都经过天然蒸发、氧化，一般已不含有任何毒素。

沥青材料分为地沥青和焦油沥青两大类。地沥青又分为天然沥青和石油沥青，天然沥青是石油渗出地表经长期暴露和蒸发后的残留物；石油沥青是将精制加工石油所残余的渣油，经适当的工艺处理后得到的产品。焦油沥青是煤、木材等有机物干馏加工所得的焦油经再加工后的产品。工程中采用的沥青绝大多数是石油沥青，石油沥青是复杂的碳氢化合物与其非金属衍生物组成的混合物。通常沥青闪点在 240℃ ~ 330℃之间，燃点比闪点约高 3℃ ~ 6℃，因此施工温度应控制在闪点以下。

（四）主要产品

1. 石油沥青

石油沥青是原油加工过程的一种产品，在常温下是黑色或黑褐色的黏稠的液体、半固体或固体，主要含有可溶于氯仿的烃类及非烃类衍生物，其性质和组成随原油来源和生产方法的不同而变化。石油沥青的主要组分是油分、树脂和地沥青质。还含 2% ~ 3% 的沥青碳和似碳物，还含有蜡。沥青中的油分和树脂能浸润沥青质。沥青的结构以地沥青质为核心，吸附部分树脂和油分，构成胶团。

（1）产品性能

石油沥青色黑而有光泽，具有较高的感温性。对石油沥青可以按以下体系加以分类：

（2）生产方法

①蒸馏法：是将原油经常压蒸馏分出汽油、煤油、柴油等轻质馏分，再经减压蒸馏（残压 10~100mmHg）分出减压馏分油，余下的残渣符合道路沥青规格时就可以直接生产出沥青产品，所得沥青也称直馏沥青，是生产道路沥青的主要方法。

②溶剂沉淀法：非极性的低分子烷烃溶剂对减压渣油中的各组分具有不同的溶解度，利用溶解度的差异可以实现组分分离，因而可以从减压渣油中除去对沥青性质不利的组分，生产出符合规格要求的沥青产品，这就是溶剂沉淀法。

③氧化法：是在一定范围的高温下向减压渣油或脱油沥青吹入空气，使其组成和性能发生变化，所得的产品称为氧化沥青。减压渣油在高温和吹空气的作用下会产生汽化蒸发，同时会发生脱氢、氧化、聚合缩合等一系列反应。这是一个多组分相互影响的十分复杂的综合反应过程，而不仅仅是发生氧化反应，但习惯上称为氧化法和氧化沥青，也有称为空气吹制法和空气吹制沥青。

④调合法：调合法生产沥青最初指由同一原油构成沥青的 4 组分按质量要求所需的比

例重新调和，所得的产品称为合成沥青或重构沥青。随着工艺技术的发展，调和组分的来源得到扩大。例如可以从同一原油或不同原油的一、二次加工的残渣或组分以及各种工业废油等作为调和组分，这就降低了沥青生产中对油源选择的依赖性。随着适宜制造沥青的原油日益短缺，调合法显示出的灵活性和经济性正在日益受到重视和普遍应用。

⑤乳化法：沥青和水的表面张力差别很大，在常温或高温下都不会互相混溶。但是当沥青经高速离心、剪切、重击等机械作用，使其成为粒径 0.1 ~ 5um 的微粒，并分散到含有表面活性剂（乳化剂——稳定剂）的水介质中，由于乳化剂能定向吸附在沥青微粒表面，因而降低了水与沥青的界面张力，使沥青微粒能在水中形成稳定的分散体系，这就是水包油的乳状液。这种分散体系呈茶褐色，沥青为分散相，水为连续相，常温下具有良好流动性。从某种意义上说乳化沥青是用水来“稀释”沥青，因而改善了沥青的流动性。

⑥改性沥青：现代公路和道路发生许多变化：交通流量和行驶频度急剧增长，货运车的轴重不断增加，普遍实行分车道单向行驶，要求进一步提高路面抗流动性，即高温下抗车辙的能力；提高柔性和弹性，即低温下抗开裂的能力；提高耐磨耗能力和延长使用寿命。现代建筑物普遍采用大跨度预应力屋面板，要求屋面防水材料适应大位移，更耐受严酷的高低温气候条件，耐久性更好，有自黏性，方便施工，减少维修工作量。使用环境发生的这些变化对石油沥青的性能提出了严峻的挑战。对石油沥青改性，使其适应上述苛刻使用要求，引起了人们的重视。经过数十年研究开发，已出现品种繁多的改性道路沥青、防水卷材和涂料，表现出一定的工程实用效果。但鉴于改性后的材料价格通常比普通石油沥青高 2 ~ 7 倍，用户对材料工程性能尚未能充分把握，改性沥青产量增长缓慢。改性道路沥青主要用于机场跑道、防水桥面、停车场、运动场、重交通路面、交叉路口和路面转弯处等特殊场合的铺装应用。欧洲将改性沥青应用到公路网的养护和补强，较大地推动了改性道路沥青的普遍应用。改性沥青防水卷材和涂料主要用于高档建筑物的防水工程。随着科学技术进步和经济建设事业的发展，将进一步推动改性沥青的品种开发和生产技术的发展。改性沥青的品种和制备技术取决于改性剂的类型、加入量和基质沥青（即原料沥青）的组成和性质。由于改性剂品种繁多，形态各异，为了使其与石油沥青形成均匀的可供工程实用的材料，多年来评价了各种类型改性剂，并开发出相应的配方和制备方法，但多数已工程实用的改性沥青属于专利技术和专利产品。

（3）主要用途

主要用途是作为基础建设材料、原料和燃料，应用范围如交通运输（道路、铁路、航空等）、建筑业、农业、水利工程、工业（采掘业、制造业）、民用等各部门。

（4）包装与贮存

沥青在生产和使用过程中可能需要在贮罐内保温贮存，如果处理适当，沥青可以重复加热即可在较高温度保持相当长的时间而不会使其性能受到严重损害。但是如果接触氧、光和过热就会引起沥青的硬化，最显著的标志是沥青的软化点上升，针入度下降，延度变差，使沥青的使用性能受到损失。

（5）加热输出

沥青存储在大型储罐中，当在使用输出时，需要对储罐中的沥青进行加热后，提高沥青的流动性，方可顺利、快速输出。加热输出需要的热源一般是导热油。据石油化工技术推广中心介绍，传统加热方式如下缺点：

①加热过程不经济。当只需要倒出少量沥青时，也要对整个罐内的沥青全部进行加热，加热的沥青量是该次使用量的几倍，使大量的导热油做了无用功。

②罐内各部分沥青温度不均衡。靠近加热器的沥青温度较高，远离加热器的沥青温度较低，严重影响了出油的流动性。

③影响沥青质量。反复对罐内沥青进行加热，加热过程中产生大量细小的分解物，对沥青色度质量产生一定的影响，增加了后期处理的成本。

局部加热技术：导热油进入“局部快速加热器”后，对沥青罐中的沥青进行局部快速加热，需要多少沥青，加热多少沥青，不用整罐、反复加热，在节省能源的同时，沥青输出更加迅速。

2. 岩沥青

沥青路面的流动变形是国际上最常见的沥青路面损坏现象。据统计，在路面的维修统计中，约有 80% 是因为车辙引起的变形破坏。通过工程实践发现，加入岩沥青的改性沥青在高温稳定方面有较大的优势，能够很好地解决高等级沥青路面由于大交通量，超重超载等引起的路面车辙，早期病害等现象。

岩沥青是石油经过长达亿万年的沉积、变化，在热、压力、氧化、触媒、细菌等的综合作用下生成的沥青类物质。常用为基质沥青改性剂。岩沥青的物理特性趋近于“煤”。

国内已经探明的天然岩沥青矿产资源主要分布于我国新疆，青海以及四川青川一带。青川岩沥青矿分布在我国有着天府之国美誉的四川北部龙门山地区，初步探明的储量在 300 万吨以上，远景储量 1000 万吨，被专家誉为“中国乃至世界罕见的沥青天然矿体”，储藏量位居全国第一。川北的天然岩沥青是以分子量高达一万的沥青质为主要组成成分，其化学构成为碳 81.7%，氢 7.5%，氧 2.3%，氮 1.95%，硫 4.4%，铝 1.1%，硅 0.18% 及其他金属 0.87%。其中，碳、氢、氧、氮、硫的含量较高，几乎每个沥青质的大分子中都含有上述元素的极性官能团，使其在岩石的表面产生极强的吸附力。

国内超级沥青研发成果：

2014 年 5 月 25 日，中国军队首次在郑民高速公路上进行第三代战机跑道试飞。扬子晚报军事专家孙小伟解读说，可供飞机起降的高速路跑道要求非常严格，与一般高速公路铺设的标准不一样。其中一个关键点是这条高速公路的“材质”，郑民高速公路的最上面铺了一层特殊的改进沥青混凝土。记者昨日从东南大学采访获悉，这种耐 300℃高温零下 30℃低温的“超级沥青”由东南大学联合句容宁武科技开发公司研制的。

3.“超级”沥青

能耐300℃高温，耐酸耐碱有弹性

“郑民高速（郑州至民权），是河南省高速公路网中重要的一条联络通道，全线采用双向四车道高速公路技术标准。2008年，郑民高速公路开始修建，由东南大学博士后张占军担任总负责，铺设这条高速所用的国产‘超级沥青’是由江苏研发制造的。”东南大学校长助理朱建设研究员告诉记者，这种沥青叫“环氧沥青”。

与常见的沥青不同，制造环氧沥青是将环氧树脂加入沥青中，经过与固化剂发生反应，使沥青具有很高的强度及韧性，且在高低温下变形很小。这种材料看起来简单，只要把沥青和环氧树脂按照一定比例混合起来即可。然而，要想得到材料的合适配比却比登天还难。科研几乎是在一片空白中展开。

由江苏自主研发的这种环氧沥青究竟有多牛呢？朱建设介绍，在反复实验室中，国产环氧沥青保持在300℃高温及零下30℃低温下不变形，“喷气式飞机起降时喷出的气体温度达1000℃，瞬间可融化普通沥青。”这种沥青还耐腐蚀，“我们曾做实验，把环氧沥青分别浸泡在酸、碱、盐中一个多月，拿出来几乎没有变化。”这种沥青还有一个特点是有韧性，“过去我们的路面多是刚性，车开上去硬碰硬，噪音大，车轮和路面的磨损都严重。新型沥青有一定弹性，为重型飞机起降时提供缓冲力，飞机不易磨损。”还有一个关键点，这种材质是吸水的，可渗透因雨雪导致的积水。

（五）主要特性

沥青黏度很大但是具有流动性。2014年4月，世界上持续时间最长的实验终于有了结果，但期待见证这一实验50多年的澳洲物理学家梅斯通此时却已经过世8个月了，终其一生，这位教授也无缘见证守候数十年的实验成果。

20世纪20年代，为了向学生展示固体也可以像液体一样流动，澳大利亚昆州大学物理系教授帕奈尔进行了一项沥青滴落实验。沥青在不同的条件下有固体和液体两种形式，是一种常用于防水的黏性材料，黏度是水的2300亿倍，固体可以抗击锤子的敲打而不变形。但是一个漏斗就可以让固体沥青流动起来。

试验中，研究人员把沥青放入玻璃漏斗中，通过挤压作用，已经固化的沥青还会像液体一样向下流动，但这个过程非常缓慢。沥青流动的有多慢呢？澳洲大陆由于板块漂移作用，每年会向北移动约6cm，而沥青固化流动的速度要比地球板块运动还要慢10倍。

物理学家梅斯通在帕奈尔去世后接手保管工作，此前沥青已经滴落了5滴。梅斯通本可以见证3次这一世界上持续时间最长的实验，但天意弄人，梅斯通阴差阳错地错过了三次转瞬即逝的滴落瞬间，直至去世也没能看到守候数十载的实验成果。

据悉，1977年梅斯通在沥青即将滴落的时候整整守候了它一个周末，而偏偏沥青却在他筋疲力尽回到家的时候掉落了下来。1988年的时候一滴沥青接近滴落状态，而梅斯通离开房间仅5分钟去喝了杯咖啡就再次错过了这难得的一瞬间。2000年的时候，为了完整记录沥青滴落的瞬间，梅斯通安装了一个网络摄像头，这样即使自己当时远在英国，也能够看到并记录下沥青滴落的瞬间。然而，热带风暴造成当时停电 20 分钟，等电力恢复的时候，梅斯通等待了逾 10 年之久的沥青已经滑落。2014 年，第九滴沥青终于再次滴落了，但梅斯通教授却再也看不到它坠落的瞬间了。2013 年 8 月，梅斯通教授因为中风去世，享年 78 岁。

梅斯通教授去世后，这个实验器械被昆州大学的怀特保管。怀特说，实验至少还可以再持续 80 年。按照 2014 年的速度，下一滴沥青将在 2027 年滴落。据悉，这一实验被吉尼斯世界纪录认定为世界上持续时间最久的实验，它还于 2005 年获得"搞笑诺贝尔"奖（IgNobel Prize）——"研究，就是为了让你们这些人笑并思考"。

二、防水卷材

防水卷材主要是用于建筑墙体、屋面以及隧道、公路、垃圾填埋场等处，起到抵御外界雨水、地下水渗漏的一种可卷曲成卷状的柔性建材产品，作为工程基础与建筑物之间无渗漏连接，是整个工程防水的第一道屏障，对整个工程起着至关重要的作用。

产品主要有沥青防水卷材和高分子防水卷材。

（一）分类

将沥青类或高分子类防水材料浸渍在胎体上，制作成的防水材料产品，以卷材形式提供，称为防水卷材。根据主要组成材料不同，分为沥青防水卷材、高聚物改性沥青防水卷材和合成高分子防水卷材；根据胎体的不同分为无胎体卷材、纸胎卷材、玻璃纤维胎卷材、玻璃布胎卷材和聚乙烯胎卷材。

防水卷材要求有良好的耐水性，对温度变化的稳定性（高温下不流淌、不起泡、不滑动；低温下不脆裂），一定的机械强度、延伸性和抗断裂性，要有一定的柔韧性和抗老化性等。

防水卷材是一种可卷曲的片状防水材料。是建筑工程防水材料中的重要品种之一。

根据其主要防水组成材料可分为沥青防水材料、高聚物改性防水卷材和合成高分子防水卷材（SBC120 聚乙烯丙纶复合卷材）三大类。有 PVC、EVA、PE、ECB 等多种防水卷材沥青防水卷材是在基胎（如原纸、纤维织物）上浸涂沥青后，再在表面撒布粉状或片状的隔离材料而制成的可卷曲片状防水材料。

（二）性能

1. 耐水性

耐水性是指在水的作用下和被水浸润后其性能基本不变，在压力水作用下具有不透水性，常用不透水性、吸水性等指标表示。

2. 温度稳定性

温度稳定性指在高温下不流淌、不起泡、不滑动，低温下不脆裂的性能，即在一定温度变化下保持原有性能的能力。常用耐热度、耐热性等指标表示。

3. 机械强度、延伸性和抗断裂性

它指防水卷材承受一定荷载、应力或在一定变形的条件下不断裂的性能。常用拉力、拉伸强度和断裂伸长率等指标表示。

4. 柔韧性

柔韧性指在低温条件下保持柔韧性的性能。它对保证易于施工、不脆裂十分重要。常用柔度、低温弯折性等指标表示。

5. 大气稳定性

大气稳定性指在阳光、热、臭氧及其他化学侵蚀介质等因素的长期综合作用下抵抗侵蚀的能力。常用耐老化性、热老化保持率的等指标表示。

（三）合成

合成指的是以合成橡胶、合成树脂或两者共混体为基料，加入适量化学助剂和填充料，经一定工序加工而成的可卷曲片状防水卷材。这种卷材拉伸强度高、抗撕裂强度高、断裂伸长率大、耐热性好、低温柔性好、耐腐蚀、耐老化及可冷施工等优越的性能。

可分为：①橡胶系防水卷材；②料系防水卷材；③橡胶塑料共混系防水卷材。

防水卷材的选择对防水层质量和耐用年限有极大的影响，正确选择、合理使用防水卷材是屋面防水设计成败的关键之一，防水卷材的种类繁多，性能各异。

（1）根据高聚物改性沥青防水卷材的特性，其施工方法主要有（A. 热熔法 B. 冷粘法 C. 自粘法）。

（2）防水透气膜。防水透气膜是一种新型的高分子透气防水材料。从制作工艺上讲，防水透气膜的技术要求要比一般的防水材料高得多；同时从品质上来看，防水透气膜也具有其他防水材料所不具备的功能性特点。防水透气膜在加强建筑气密性、水密性的同时，其独特的透气性能，可使结构内部水汽迅速排出，避免结构滋生霉菌，保护物业价值，并完美解决了防潮与人居健康；水汽迅速排出，保护维护结构热工性能，是一种健康环保的新型节能材料。

三、防水涂料

丙烯酸防水涂料是以纯丙烯酸聚合物乳液为基料，加入其他添加剂而制得的单组分水乳型防水涂料。防水涂料经固化后形成的防水薄膜具有一定的延伸性、弹塑性、抗裂性、抗渗性及耐候性，能起到防水、防渗和保护作用。

防水涂料有良好的温度适应性，操作简便，易于维修与维护。

（一）种类

市场上的防水材料有两大类：一类是聚氨酯类防水涂料。这类材料一般是由聚氨酯与煤焦油作为原材料制成。它所挥发的焦油气毒性大，且不容易清除，因此于 2000 年在中国被禁止使用。尚在销售的聚氨酯防水涂料，是用沥青代替煤焦油作为原料。但在使用这种涂料时，一般采用含有甲苯、二甲苯等有机溶剂来稀释，因而也含有毒性；另一类为聚合物水泥基防水涂料。它由多种水性聚合物合成的乳液与掺有各种添加剂的优质水泥组成，聚合物（树脂）的柔性与水泥的刚性结为一体，使得它在抗渗性与稳定性方面表现优异。它的优点是施工方便、综合造价低，工期短，且无毒环保。因此，聚合物水泥基已经成为防水涂料市场的主角。

防水涂料是指涂料形成的涂膜能够防止雨水或地下水渗漏的一种涂料。

防水涂料可按涂料状态和形式分为：乳液型、溶剂型、反应型和改性沥青。

第一类溶剂型涂料：这类涂料种类繁多，质量也好，但是成本高，安全性差，使用不是很普遍。

第二类是水乳型及反应型高分子涂料：这类涂料在工艺上很难将各种补强剂、填充剂、高分子弹性体使其均匀分散于胶体中，只能用研磨法加入少量配合剂，反应型聚氨酯为双组分，易变质，成本高。

第三类塑料型改性沥青：这类产品能抗紫外线，耐高温性好，但断裂延伸性略差。

沥青防水涂料品种有：

（1）防水乳化沥青涂料，主要用于建筑物的防水；

（2）有色乳化沥青涂料，用于屋面的防水；

（3）阳离子乳化沥青防水涂料，主要用于水泥板、石膏板和纤维板的防水；

（4）非离子型乳化沥青防水涂料，主要用于屋面防水、地下防潮、管道防腐、渠道防渗、地下防水等；

（5）沥青基厚质防水涂料，主要用于屋面的防水；

（6）沥青油膏稀释防水涂料，用于屋面的防水；

（7）脂肪酸乳化沥青，用于屋面的防水；

（8）沥青防潮涂料，用于屋面的防水；

（9）厚质沥青防潮涂料，可做灌封材料；

（10）膨润土乳化沥青防水涂料，用于屋面防水、房层的修补漏水处、地下工程、种子库地面防潮；

（11）石灰乳化沥青防水涂料，主要用于屋面防水和建筑路面防水；

（12）氨基聚乙烯醇乳化沥青防水涂料，主要用于防水涂层；

（13）丙烯酸树脂乳化沥青，可用于修补和变质的沥青表面，如道路路面的防水层；

（14）沥青酚醛防水涂料，主要用于屋面、地下防水；

（15）沥青氯丁橡胶涂料，用于屋面的防水。

（二）性能

1. 固体含量

固体含量指防水涂料中所含固体比例。由于涂料涂刷后靠其中的固体成分形成涂膜，因此固体含量多少与成膜厚度及涂膜质量密切相关。

2. 耐热度

耐热度指防水涂料成膜后的防水薄膜在高温下不发生软化变形。不流淌的性能，即耐高温性能。

3. 柔性

柔性指防水涂料成膜后的膜层在低温下保持柔韧的性能。它反应防水涂料在低温下的施工和使用性能。

4. 不透水性

不透水性指防水涂料一定水压（静水压或动水压）和一定时间内不出现渗漏的性能。它是防水涂料满足防水功能要求的主要质量指标。

5. 延伸性

延伸性质防水涂膜适应基层变形的能力。防水涂料成膜后必须具有一定的延伸性，以适应由于温差、干湿等因素造成的基层变形，保证防水效果。

（三）特点

（1）防水涂料在固化前呈黏稠状液态，因此，施工时不仅能在水平面，而且能在立面、阴阳角及各种复杂表面，形成无接缝的完整的防水膜；

（2）使用时无须加热，既减少环境污染，又便于操作，改善劳动条件；

（3）形成的防水层自重小，特别适用于轻型屋面等防水。

（4）形成的防水膜有较大的延伸性、耐水性和耐候性，能适应基层裂缝的微小的变化。

（5）涂布的防水涂料，既是防水层的主体材料，又是胶粘剂，故黏结质量容易保证，维修也比较简便。尤其是对于基层裂缝、施工缝、雨水斗及贯穿管周围等一些容易造成渗漏的部位，极易进行增强涂刷、贴布等作业的实施。

第八节　保温隔热材料和吸声绝声材料

一、保温隔热材料

保温隔热材料是一般均系轻质、疏松、多孔、纤维材料。按其成分可分为有机材料和无机材料两种。前者的保温隔热性能较后者为好，但后者较前者耐久性好。导热系数是衡量保温隔热材料性能优劣的主要指标。导热系数越小，则通过材料传送的热量越小，保温隔热性能就越好，材料的导热系数决定于材料的成分、内部结构、容重等，也决定传热时的平均温度和材料的含水率。一般说容重越轻，导热系数越小。

（一）国内优质

1. ZS-211 反射隔热保温涂料

涂料为单组分骨白色浆体，耐温幅度 -30 ~ 120℃，具有高效、薄层、隔热保温、装饰、防水、防火、防腐、绝缘于一体的新型太空节能反射隔热保温涂料，涂料能在物体表面由封闭微珠将其连接在一起的三维网络陶瓷纤维状结构，涂料的绝热等级达到 R-30.1，热反射率为 90%，导热系数为 0.04W/m.K，能有效抑制太阳和红外线的辐射热和传导热，隔热抑制效率可达 90% 左右，能保持 70% 物体空间里的热量不流失。

2. ZS-1 耐高温隔热保温涂料材料

耐高温隔热保温涂料都选用了纳米陶瓷空心微珠、硅铝纤维、各种反射材料为原料，耐温幅度 -80 ~ 1800℃，可以直接面对火焰隔热保温，导热系数都只有 0.03W/m.K，能有效抑制并屏蔽红外线的辐射热和热量的传导，隔热抑制效率可达 90% 左右，可抑制高温物体的热辐射和热量的散失，对低温物体可有效保冷并能抑制环境辐射热而引起的冷量损失，也可以防止物体冷凝的发生。这种太空绝热瓷层是根据美国航空和航天宇宙航行局 NASA 控制航天飞机热传导的工作原理研制而成的，适用于高压喷涂、无污染，具有良好的抗热辐射、薄层隔热、防水防腐蚀等性能。该材料已转向一般工业及民用隔热保温。该类材料主要有薄层隔热反射涂料、太阳热反射隔热涂料、水性反射隔热涂料、隔热防晒涂料、陶瓷绝热涂料等等。主要是采用耐候性好、耐水性强、耐老化性强、有较强黏结力和弹性的、且能与保温填料、反射填料相溶性好的成膜材料，选择质轻中空、耐高温、热阻大、并具有良好反射性和辐射性的填料，折光系数高、表面光洁度高、热反射率及辐射率高的超细粉料适合作为反射填料，与成膜基料一起构成低辐射传热层，可有效隔断热量的传递。这种薄层隔热反射涂料与多孔材料复合使用可用于建筑物、车船、石化油罐设备、粮库、冷库、集装箱、管道等不同场所涂装。

3. 纳基隔热软毡

纳基隔热软毡是利用全球领先工艺制成的一种导热系数极低的软质保温隔热材料。

（二）选用注意

选择保温隔热材料一般从以下几点考虑：

1. 耐温范围

根据材料的耐温范围保温隔热材料分为：低温保温隔热材料、中温保温隔热材料、高温保温隔热材料。

所选保温隔热材料的耐温性能必须符合使用环境。

选择低温保温隔热材料时，一般选择分类温度低于长期使用温度约 10 ~ 30℃左右的材料。

选择中温保温隔热材料和高温保温隔热材料时，一般选择分类温度高于长期使用温度约 100 ~ 150℃的材料。

2. 物理形态特性

保温隔热材料的形态有：板、毯、棉、纸、毡、异型件、纺织品等。

不同类型的隔热材料的物理特性（机械加工性、耐磨性、耐压性等）有所差异。

所选保温隔热材料的形态和物理特性必须符合使用环境。

3. 化学特性

不同类型的保温隔热材料化学特性（防水性、耐腐蚀性等）有所差异。

所选保温隔热材料的化学性能必须符合使用环境。

4. 保温隔热性能

隔热系统中隔热层的厚度往往有个最大值。

使用所选保温隔热材料所需的隔热层厚度必须在最大值以内。

在一些要求隔热层厚度较薄的场合往往需要选择保温隔热性能较好的保温隔热材料（如：派基隔热软毡、纳基隔热软毡）。

5. 环保等级

所选保温隔热材料的环保等级必须满足设计需求。

某些出口产品中往往需要用到环保等级非常高的保温隔热材料。

6. 材料的成本

确定好材料的范围之后，根据材料价格核算成本，选择性价比最好的材料。

综合起来说，选择保温隔热材料就是根据使用环境选择出形态、物理特性、化学特性、保温隔热性能符合使用环境，环保等级满足设计需求的保温隔热材料，经过核算成本，最终确定所要使用的保温隔热材料。

二、吸声绝声材料

吸声材料要与周围的传声介质的声特性阻抗匹配，使声能无反射地进入吸声材料，并使入射声能绝大部分被吸收。

借自身的多孔性、薄膜作用或共振作用而对入射声能具有吸收作用的材料，超声学检查设备的元件之一。

（一）吸声机理

吸声材料按吸声机理分为：

（1）靠从表面至内部许多细小的敞开孔道使声波衰减的多孔材料，以吸收中高频声波为主，有纤维状聚集组织的各种有机或无机纤维及其制品以及多孔结构的开孔型泡沫塑料和膨胀珍珠岩制品。

（2）靠共振作用吸声的柔性材料（如闭孔型泡沫塑料，吸收中频）、膜状材料（如塑料膜或布、帆布、漆布和人造革，吸收低中频）、板状材料（如胶合板、硬质纤维板、石棉水泥板和石膏板，吸收低频）和穿孔板（各种板状材料或金属板上打孔而制得，吸收中频）。

以上材料复合使用，可扩大吸声范围，提高吸声系数。用装饰吸声板贴壁或吊顶，多孔材料和穿孔板或膜状材料组合装于墙面，甚至采用浮云式悬挂，都可改善室内音质，控制噪声。多孔材料除吸收空气声外，还能减弱固体声和空室气声所引起的振动。将多孔材料填入各种板状材料组成的复合结构内，可提高隔声能力并减轻结构重量。

对入射声能有吸收作用的材料。吸声材料主要用于控制和调整室内的混响时间，消除回声，以改善室内的听闻条件；用于降低喧闹场所的噪声，以改善生活环境和劳动条件（见吸声降噪）；还广泛用于降低通风空调管道的噪声。

（二）多孔吸声材料

1. 材料分类和特征

（1）多孔吸声材料的类型包括：有机纤维材料、麻棉毛毡、无机纤维材料、玻璃棉、岩棉、矿棉，脲醛泡沫塑料，氨基甲酸酯泡沫塑料等。聚氯乙烯和聚苯乙烯泡沫塑料不属于多孔材料，用于防震，隔热材料较适宜。

（2）构造特征：材料内部应有大量的微孔和间隙，而且这些微孔应尽可能细小并在材料内部是均匀分布的。材料内部的微孔应该是互相贯通的，而不是密闭的，单独的气泡和密闭间隙不起吸声作用。微孔向外敞开，使声波易于进入微孔内。

（3）吸声特性主要是高频，影响吸声性能的因素主要是材料的流阻，孔隙，结构因素、厚度、容重、背后条件的影响。

2. 材料结构

（1）穿孔板共振吸声结构

采用穿孔的石棉水泥、石膏板、硬质纤维板、胶合板以及钢板、铝板，都可作为穿孔板共振吸声结构，在其结构共振频率附近，有较大的吸收，适于中频。

（2）薄膜吸声结构

包括皮革、人造革、塑料薄膜等材料，具有不透气、柔软、受张拉时有弹性等特性，吸收共振频率附近的入射声能，共振频率通常在 200 ~ 1000HZ 范围，最大吸声系数约为 0.3 ~ 0.4，一般把它作为中频范围的吸声材料。如果在薄膜的背后空腔内填放多孔材料，这时的吸声特性取决于膜和多孔材料的种类以及薄膜的装置方法。

（3）薄板吸声结构

把胶合板、硬质纤维板、石膏板、石棉水泥板等板材周边固定在框架上，连同板后的封闭空气层，构成振动系统，其共振频率多在 80 ~ 300HZ，其吸声系数约为 0.2 ~ 0.5，可以作为低频吸声结构。决定薄板吸声结构的吸声性能的主要因素有：

①薄板质量的影响增加板的单位面积重量，一般可以使其共振频率向低频移动。而选用质量小的，不透气的材料如皮革，有利于共振频率向高频方向移动。

②背后空气层厚度的影响改变空气层的厚度和改变板的质量一样，共振频率也会发生变化。在空气层中填充多孔材料，可使共振频率附近的吸声系数有所提高。

③板后龙骨构造及板的安装方式的影响由于薄板吸声结构有一定的低频吸声能力，而对中高频吸声差，因此在中高频时就具有较强的反射能力。能增加室内声能的扩散。通过改变龙骨构造和不同的安装方法，设计出各种形式的反射面，扩散面和吸声——扩散结构。

3. 特殊吸声结构

（1）帘幕

帘幕是具有通气性能的纺织品，具有多孔材料的吸声特性，由于较薄本身作为吸声材料使用是得不到大的吸声效果的。如果将它作为帘幕，离开墙面或窗洞一定距离安装，恰如多孔材料的背后设置了空气层，因而在中高频就能够具有一定的吸声效果。当它离墙面 1/4 波长的奇数倍距离悬挂时就可获得相应频率的高吸声量。

（2）空间吸声体

将吸声材料做成空间的立方体如：平板形，球形，圆锥形棱锥形或柱形，使其多面吸收声波，在投影面积相同的情况下，相当于增加了有效的吸声面积和边缘效应，再加上声波的衍射作用，大大提高了实际的吸声效果，其高频吸声系数可达 1.40 在实际使用时，根据不同的使用地点和要求，可设计各种形式的、从顶棚吊挂下来的吸声体。

（三）注意问题

根据建筑材料的设计要求和吸声材料的特点，进行材质、造型等方面的选择和设计。

建筑上常用的吸声材料有泡沫塑料、脲醛泡沫塑料、工业毛毡、泡沫玻璃、玻璃棉、矿渣棉、沥青矿渣棉、水泥膨胀珍珠岩板、石膏砂浆（掺水泥和玻璃纤维）、水泥砂浆、砖（清水墙面）、软木板等，每一种吸声材料对其厚度、容重、各频率下的吸声系数及安装情况都有要求，应执行相应的规范。建筑上应用的吸声材料一定要考虑安装效果。

1. 安装位置

在建筑物内安装吸声材料，应尽量装在最容易接触声波和反射次数多的表面上，也要考虑分布的均匀性，不必都集中在天棚和墙壁上。大多数吸声材料强度较低，除安装操作时要注意之外，还应考虑防水、防腐、防蛀等问题。尽可能使用吸声系数高的材料，以便使用较少的材料达到较好的效果。

2. 材质的选择

用作吸声材料的材质应尽量选用不易燃、不易虫蛀发霉、耐污染、吸湿性低的材料。由于材料的多孔性容易吸湿、尺寸易发生变形，所以安装时要注意膨胀问题。

3. 材料的装饰性

吸声材料都是装于建筑物的表面。因此，在设计造型与安装时均应考虑带它与建筑物的协调性和装饰性。使用装饰涂料时注意不要将细孔堵塞，以免降低吸声效果。

4. 材料结构的特征

多孔性材料有的是用作吸声材料，页面的名称相同一多孔材料，但是在气孔特征上则完全不同。保温材料要求具有封闭的不相互连通的气孔，而吸声材料则要求具有相互开放连通的气孔，这种气孔越多吸声效果越好，与此相反，其保温隔热效果越差。另外，还要清楚吸声与隔声材料的区别。

吸声材料由于质轻、多孔、疏松，而隔声性能不好，根据声学原理，材料的密度越大，越不易振动，则隔声效果越好。所欲密实沉重的黏土砖、钢筋混凝土等材料的隔声效果比较好，但吸声效果不佳。

第九节　建筑塑料

建筑塑料是指用于建筑工程的塑料制品的统称。制造建筑塑料制品常用的成型方法有：压延、挤出、注射、模铸、涂布、层压等。塑料是以合成高分子化合物或天然高分子化合物为主要基料，与其他原料在一定条件下经混炼，塑化成型，在常温常压下能保持产品形状不变的材料。塑料在一定的温度和压力下具有较大的塑形，容易制成所需的各种形状、尺寸的制品，而成型以后，在常温下能保持既得的形状和必需的强度。

一、制品种类

建筑塑料制品的种类繁多，主要有以下几种：

（一）塑料管和管件

用塑料制造的管材及接头管件，已广泛应用于室内排水、自来水、化工及电线穿线管等管路工程中。常用的塑料有硬聚氯乙烯、聚乙烯、聚丙烯以及ABS塑料（丙烯腈-丁二烯—苯乙烯的共聚物）。塑料排水管的主要优点是耐腐蚀，流体摩阻力小；由于流过的杂物难于附着管壁，故排污效率高。塑料管的重量轻，仅为铸铁管重量的1/6～1/12，可节约劳动力，其价格与施工费用均比铸铁管低。缺点是塑料的线膨胀系数比铸铁大5倍左右，所以在较长的塑料管路上需要设置柔性接头。制造塑料管材多采用挤出成型法，管件多采用注射成型法。塑料管的连接方法除胶粘法之外，还有热熔接法、螺纹连接法、法兰盘连接法以及带有橡胶密封圈的承插式连接法。当聚氯乙烯管内通过有压力的液体时，液温不得超过38℃。若为无压力管路（如室内排水管），连续通过的液体温度不得超过66℃；间歇通过的液体温度，不得超过82℃。当聚氯乙烯塑料用于上水管路时，不允许使用有毒性的稳定剂等原料。

（二）弹性地板

塑料弹性地板有半硬质聚氯乙烯地面砖和弹性聚氯乙烯卷材地板两大类。地面砖的基本尺寸为边长300mm的正方形，厚度1.5mm。其主要原料为聚氯乙烯或氯乙烯和醋酸乙烯的共聚物，填料为重质碳酸钙粉及短纤维石棉粉。产品表面可以有耐磨涂层、色彩图案或凹凸花纹。按规定，产品的残余凹陷度不得大于0.15mm，磨耗量不得大于0.02mg/cm。

弹性聚氯乙烯卷材地板的优点是：地面接缝少，容易保持清洁；弹性好，步感舒适；具有良好的绝热吸声性能。厚度为3.5mm，视比重为0.6的聚氯乙烯发泡地板和厚为120mm的空心钢筋混凝土楼板复合使用，其传热系数可以减少15%，吸收的撞击噪声可达36分贝。卷材地板的宽度为900～2400mm，厚为1.8～3.5mm，每卷长为20m。公用建筑中常用的为不发泡的层合塑料地板，表面为透明耐磨层，下层印有花纹图案，底层可使用石棉纸或玻璃布。用于住宅建筑的为中间有发泡层的层合塑料地板。粘接塑料地板和楼板面用的胶粘剂，有氯丁橡胶乳液、聚醋酸乙烯乳液或环氧树脂等。

（三）化纤地毯

是1945年以后出现的新产品，其用量迅速超过了用羊毛等传统原料制作的地毯，主要材料是尼龙长丝、尼龙短纤维、丙烯腈、纤维素及聚丙烯等。地毯的主要使用性能为耐磨损性、弹性、抗脏及抗染色性、易清洁以及产生静电的难易等。丙烯腈、尼龙和聚丙烯纤维的使用性能均可与羊毛比美。化纤地毯有多种编织法，厚度一般在4～22mm范围内。

它的主要优点是舒适，缺点是有静电现象、容易积尘、不易清扫。与地毯类似的还有无纺地毡，也以化纤为原料。

（四）门窗和配件

近20年来，由于薄壁中空异型材挤出工艺和发泡挤出工艺技术的不断发展，用塑料异型材拼焊的门窗框、橱柜组件以及各种室内装修配件，已获得显著发展，受到许多木材和能源短缺国家的重视。采用硬质发泡聚氯乙烯或聚苯乙烯制造的室内装修配件，常用于墙板护角、门窗口的压缝条、石膏板的嵌缝条、踢脚板、挂镜线、天花吊顶回缘、楼梯扶手等处。它还兼有建筑构造部件和艺术装饰品的双重功能，既可提高建筑物的装饰水平，也能发挥塑料制品外形美观、便于加工的优点。

（五）壁纸和贴面板

聚氯乙烯塑料壁纸是装饰室内墙壁的优质饰面材料，可制成多种印花、压花或发泡的美观立体感图案。这种壁纸具有一定的透气性、难燃性和耐污染性。表面可以用清水刷洗，背面有一层底纸，便于使用各种水溶性胶将壁纸粘贴在平整的墙面上。用三聚氰胺甲醛树脂液浸渍的透明纸，与表面印有木纹或其他花纹的书皮纸叠合，经热压成为一种硬质塑料贴面板；或用浸有聚邻苯二甲酸二烯丙酯（DAP）的印花纸，与中密度纤维板或其他人造板叠合，经热压成装饰板，都可以用作室内的隔墙板、门芯板、家具板或地板。

（六）泡沫塑料

一种轻质多孔制品，具有不易塌陷，不因吸湿而丧失绝热效果的优点，是优良的绝热和吸声材料。产品有板状、块状或特制的形状，也可以进行现场喷涂。其中泡孔互相联通的，称为开孔泡沫塑料，具有较好的吸声性和缓冲性；泡孔互不贯通的，称为闭孔泡沫塑料，具有较小的热导率和吸水性。建筑中常用的有聚氨酯泡沫塑料、聚苯乙烯泡沫塑料与脲醛泡沫塑料。聚氨酯的优点是可以在施工现场用喷涂法发泡，它与墙面的其他材料的黏结性良好，并耐霉菌侵蚀。

（七）玻璃纤维

用玻璃纤维增强热固性树脂的塑料制品，通常称玻璃钢。常用于建筑中的有透明或半透明的波形瓦、采光天窗、浴盆、整体卫生间、泡沫夹层板、通风管道、混凝土模壳等。它的优点是强度重量比高、耐腐蚀、耐热和电绝缘性好。它所用的热固性树脂有不饱和聚酯、环氧树脂和酚醛树脂。玻璃钢的成型方法，一般采用手糊成型、喷涂成型、卷绕成型和模压成型。手糊成型是先在模壳表面喷涂一层有色的胶状表层，使产品在脱模后有美观、光泽的表面。然后，在胶状层上用手工涂敷浸有树脂混合液的玻璃布或玻璃毡层，待固化后即可脱模。喷涂法是使用一种特制喷枪，将树脂混合液与剪成长约2 ~ 3cm的短玻璃纤维，同时直接均匀地喷附在模壳表面。虽然采用短纤维使玻璃钢的强度有所降低，但其生产效率高，可节约劳动力。玻璃钢管材或罐体多采用卷绕成型法，即将浸有树脂混合液的玻璃纤维编织带或长玻璃纤维束，按产品受力方向卷绕在旋转的胎模上，固化后脱模而成。有些罐体内部衬有铝质内胎，以增强罐体的密封性。模压法是将薄片状浸有树脂的玻璃纤维棉毡或布，均匀叠置于模型中，经热压而成各种成品，如浴盆、洗脸池等。模压法产品的内外两面均有美观耐磨的表层，并且生产效率高，产品质量好。正在迅速发展的建筑用玻璃钢制品，有冷却水塔、贮水塔、整体式组装卫生间，半组装式卫生间等。

二、塑料的性质

（一）主要优点

（1）轻质、比强度高；

（2）加工性能好；

（3）导热系数小；

（4）装饰性优异；

（5）具有多功能性；

（6）经济性。

（二）主要缺点

（1）耐热性差、易燃；

（2）易老化；

（3）热膨胀性大；

（4）刚度小。

总之，塑料及其制品的优点大于缺点，且塑料的缺点可以通过采取措施加以改进。随着塑料资源的不断发展，建筑塑料的发展前景是非常广阔的。

第十节　建筑玻璃

人类学会制造使用玻璃已有上千年的历史，但是1000多年以来，作为建筑玻璃材料的发展是比较缓慢的。随着现代科学技术和玻璃技术的发展及人民生活水平的提高，建筑玻璃的功能不再仅仅是满足采光要求，而是要具有能调节光线、保温隔热、安全（防弹、防盗、防火、防辐射、防电磁波干扰）、艺术装饰等特性。随着需求的不断发展，玻璃的成型和加工工艺方法也有了新的发展。现在，已开发出了夹层、钢化、离子交换、釉面装饰、化学热分解及阴极溅射等新技术玻璃，使玻璃在建筑中的用量迅速增加，成为继水泥和钢材之后的第三大建筑材料。

一、品种

建筑玻璃（architecturalglass）的主要品种是平板玻璃，具有表面晶莹光洁、透光、隔声、保温、耐磨、耐气候变化、材质稳定等优点。它是以石英砂、砂岩或石英岩、石灰石、长石、白云石及纯碱等为主要原料，经粉碎、筛分、配料、高温熔融、成型、退火、冷却、加工等工序制成。

二、平板玻璃

（一）窗用玻璃

窗用平板玻璃也称平光玻璃或镜片玻璃，简称玻璃，是未经研磨加工的平板玻璃。主要用于建筑物的门窗、墙面、室外装饰等，起着透光、隔热、隔声、挡风和防护的作用，也可用于商店柜台、橱窗及一些交通工具（汽车、轮船等）的门窗等。窗用平板玻璃的厚度一般有 2、3、4、5、6mm 五种，其中 2 ~ 3mm 厚的，常用于民用建筑，4 ~ 6mm 厚的，主要用于工业及高层建筑。

（二）磨光玻璃

磨光玻璃也被称为镜面玻璃或白片玻璃，是经磨光抛光后的平板玻璃，分单面磨光和双面磨光两种，对玻璃磨光是为了消除玻璃中含有玻筋等缺陷。磨光玻璃表面平整光滑且有光泽，从任何方向透视或反射景物都不发生变形，其厚度一般为 5 ~ 6mm，尺寸可根据需要制作。常用以安装大型高级门窗、橱窗或制镜。

（三）磨砂玻璃

磨砂玻璃也称毛玻璃，是用机械喷砂，手工研磨或使用氢氟酸溶液等方法，将普通平板玻璃表面处理为均匀毛面而成的。该玻璃表面粗糙，使光线产生漫反射，具有透光不透视的特点，且使室内光线柔和。它常被用于卫生间、浴室、厕所、办公室、走廊等处的隔断，也可作黑板的板面。

（四）有色玻璃

有色玻璃也称彩色玻璃，分透明和不透明两种。该玻璃具有耐腐蚀、抗冲刷、易清洗等优点，并可拼成各种图案和花纹。适用于门窗、内外墙面及对光有特殊要求的采光部位。

（五）彩绘玻璃

彩绘玻璃是一种用途广泛的高档装饰玻璃产品。屏幕彩绘技术能将原画逼真地复制到玻璃上，它不受玻璃厚度、规格大小的限制，可在平板玻璃上做出各种透明度的色调和图案，而且彩绘涂膜附着力强，耐久性好，可擦洗，易清洁。彩绘玻璃可用于家庭、写字楼、商场及娱乐场所的门窗、内外幕墙、顶棚吊灯、灯箱、壁饰、家具、屏风等，利用其不同的图案和画面来达到较高艺术情调的装饰效果。

（六）光栅玻璃

光栅玻璃也称镭射玻璃，是以玻璃为基材，经激光表面微刻处理形成的激光装饰材料，是应用现代高新技术采用激光全息变光原理，将摄影美术与雕塑的特点融为一体，使普通玻璃在白光条件下显现出五光十色的三维立体图像。光栅玻璃是依据不同需要，利用电脑设计，激光表面处理，编入各种色彩、图形及各种色彩变换方式，在普通玻璃上形成物理衍射分光和全息光栅或其他光栅，凹与凸部形成四面对应分布或散射分布，构成不同质感、空间感，不同立面的透镜，加上玻璃本身的色彩及射入的光源，致使无数小透镜形成多次棱镜折射，从而产生不时变换的色彩和图形，具有很高的观赏与艺术装饰价值。光栅玻璃耐冲击性、防滑性、耐腐蚀性均好，适用于家居及公共设施和文化娱乐场所的大厅、内外墙面、门面招牌、广告牌、顶棚、屏风、门窗等美化装饰。

（七）装饰镜

装饰镜是室内装饰必不可少的材料。可映照人及景物，扩大室内视野及空间，增加室内明亮度。可采用高质量浮法平板玻璃及真空镀铝或镀银的镜面。可用于建筑物（尤其是窄小空间）的门厅、柱子、墙壁、顶棚等部位的装饰。

三、压花玻璃

压花玻璃也称花纹玻璃或滚花玻璃，是用无色或有色玻璃液，通过刻有花纹的滚筒连续压延而成的带有花纹图案的平板玻璃。压花玻璃的特点是透光（透光率 60% ~ 70%），不透视，表面凹凸的花纹不仅漫射、柔和了光线，而且具有很高的装饰性。在压花玻璃有花纹的一面，经气溶胶喷涂或经真空镀膜、彩色镀膜后，具有良好的热反射能力，立体感丰富，给人一种华贵、明亮的感觉，若恰当地配以灯光后，装饰效果更佳。应用时注意，花纹面朝向室内侧，透视性要考虑花纹形状。压花玻璃适用于对透视有不同要求的室内各种场合的内部装饰和分隔，可用于加工屏风、台灯等工艺品和日用品。

四、安全玻璃

（一）钢化玻璃

钢化玻璃是将平板玻璃加热到软化温度后，迅速冷却使其骤冷或用化学法对其进行离子交换而成的。这使得玻璃表面形成压力层，因此比普通玻璃抗弯强度提高 5 ~ 6 倍，抗冲击强度提高约 3 倍，韧性提高约 5 倍。钢化玻璃在碎裂时，不形成锐利棱角的碎块，因而不伤人。钢化玻璃不能裁切，需按要求加工，可制成磨光钢化玻璃、吸热钢化玻璃，用于建筑物门窗、隔墙及公共场所等防振、防撞部位。弯曲的钢化玻璃主要用于大型公共建筑的门窗，工业厂房的天窗及车窗玻璃。

（二）夹层玻璃

夹层玻璃是将两片或多片平板玻璃用透明塑料薄片，经热压粘合而成的平面或弯曲的复合玻璃制品。玻璃原片可采用磨光玻璃、浮法玻璃、有色玻璃、吸热玻璃、热反射玻璃、钢化玻璃等。夹层玻璃的特点是安全性好，这是由于中间粘合的塑料衬片使得玻璃破碎时不飞溅，致使产生辐射状裂纹，不伤人，也因此使其抗冲击强度大大高于普通玻璃。另外，使用不同玻璃原片和中间夹层材料，还可获得耐光、耐热、耐湿、耐寒等特性。夹层玻璃适用于安全性要求高的门窗，如高层建筑的门窗，大厦、地下室的门窗，银行等建筑的门窗，商品陈列柜及橱窗等防撞部位。

（三）夹丝玻璃

夹丝玻璃是将普通平板玻璃加热到红热软化状态后，再将预热处理的金属丝或金属网压入玻璃中而成。其表面可是压花或磨光的，有透明或彩色的。夹丝玻璃的特点是安全性好，这是由于夹丝玻璃具有均匀的内应力和抗冲击强度，因而当玻璃受外界因素（地震、风暴、火灾等）作用而破碎时，其碎片能粘在金属丝（网）上，防止碎片飞溅伤人。此外，这种玻璃还具有隔断火焰和防火蔓延的作用。夹丝玻璃适用于振动较大的工业厂房门窗、屋面、采光天窗，需安全防火的仓库、图书馆门窗，建筑物复合外墙及透明栅栏等。

（四）防盗玻璃

防盗玻璃是夹层玻璃的特殊品种，一般采用钢化玻璃、特厚玻璃、增强有机玻璃、磨光夹丝玻璃等以树脂胶胶合而成的多层复合玻璃，并在中间夹层嵌入导线和敏感探测元件等接通报警装置。

五、特种玻璃

（一）吸热玻璃

吸热玻璃是在玻璃液中引入有吸热性能的着色剂（氧化铁、氧化镍等）或在玻璃表面喷镀具有吸热性的着色氧化物（氧化锡、氧化锑等）薄膜而成的平板玻璃。吸热玻璃一般呈灰、茶、蓝、绿、古铜、粉红、金等颜色，它既能吸收 70% 以下的红外辐射能，又保持良好的透光率及吸收部分可见光、紫外线的能力，具有防眩光、防紫外线等作用。吸热玻璃适用于既需要采光、又需要隔热之处，尤其是炎热地区，需设置空调、避免眩光的大型公共建筑的门窗、幕墙、商品陈列窗，计算机房及火车、汽车、轮船的风挡玻璃，还可制成夹层、中空玻璃等制品。

（二）热反射玻璃

热反射玻璃是表面用热、蒸发、化学等方法喷涂金、银、铝、铜、镍、铬铁等金属及金属氧化物或粘贴有机物薄膜而制成的镀膜玻璃。热反射玻璃对太阳光具有较高的热反射能力，热透过率低，一般热反射率都在 30% 以上，最高可达 60% 左右，且又保持了良好的透光性，是现代最有效的防太阳玻璃。热反射玻璃具有单向透视性，其迎光面有镜面反射特性，它不仅有美丽的颜色，而且可映射周围景色，使建筑物和周围景观相协调。其玻璃背光面与透明玻璃一样，能清晰地看到室外景物。热反射玻璃适用于现代高级建筑的门窗、玻璃幕墙、公共建筑的门厅和各种装饰性部位，用它制成双层中空玻璃和组成带空气层的玻璃幕墙，可取得极佳的隔热保温及节能效果。

（三）光致变色玻璃

光致变色玻璃是在玻璃中加入卤化银，或在玻璃与有机夹层中加入钼和钨的感光化合物，获得光致变色玻璃。光致变色玻璃受太阳或其他光线照射时，其颜色会随光线的增强而逐渐变暗，停止照射后，又可自动恢复至原来的颜色经。其玻璃的着色、褪色是可逆的，而且耐久，并可达到自动调节室内光线的效果。光致变色玻璃主要用于要求避免眩光和需要自动调节光照强度的建筑物门窗。

第十一节 建筑装饰材料

装饰材料（建筑装饰材料），主要用于装饰建筑物内外墙壁、制作内墙，并在装饰的基础上实现部分使用功能。

一、材料介绍

装修各类土木建筑物以提高其使用功能和美观，保护主体结构在各种环境因素下的稳定性和耐久性的建筑材料及其制品。又称装修材料、饰面材料。主要有草、木、石、砂、砖、瓦、水泥、石膏、石棉、石灰、玻璃、马赛克、软瓷、陶瓷、油漆涂料、纸、生态木、金属、塑料、织物等，以及各种复合制品。按主要用途分为 3 大类：

（一）地面装饰材料

水泥砂浆地面，耐磨性能好，使用最广，但有隔声差、无弹性、热导率大等缺点；

大理石地面，纹理清晰美观，常用于高级宾馆等公共活动场所；

水磨石地面，有很好的耐磨性，光亮美观，可粉底计做成各种花饰图案；

木地板，富有弹性，热导率小，给人以温暖柔和的感觉，拼花硬木地板还铺成席纹、人字形图案，经久耐用，多用于体育馆、排练厅、舞台、宴会厅。

新型的地面装饰材料有木纤维地板、塑料地板、软瓷外墙砖、陶瓷锦砖等。陶瓷锦砖质地坚硬、耐酸、耐碱、耐磨、不渗水、易清洗，除作为地砖外，还可作内外墙饰面。

（二）内墙装饰材料

传统的做法是刷石灰水或墙粉，但容易污染，不能用湿法擦洗，多用于一般建筑。较高级的建筑多用平光调和漆，色泽丰富，不易污染，但掺入的有机溶剂挥发量大，污染大气，影响施工人员的健康，随着科学的发展，有机合成树脂原料广泛地用于油漆，使油漆产品面貌发生根本变化而被称为涂料，成为一类重要的内外墙装饰材料。用纸裱糊室内墙面和顶棚有悠久的历史，但已被塑料壁纸和玻璃纤维贴墙布所替代。石膏板有防火、隔声、隔热、轻质高强、施工方便等特点，主要用于墙面和平顶；作平顶时，可打成各种花纹的孔，以提高吸声和装饰效果。钙塑板有良好的装饰效果，能保温隔声，是多功能板材。大理石板材、花岗石板材用于装饰高级宾馆、公寓的也日益增多。

（三）外墙装饰材料

常用的有水泥砂浆、剁假石、水刷石、釉面砖、软瓷外墙砖、陶瓷锦砖、油漆、白水泥浆等。新的外墙装饰材料如涂料、聚合物水泥砂浆、石棉水泥板、玻璃幕墙、铝合金制品等，正在被一些工程所采用。

（四）新型装饰材料

随着科学技术的不断发展和人类生活水平的不断提高，建筑装饰向着环保化、多功能、高强轻质化、成品化、安装标准化、控制智能化的新型装饰材料方向发展。最新装饰材料大大降低了生产工人的劳动强度。彻底改变了以往的立模，平模浇筑成型的诸多弊端。如模具使用量大，周转率低，需电加热或蒸汽加热，产品种类单一；隔声，保温效果不能满足市场要求的诸多缺陷。新型装饰材料的特点：生产原料来源广，没有地区局限性。生产工艺简单，设备自动化程度高，劳动强度低，流水线作业，生产过程无噪音无三废排放。生产能耗低，不需高温、高压，利用化学反应自身释放热量，达到生产工艺要求。

新型装饰材料是时代发展所需要的，最新装饰材料节能环保：生产过程无需高温高压，产品无毒、无害、无污染，无放射性，属绿色环保新型节能建材。

二、种类

装饰材料按用途分，主要分为两类：室内装饰材料与室外装饰材料。按照材料材质及形状来分，室内装饰材料可以分为板材、片材、型材、线材，而材料则有涂料、实木、压缩板、复合材料、夹芯结构材料、泡沫、毛毯等等；室外装饰材料主要有水泥砂浆、剁假石、水磨石、彩砖、瓷砖、油漆、陶瓷面砖、玻璃幕墙、铝合金等。

常用的室内装饰材料有涂料、胶合板、实木、复合材料、夹层结构材料等。

涂料主要有以下几类：低档水溶性涂料、乳胶漆、多彩喷涂、膏状内墙涂料。

胶合板：为内墙饰面板中的主要类型，按其层数可分为三合板、五合板等，按其树种可分为水曲柳、榉木、楠木、柚木等板材。

实木：常用于制作装饰板、地板等，常见的木种有水曲柳、杨木、松木、橡木等。

复合材料及夹层结构材料：如今越来越多的复合材料及夹层结构材料产品也已被用于室内装饰，并用于制作诸如家具、内墙、地板、防火层等，由于复合材料和夹层结构材料较传统的胶合板及实木具有更好的环保性能、加工性能及强度，因此已经被越来越广泛的应用于室内装饰中。以 PET 泡沫及以巴沙轻木（BALTEK 木）为芯材的夹层结构材料为例，PET 泡沫芯材具有良好的隔热、防火性能，而且成本较低、重量轻且强度良好；而以 BALTEK 作为芯材的夹层结构材料则具有良好的防潮性能，且重量轻、强度好。

三、家用分类

室内装修材料主要分为墙体材料、地面材料、装饰线、顶部材料和紧固件、连接件及胶粘剂等五大类别。

（一）墙体材料

墙体材料常用的有乳胶漆、壁纸、墙面砖、涂料、饰面板、塑料护角线、金属装饰材料、墙布、墙毡等。

1. 壁纸。

市场上壁纸以塑料壁纸为主，其最大优点是色彩、图案和质感变化无穷，远比涂料丰富。选购壁纸时，主要是挑选其图案和色彩，注意在铺贴时色彩图案的组合，做到整体风格、色彩相统一。

2. 涂料

家庭装修常用的涂料主要有以下几类：

（1）低档水溶性涂料：常见的是 106 和 803 涂料。

（2）乳胶漆：市场上常见的立邦漆，分高、低档两种。高档的有丝得丽（立邦漆）、进口 ICI（多乐士）、进口 GPM 马斯特乳胶漆。这类漆特点是有丝光，看着似绸缎，一般要涂刷两遍。低档的有美时丽，时时丽等，这类漆不用打底可直接涂刷。立邦漆遮盖力强，色泽柔和持久，易施工可清洗。立邦漆的选择，可根据个人喜爱、房间的采光、面积大小等因素来选。

（3）多彩喷涂：多彩喷涂是以水包油形式分散于水中，一经喷涂可以形成多种颜色花纹，花纹典雅大方，有立体感。且该涂料耐油性、耐碱性好，可水洗。

（4）膏状内墙涂料（仿瓷涂料）：仿瓷涂料优点是表面细腻，光洁如瓷，且不脱粉、无毒、无味、透气性好、价格低廉。但耐温、耐擦洗性差。

3. 饰面板

内墙面饰材有各种护墙壁板、木墙裙或罩面板，所用材料有胶合板、塑料板、铝合金板、不锈钢板及镀塑板、镀锌板、搪瓷板等。胶合板为内墙饰面板中的主要类型，按其层数可分为三合板、五合板等，按其树种可分为水曲柳、榉木、楠木、柚木等。

内墙饰面板也正在流行自然化。

4. 墙布（墙纸）

常用的有无纺贴墙布和玻璃纤维贴墙布。

5. 墙面砖

家庭装修中，经常用陶瓷制品来修饰墙面、铺地面、装饰厨卫。陶瓷制品吸水率低，抗腐蚀，抗老化能力强。瓷砖品种花样繁多，包括釉面砖、斑釉砖、白底图案砖、通体砖等。

6. 塑料护角线

采用高强度的聚氯乙烯原料制造，耐腐蚀、抗冲击、防老化、耐候性好，具有优良的机械、力学性能等。它的推广使用能有效地解决筑施工中长期存在着阳角不直、不美观，墙角易损坏等质量通病。护角条同时加固了墙角，避免墙角出现凹痕和其他损坏。

7. 金属材料

金属装饰装修材料具有较强的光泽及色彩，耐火、耐久，广泛应用于室内外墙面、柱面、门框等部位的装饰。金属装饰材料分为两大类：一是黑色金属，如钢、铁，主要用于骨架扶于、栏杆等起载重的部位；二是有色金属，如铝、钢、彩色不锈钢板等的合金材料，主要作为饰面板运用在物体表面部位的装饰。

（1）不锈钢制品

钢是由铁冶炼出来的，在钢中加入以铬为主的元素就制作成不锈钢。铬元素性质活跃，能与大气小的氧进行化合，生成紧因的一层氧化膜，从而保护合金钢，使其不易生锈。铬元素含量越高，抗腐蚀性就越强。

不锈钢制品主要有以下几种：

①不锈钢板、管材。不锈钢制品品种较多，装饰件好。不锈钢制品的五金装饰配件有：门拉手、合页、门吸、门阴、滑轮、毛巾架、玻璃幕墙的点支式配件等；生活日用品有：不锈钢水瓶、不锈钢茶壶、不锈钢砂锅、不锈钢刀等。不锈钢制品材料应用在装饰工程中主要为板材，其厚度一般在 0.6 ~ 2.0mm 之间，主要应用在墙柱面、扶手、栏杆等部位的装饰。不锈钢板材包圆形、折角都基本上在加工厂里按设计尺寸定型，再运输到施工现场定位、焊接、磨光。不锈钢板材有亮光板、亚光板、砂光板之分。板材规格为：1219mm × 2438mm、1219mm × 3048mm 等；不锈钢管材主要运用于制作不锈钢电动门、推拉门、栏杆、扶手、五金件等。

②彩色不锈钢板材：彩色不锈钢是在不锈钢表面进行着色处理，使其成为黄、红、黄、绿、蓝等各种色彩的材料。常用的彩色不锈钢板有钛金板、蚀刻板、钛黑色镜面板等，不锈钢镀膜着色工艺的新技术让原本单调的不锈钢拥有成绚丽多彩的装饰效果。尤其是彩色不锈钢钛金板装饰效果与黄金的外观相似，用于酒店会所等到高档场所比较多。常用到板材厚度为：0.5 ~ 2.0mm 等，规格为 1219×2438mm、1219mm×3048mm 等；彩色不锈钢板的材料颜色可以通过定制加工厂家制作。

③不锈钢复合管。不锈钢复合管是在商业建筑楼梯走廊等应用比价多，一般会是使用彩色镀膜加工工艺，除了增加其装饰的美观性之外，还常常运用在有承重及强度方面要求的场所，如健身房、舞蹈练功房的扶手等。

（2）铝合金制品

铝在有色金属中是属于比较轻的金属，银白色铝加入镁、铜、硅等元素就成了铝合金。铝合金具有质轻、抗腐蚀的特点，在建筑装饰工程中运用十分广泛，如铝合金门窗料、玻璃幕墙龙骨、顶棚吊顶龙骨、室外招牌龙骨及室内培面隔墙龙骨等。除了银白色的铝合金运用较广泛之外，红、黄、绿、蓝等各种颜色的铝合金材料也有较广的用途。

铝合金装饰制品材料有：铝合金门窗、铝合金通风口、铝合金百叶窗、铝合金拉闸门、铝合金、铝合金扣板等。其中铝合金门面窗料是建筑装饰工程巾运用最广泛的材料。

（3）铜合金制品

由于铜强度不高，易折断、工程中一般运用加入锌、锡等元素的合金铜装饰材料。铜成本较高，常用于高级装饰工程起点缀修饰作用的部位。铜合金制品有铜艺扶手、栏杆、铜质门拉手、门锁、合页、门阻、洁具龙头、灯具、复合地板铜嵌条、楼梯踏步止滑条等。随着彩色不锈钢仿青古铜的加工工艺逐步成熟，已经出现了采用仿青古铜来代替铜材料装饰装修，不仅有铜材料的装饰效果，而且在成本上也可大大节省了很多，也有利于彩色不锈钢仿青古铜板向各个行业发展。

（二）地面材料

地面材料一般有：实木地板、复合木地板、天然石材、人造石材地砖、纺织型产品制作的地毯、人造制品的地板（塑料）。

1. 实木地板

实木地板是木材经烘干，加工后形成的地面装饰材料。它具有花纹自然，脚感好，施工简便，使用安全，装饰效果好的特点。

2. 复合地板

复合地板是以原木为原料，经过粉碎、填加粘合及防腐材料后，加工制作成为地面铺装的型材。

3. 实木复合地板

实木复合地板是实木地板与强化地板之间的新型地材，它具有实木地板的自然文理、质感与弹性，又具有强化地板的抗变形、易清理等优点。

4. 地砖

地砖是主要铺地材料之一，品种有通体砖、釉面砖、通体抛光砖、渗花砖、渗花抛光砖。它的特点是：质地坚实、耐热、耐磨、耐酸、耐碱、不渗水、易清洗、吸水率小、色彩图案多、装饰效果好。

5. 石材板材

石材板材是天然岩石经过荒料开采、锯切、磨光等加工过程制成的板状装饰面材。石材板材具有构造致密，强度大的特点，具有较强的耐潮湿、耐候性。

6. 地毯

地毯具有质感柔软厚实，富有弹性，并有很好的隔音，隔热效果。

7. 吸音板

第一：吸音率高

第二：隔热性好难燃级结构紧密，形态稳定。

第三：重量很轻，施工安全方便对人体无害，对环境无污染，无气味耐水，水浸后排水性强，吸音性能不下降，形态不变。

第四：可以二次使用，销毁容易，对环境没有二次污染。耐候性强熔点 250 度（摄氏）。

（三）装饰线

在石材板材的表面或沿着边缘开的一个连续凹槽，用来达到装饰目的或突出连接位置。

（四）顶部材料

品种：铝扣板、纸面石膏板、装饰石膏角线、复合 PVC 扣板，艺术玻璃等。

主要作用：隔热、降温。

掩饰原顶棚各种缺点。为了取得装饰效果和烘托气氛。卫生间里防止蒸汽侵袭顶棚、隐蔽上下水管。

1. 铝扣板吊顶

铝扣板吊顶材料主要用在卫生间或厨房中，其不仅较为美观，还能防火、防潮、防腐、抗静电、吸音、隔音等，属于高档的吊顶材料。其常用形状有长形、方形等，表面有平面和冲孔两种，其产品主要分为喷涂，滚涂，附膜 3 种，国产铝扣板价格每平方米 80 元左右，进口铝扣板价格 200 元左右，两者差别主要在硬度，检验铝扣板主要看漆膜光泽厚度。市场上有包括乐思龙、现代、西飞、欧斯宝、倍丽明、友邦等品牌。

2. 石膏板吊顶

石膏吊顶装饰板是我国目前家装中应用最广的一种新型吊顶装饰材料，主要功能有：防潮石膏装饰板特别适用于卫生间、厨房的吊顶装饰。吸声石膏装饰板具有很强的防噪音功能。复合型石膏装饰板具有保温、隔热，又有装饰作用。纸面石膏板用途广泛，装饰作用强，适用于居室、客厅的吊顶。

3. 装饰石膏角线

石膏装饰角线是一种价格低廉的装饰材料，价格随角线宽度，花型复杂程度及质量不同而不同，一般价格在每延长 1 米 10 元左右。很多小企业生产的花型不清晰、材料强度低的产品价格要便宜得多，每延长 1 米的价格仅为 3 元左右。

4.PVC 扣板吊顶

PVC 吊顶是以聚氯乙烯为原料，经挤压成型组装成框架再配以玻璃而制成。它具有轻、耐磨、耐老化、隔热隔声性好、保温防潮、防虫蛀又防火等特点。主要适用于厨房、卫生间，缺点是耐高温性能不强。

（五）紧固体

提供紧固体结构，螺钉部件组合具有埋头螺钉形状的螺钉头部的模块螺钉和形状记忆合金制垫圈进行使用，当采用该螺钉部件紧固部件时，即便施加大紧固力形状记忆合金制垫圈也不会扩张，且解体时形状记忆合金制垫圈容易脱离。

紧固体结构:（1）利用具有模块螺钉;（2）和由形状记忆合金形成的形状记忆合金制垫圈;（3）的螺钉部件；（4）将欲紧固固定的紧固部件；（5）紧固于设置部，模块螺钉；（6）具有与设于设置部；（7）内螺纹部；（8）成对使用的外螺纹；（9）和被加工成埋头螺钉形状的螺钉头部；（10）形状记忆合金制垫圈；（11）具有与模块螺钉对应的内径尺寸，在模块螺钉的头部下表面的倾斜面或者形状记忆合金制垫圈的螺钉抵接面设有凹凸部。

（六）链接件

连接件是软件体系结构的一个组成部分，它通过对构件之间的交互规则的建模来实现构件之间的链接。与构件不同，连接件不需要编译。

（七）胶粘剂

胶接（粘合、粘接、胶结、胶粘）是指同质或异质物体表面用胶粘剂连接在一起的技术，具有应力分胶粘剂布连续，重量轻，或密封，多数工艺温度低等特点。胶接特别适用于不同材质、不同厚度、超薄规格和复杂构件的连接。胶接近代发展最快，应用行业极广，并对高新科学技术进步和人民日常生活改善有重大影响。因此，研究、开发和生产各类胶粘剂十分重要。

四、基本要求

（一）颜色

材料的颜色决定于三个方面：材料的光谱反射，观看时射于材料上的光谱组成和观看者眼睛的光谱敏感性。所以颜色并非是材料本身固有的，它涉及物理学、生理学和心理学。对物理学来说，颜色是光能。

对心理学来说，颜色是感受；对生理学来说，颜色是眼部神经与脑细胞感应的联系。人的心理状态会反映他对颜色的感受，一般人对不协调的颜色组合都会产生眼部强烈的反应，颜色选择恰当，颜色组合协调能创造出美好的工作、居住环境。

因此，对装饰材料而言，颜色极为重要。人们对同一颜色的分辨不可能完全相同，所以应采用分光光度计来客观、科学地测定颜色。

（二）光泽

光泽是材料表面的一种特性，在评定装饰材料时，其重要性仅次于颜色。光线射于物体上，一部分光线会被反射。反射光线可分散在各个方面形成漫反射，若是集中形成平行反射光线则为镜面反射，镜面反射是光泽产生的主要因素。所以光泽是有方向性的光线反射，它对形成于物体表面上的物体形象的清晰程度，即反射光线的强弱，起着决定性作用。一同一种颜色可显得鲜明亦可显得晦暗，这与表面光泽有关。常用光电光泽计来测定材料表面的光泽。

（三）透明性

材料的透明性也是与光线有关的一种性质。既能透光又能透视的物体称透明体；只能透光而不能透视的物体为半透明体；既不能透光又不能透视的物体为不透明体。

（四）表面组织和形状尺寸

由于装饰材料所用的原材料、生产工艺及加工方法的不同，使材料的表面组织有多种多样的特征：有细致或粗糙的，有坚实或疏松的，有平整或凹凸不平的等等，因此不同的材料甚至同一种材料也会产生不同的质感，不同的质感会引起人们不同的感觉。对于板材、块板和卷材等装饰材料，都要求有一定的规格，做成各种形状、大小，以便于使用时拼装成各种花式、图案。对于各种装饰材料表面的天然花纹（如天然石材）、纹理（如木材）或人造的花纹与图案（如壁纸）等也有特定的规格要求。

（五）立体造型

对于预制的装饰花饰和雕塑制品，都具有一定的立体造型。除了以上要求外，装饰材料还应满足强度、耐水性、耐侵蚀性、抗火性、不易沾污，不易褪色等要求，以保证装饰材料能长期保持它的特点。

第二章　房屋建设工程测量

第一节　房屋建设工程测量技术

工程施工测量的主要任务是采用专用测量器具，通过一定的技术方法把设计图纸的位置、数据、几何形状真实的放样到实地。其测量放样的成果直接影响着工程建设项目的质量等级、结构、安全及建成后的功能。

一、建筑工程测量技术特点与理论

（一）工程测量技术特点

工程测量是一个过程操作，是施工质量的根本所在。在整个施工阶段，工程测量起到了非常重要的作用。准确、周密的测量工作不但关系到一个工程是否能顺利按图施工，而且还给施工质量提供重要的技术保证，为质量检查等工作提供方法和手段。

（二）工程测量理论方法

1. 测量平差理论

最小二乘法广泛应用于测量平差。最小二乘配置包括了平差、滤波和推估。附有限制条件的条件平差模型被称为概括平差模型，它是各种经典的和现代平差模型的统一模型。测量误差理论主要表现在对模型误差的研究上，主要包括：平差中函数模型误差、随机模型误差的鉴别或诊断；模型误差对参数估计的影响，对参数和残差统计性质的影响；病态方程与控制网及其观测方案设计的关系。由于变形监测网参考点稳定性检验的需要，导致了自由网平差和拟稳平差的出现和发展。

2. 工程控制网优化

控制网的优化设计方法有解析法和模拟法两种。解析法是基于优化设计理论构造目标函数和约束条件，解求目标函数的极大值或极小值。一般将网的质量指标作为目标函数或约束条件。网的质量指标主要有精度、可靠性和建网费用，对于变形监测网还包括网的灵敏度或可区分性。对于网的平差模型而言，按固定参数和待定参数的不同，网的优化设计又分为零类、一类、二类和三类优化设计，涉及网的基准设计，网形、观测值精度以及观测方案的设计。

二、建筑工程测量技术

（一）工程测量技术的内涵

工程测量作为一项应用性很强的技术科类，指在工程建设的勘测设计、施工和管理阶段中运用的各种测量理论、方法和技术的总称。在历史上和现代都发挥了十分重要的作用。现代，工程测量技术的应用范围更加广泛，从主要的涉及交通、建筑领域到如今涉及水利、地下工程、矿山工程、军事工程等各领域的测量、分析，预测。传统的工程测量技术包括测图和放样两方面，现代的工程测量技术与之相比更加先进，从静态和动态两个角度进行研究，研究的领域除了最初的测量之外，开始设计对于工程建设的测量结果的检测分析以及对于未来的预测，都大大提高了其在房屋建筑等发展领域的实用性与实际意义。

（二）测量放线技术

在工程测量的过程中，测量防线技术为工程测量工作的顺利展开起到关键作用。该技术的实现要做到合理利用定向测量的原理，保障施工中所砌墙体的平直。通过防线技术不仅能有效地保证了楼体的外在美观性，减少了视觉所见产生的误差，提高了工作的效率，还能通过计算机软件的控制来增加施工中对于不同环境的适应能力，能保证合理的识别环境特点，找到合适的测量工具进行因地制宜的测量，达到施工更具备针对性的特点。因此，作为现代工程计量中广泛使用的测量手段，放线技术理应成为工程测量中的不二选择。

（三）测量监控技术

现代社会，测量技术的运用范围更加广泛，延伸到工程施工的监测领域。在房屋建造的过程中，通过工程测量进行监控的效果十分明显。监控的对象包括施工过程中的施工结果的整合以及事后的监控，对于建筑结果的分析、检验和评估。举例来说，施工过程中体现在：通过对施工的基坑进行扫描，获得反射贴片、无棱镜、圆棱镜的三种监控目标，并通过三种监控目标进行测量，以获得分析得来的施工变化趋势分布图，三维图像，各种图标等有用的信息。房屋建筑施工竣工后，通过工程测量技术的使用，可以对房屋的建筑结构进行验收，比对，达到室内的平面结构，地下水位，埋深，房屋建筑中的各个尺寸进行二次测量，保证房屋建筑内部结构的合理，保证施工的误差可以降到最低，提高施工建筑的最大效益，满足人们在购房时的权益。

第二节　房屋建设工程测量技术的应用

一、工程测量地位和研究领域应用

（一）工程测量的定义

传统工程测量技术的服务领域包括建筑、水利、交通、矿山等部门，其基本内容有测图和放样两部分。现代工程测量已经远远突破了仅仅为工程建设服务的概念，它不仅涉及工程的静态、动态几何与物理量测定，而且包括对测量结果的分析，甚至对物体发展变化的趋势预报。苏黎世高等工业大学马西斯教授指出："一切不属于地球测量，不属于国家地图集的陆地测量，和不属于法定测量的应用测量都属于工程测量"。

（二）工程测量的地位

测绘学是一门具有悠久历史和现代发展的一级学科。该学科无论怎样发展，服务领域无论怎样拓宽，与其他学科的交叉无论怎样增多或加强，学科无论出现怎样的综合和细分，学科名称无论怎样改变，学科的本质和特点都不会改变。总的来说，测绘学的二级学科仍应做如下划分：大地测量学；工程测量学；摄影测量学；地图制图学；不动产测绘。

二、工程测量的内容

（一）工程测量的内容划分

工程测量学是一门应用学科，按其研究对象可分为：建筑工程测量、铁路工程测量、公路工程测量、桥梁工程测量、隧道工程测量、水利工程测量、地下工程测量、管线（输电线、输油管）工程测量、矿山测量、军事工程测量、城市建设测量以及三维工业测量、紧密工程测量、工程摄影测量等。

（二）工程测量的内容

（1）工程测量中的地形图测绘规划阶段用图比例尺一般较小，按照工程的规模可直接使用1 ：1万至1 ：10000的地形图。在施工阶段比例尺一般较大1 ：1000或1 ：500。

（2）工程控制网布设和优化设计工程控制网包括测图控制网、施工控制网、变形监测网和安装控制网。目前除特高精度的工程专用网的和设备安装控制网外，绝大多数控制网都可采用GPS定位技术建立。

（3）施工放样技术和方法

将抽象的几何实体放样到实地上去，成为具体的几何实体所采用的测量方法和技术称为施工放样，机器和设备的安装也是一种放样。放样可分为点、线、面、体的放样。具体方法包括：极坐标、偏角法、偏距法、投点法、距离交会、方向交会。

（4）工程的变形监测分析和预报

工程建筑物的变形及与工程有关的灾害监测、分析和预报是工程测量研究的重要内容。变形监测技术几乎包括全部工程测量技术，除常规仪器外还包括各种传感器和专用设备。变形模型的建立。其主要针对目标点上的时间序列进行数据处理，包括多元线性回归分析、时间序列等。

三、工程建筑的测量应用

（一）控制测量

控制测量是施工的基础，对建筑物的控制测量一般布设成方格网形式，为了便于施工，其坐标系采用建筑坐标系，坐标轴平行于建筑物的主轴线。工程控制网的布设，一般遵循从整体到局部、分级布网、逐级控制的原则。

（二）工程放样

放样是测量工作者把设计的待建建筑物的位置和形状在实地标定出来，在建筑工程测量中也叫定位。如果设计人员已经给了各建筑物的主要角点坐标，或者给定了一些特征点坐标以及建筑物的形状和大小，测量人员找到与设计同一坐标系的控制点，进行控制测量，将坐标系统引到待建建筑物的场地附近，采用全站仪的放样功能，很容易测出待建建筑物的实地位置。测量放样负责人逐一将标注数据与记录结果对比，验证标注数据和所放样点位无误。

（三）建筑标高测量

对于任何一个待测点，需找到一个已知点才可以测量。对于两点距离较近的情况，将水准仪架设两点大概的中间，在已知点立好塔尺，水准仪进行读数记录 a_1，再将塔尺立到待测点上读数记录 b_1。假设已知点高程为 X，那么待测点高程 $Y=X+a_1-b_1$。如果距离远的话，不能一次测出来，刚说的这个程序为一个测站，$Y=X+a_1-b_1$ 这样算出来的只是转点的高程。同样的程序，同样的算法，直到塔尺立的不是转点，而是待测点的时候，工作就完成了。

（四）垂直度测量

垂直度测量是建筑工程测量的重要组成部分。垂直度测量是指利用仪器在一个测站上完成向上向下作垂直投影或提供一条垂直线，将平面上的坐标，经过竖向传递，标定在要求的位置上，保证建筑物的垂直度。线锤铅直投测法是常见也是使用最多的方法。

（五）变形监测测量

变形监测就是利用专用的仪器和方法对变形体的变形现象进行持续观测、对变形体变形性态进行分析和变形体变形的发展态势进行预测等的各项工作。其任务是确定在各种荷载和外力作用下，变形体的形状、大小及位置变化的空间状态和时间特征。在精密工程测量中，最具代表性的变形体有大坝、桥梁、高层建筑物、边坡、隧道和地铁等。变形监测的内容，应根据变形体的性质和地基情况决定。对水利工程建筑物主要观测水平位移、垂直位移、渗透及裂缝观测，这些内容称为外部观测。为了了解建筑物（如大坝）内部结构的情况，还应对混凝土应力、钢筋应力、温度等进行观测，这些内容常称为内部观测，在进行变形监测数据处理时，特别是对变形原因做物理解释时，必须将内、外观测资料结合起来进行分析。

变形监测的首要目的是要掌握水工建筑物的实际性状，科学、准确、及时的分析和预报水利工程建筑物的变形状况，对水利工程建筑物的施工和运营管理极为重要。变形监测涉及工程测量、工程地质、水文、结构力学、地球物理、计算机科学等诸多学科的知识，它是一项跨学科的研究，并正向边缘学科的方向发展。

四、工程测量在房屋建筑上的不足

（一）专业人才的不足

工程测量学作为一下涉及领域十分广泛的应用性学科，其所涉及的知识面十分广泛，要求从业者具备数学，统计，土木工程，计算机等各个领域技术能力。而在实际的工作过程中很难具备这种复合型的人才。而十分常见的就是实际的施工场地的工人中很多人都是学历并不高，凭借着多年的实地工作经验而入职的老员工，而随着科学技术的不断发展与完善，他们很难学会并且驾驭科学的工程测量技术，在施工的过程中容易出现蛮干，效率低下的情况。这就在很大程度上体现了我国在房屋将设领域中，专业人才的缺乏，实际技术的不够成熟的问题，亟待解决。

（二）日常管理的欠缺

在工程测量管理的过程中，很多人还未能从曾经的工作经验中走出，使用的管理手段和方式都相对陈旧，且管理手段相对单一，不能满足时代科学技术发展的实际诉求。例如，在实际的施工管理的过程中，上层领导工作者只是贪图眼前的利益，一味地赶工，不注重施工的质量，缺少对员工的监管和管理，导致在工作的过程中偷工减料，施工质量差的情况时有发生，严重影响了正常的工作进度。因此，在领导者工作的过程中，管理员工工作的完成情况的重要性就更加重要。员工的消极怠工，只求工作的数量而减少工程的测量环节的问题，会对施工的正常完成带来不利的影响，因此，提高工程的管理，对于工程的顺利竣工发挥着催化剂的重要决定性作用。

（三）缺少完善的法律制度

在社会主义经济的不断发展的情况下，房屋建设的“豆腐渣”工程时有发生，这就从侧面体现了我国在房屋的建设过程中存在的问题。房屋的建造过程中，需要经历的相关步骤：从施工前的房屋设计与方案架构，到施工过程中的房屋建设的测量，施工，评估和预测，再到施，工竣工后的后续检测与检验。上述的这几个步骤是合理的施工必须包含的几个方面，才能保证建造出来的工程基本能满足人民群众的购房以及住房的需求。然而在质量方面不过关的房屋建造商的建造房屋显然是对于合理的施工的藐视，也是我国在房屋建筑方面缺少健全的法律制度。缺少对于房屋建造过程中豆腐渣工程的处罚与管制，以及在房屋建造过程中投入的监控力度和重视力度还有待进一步的提高。

四、建议及发展前景

（一）提高专业人才的培养

在我国房屋建筑方面缺少专业的人才，因此国家的相关部门应该大力提高专业人才的培养，鼓励高素质人才进行相关领域的研究，并提出一定的鼓励措施，防止人才的流失。并且要给相关领域的人才在工程测量方面更多的学习机会，与专业的技能和培训，保证我国工程测量在房屋建设方面不断地呈现繁荣向前的发展态势。

（二）健全制度管理体系

在房屋建设方面，该领域发展有一定的弊端，缺乏健全的法律法规以及相关的严明的管理制度。为了改变在施工建设过程中所存在的豆腐渣工程的现状，需要建立健全严明的立法体系，增加相关明确的管理制度。一方面，政府工作者要健全相应的法律法规，使下层的领导、员工在工作中有法可依；另一方面，增加相关工作者在施工中的责任意识，管理意识，以达到长远的工作目标，不偷项漏项，严格地执行施工过程中必要的测量步骤，满足房屋建造的质量要求，在施工前、施工过程中以及竣工阶段都做到实行工程测量和监控，保证房屋建设施工的高质量、高水准的完成，获得经济效益和社会效益这双重效益。

（三）发展前景

工程测量在房屋建造的过程中，使用了较为先进的测量，测绘技术，为施工增加了更多的便利，减少工作误差。在现阶段的使用过程中，该工程测量技术的使用虽有一定的问题，但总体的发展前景仍旧符合社会主义经济发展的前进势头。凭借工程测量，能在房屋竣工之后，评估房屋内部结构的合理性，保证房屋的质量，为落户的居民住房的建筑面积提供合理的依据，提高人们的满意度，有良好的发展前景。

我国社会主义高速发展的今天，工程测量为施工建设提供了良好的质量保证，也节约了工程的建造成本，虽然在发展的过程中尚存在一定问题，但整体的发展趋势是顺应时代的发展潮流的，应该得到进一步的挖掘，更好地发挥其自身的作用和效益，造福于民。

第三节　房屋建设工程测量精度控制

建筑工程测量是建筑的重要环节，其精度与建筑工程建设的质量有着密切的关联，在整个建筑项目建设的过程中发挥着桥梁与纽带的作用，是建筑工程项目中的首要环节。随着科学技术不断地进步与发展，在建筑工程测量中出现了更多的测量仪器，例如 GPS 定位与三维工业测量、数字化测绘等相关仪器。新仪器的出现，在保障建筑工程测量精确度的同时，也出现相应的问题，本书主要针对这些问题进行分析与探讨。

一、建筑工程测量精度的概述

建筑工程测量精度主要指建筑工程项目开始前，在工程测量环节中测量的数据结果与真实数据之间存在的差异。建筑工程测量不是绝对的，而是相对的，出现这样问题是因为在建筑工程测量中，无论是使用人工测量的方式还是仪器测量方式都会存在一定的误差，这种误差只能降低不能完全消除。所以要对建筑工程的测量精度保持客观的态度，并尽量减少建筑工程测量中出现的误差，以保障建筑工程各环节的施工质量。

在建筑工程测量时，主要有三方面的内容：建筑设计阶段的测量工作、建筑施工过程中的测量以及建筑工程验收时的测量工作。三个测量环节的数据精确度，与建筑工程的质量有着紧密的关系。建筑工程设计测量阶段，工程测量的数据是设计人员重要的参考依据。设计人员在进行建筑设计的过程中，建筑测量的数据是设计人员主要参考的依据。如果在建筑工程测量阶段，测量数据不精确，会导致设计人员的设计图纸也出现相应的问题，以至于在建筑工程施工后期可能出现建筑结构不合理的问题，导致建筑工程必须返工重做。在施工阶段进行建筑工程测量，能够保障建筑工程在施工阶段的正确方向。

二、影响建筑工程测量精度的因素

（一）测量人员因素

在建筑工程测量的过程中，测量人员要熟悉各种测量仪器的使用方式，测量数据精度不够可能是因为测量人员在测量过程中粗心或对测量仪器操作不规范造成的。测量人员在测量工作开始前首先要对测量仪器进行校正工作，保障测量仪器在测量过程中数据的精确性。同时测量人员要具备较高的专业素养，明确建筑测量不同阶段的测量内容及相应的测量规范，在测量过程中要持有专业性的证件。

（二）施工单位的管理要素

根据房屋建筑发展状况，可以看出房屋建筑工程质量与项目建筑工程测量的精确度呈现出正相关的关系。从建筑工程实际测量工作出发，可以看出施工单位对工程测量的态度存在着相应问题。例如，施工单位进行建筑工程的主要目的是为了获得更多的经济利益，但是部分施工单位为了降低建筑的施工成本，忽视了测量工作的重要性，对测量工作的资金投入量较少，且没有制定完善的测量仪器维护制度与测量人员的培训制度，严重影响建筑工程测量精度，最终危害建筑工程质量。

（三）建筑工程测量的技术

由于科学技术的发展，建筑工程测量技术也在不断发展与强大，建筑工程测量的精确度与高精度的测量仪器有着密切的关系。测量人员依据测量仪器测量出数据，并对数据与实际数据进行对比、分析，能够发现测量中存在的问题。测量仪器的精度与信息化程度会影响建筑工程的测量质量，目前的高精度测量仪器有 GIS、RS、GPS 等。在某建筑工程设计阶段使用 RS 与 GPS 技术进行建筑的测量工作，并且对 GPS 数据中产生的数据进行分析，能大幅度地提高建筑工程的质量。

三、提高建筑工程测量精确度的措施

（一）制定科学的测量方案

建立科学的测量方案，在建筑工程设计阶段，设计单位要到现场进行实际的勘察工作，在实地勘察过后制定科学的设计方案。建筑工程的图纸设计主要是以测量人员的测量数据为依据，必须按照要求测量的内容确定测量工作。首先，要在建筑施工区域内对施工导线的整体测量布置布控网，对测量工作数据的误差进行明确规定，规定误差要小于0.5 米左右，为建筑工程的测量提供准确的数据信息。其次，在建筑施工各项环节制定合理科学的测量方案，根据每一个施工环节的参数标准，在工程每个施工环节中进行建筑测量工作，根据施工的进度，制定测量周期。

对每个施工环节中进行工程的测量工作能够保障建筑施工朝着正确的方向发展，如果在测量过程中发现数据异常的情况，则要对此部分的施工进行返工，以确保施工质量。在进行工程测量时，要结合工程设计方案有侧重点地进行测量，及时矫正误差较大的数据，提高建筑工程的精度。

（二）完善工程测量的管理制度

完善工程测量的管理制度是提高建筑工程精度的重要途径，对测量工作整个周期进行管理，才能保障测量数据的精度。工程测量的管理制度主要根据工程设计方案、测量工作的具体内容、工程测量的标准与测量流程进行制定。如，在某次建筑工程项目测量过程中，首先，对测量人员的工作内容与工作职能进行规定，并且建立监督机制，以提高测量人员的责任意识。其次，对测量过程中使用的测量仪器操作方式进行规定，确定每一项仪器的使用步骤，并监督测量人员按照标准的仪器使用流程进行操作，以保障仪器使用的精确度。再次，对测量仪器的精度进行明确规定，针对不同类型测量仪器的校正方式，精度要求各不相同，所以要对不同测量仪器的精度进行规定。同时确定不同仪器在测量过程中的误差范围，从而提高测量数据的精度。最后，建立完善的绩效考核制度，根据测量工作的内容、仪器使用流程等确定考核指标，将数据精度与测量人员的薪酬挂靠，以提高测量人员的测量意识。通过以上方法完善工程测量管理制度后，在测量数据审核时，发现数据的精度要明显高于以往的数据精度。

（三）加强测量过程的控制

进行建筑测量的过程中，测量人员应对测量对象进行全面的考察工作。例如，使用 GPS-RTK 技术进行测量时，首先要对参考站进行设置，在此过程中根据相关测量标准，基准站的设置要在视野开阔的区域，以避免其他因素对测量工作干扰。流动站的设置要与基准站的设置保持在一定距离，但不能过远。在测量后要对测量数据进行复核与校验，分析测量数据结果，并对有异议的数据重新测量。复核时使用全站仪边角测量技术对测量数据的距离与角度进行检验，避免因为测量人员操作失误导致测量数据精度降低。

在建筑工程建设中，工程的测量工作是保障建筑工程质量的关键性因素。但是建筑工程测量在实际的测量工作中，因为测量仪器的校准、测量人员的专业性、测量过程中管理制度等因素出现了一定的问题，影响了建筑工程测量精度。文章主要针对以上问题提出了相应的解决对策，以期提高建筑工程测量的精度，从而保障建筑工程的质量。

第三章　土方与基础工程

第一节　土方工程

土方工程是建筑工程施工中主要工程之一，包括一切土（石）方的挖梆、填筑、运输以及排水、降水等方面。土木工程中，土石方工程有：场地平整、路基开挖、人防工程开挖、地坪填土，路基填筑以及基坑回填。要合理安排施工计划，尽量不要安排在雨季，同时为了降低土石方工程施工费用，贯彻不占或少占农田和可耕地并有利于改地造田的原则，要做出土石方的合理调配方案，统筹安排。

一、基坑围护与土方开挖

（一）基坑围护技术在房屋建筑施工的应用

1. 基坑围护的施工类型

基坑维护的施工类型主要有四种，分别是水泥搅拌桩重力坝、SMW 工法桩、地下连续墙以及钻孔灌注桩。对于水泥搅拌桩重力坝，其在具体的施工时首先要对施工现场的软黏土地基进行基坑的开挖，开挖的深度为 5 ~ 7m，接下来运用深层搅拌的方法进一步形成水泥桩挡墙。对于 SMW 工法桩，其在具体的施工过程中需要先使用多轴型钻掘搅拌机对地下的基层进行钻洞，钻好洞以后，使用钻头对地下的部分以及周围的环境喷射水泥固化剂，接下来在将其与地基土进行搅拌，再搅拌后的混合体还没有彻底固化之前，将 H 型的钢板或者钢材插入到水泥与地基土的混合体当中，形成应力墙钢材，之后各施工单位之间进行重叠搭接，使得其变成一个足够坚固并且没有缝隙的地下墙体。而对于地下连续墙，此种维护的方式主要是先要利用相关的专业设备在地面以下相应的位置进行沟槽的挖设，但需要注意的是在沟槽的挖设过程中要使其深度和宽度保持一定。挖设完成之后再将钢筋笼放入到沟槽中对其进行加固，接下来进行水下混凝土的浇筑，通过此种施工方式可形成连续性的钢筋混凝土地下墙。最后对于钻孔灌注桩而言，此种施工类型是较为简单的一种，具体在进行施工时，首先利用钻孔设备按照事先测好的位置进行钻孔，钻孔结束之后灌入混凝土形成灌注桩。因此此种方法在实际的施工过程中有着施工简便以及节省施工成本的特点。

2. 基坑围护技术在房屋建筑施工中的应用

在房屋建筑中进行基坑施工时，首先要进行的是基坑防水加固处理，由于我国的领土较大，有着各种地形，因此对于不同的地区地下水的分布以及相应的地质条件均有着较大的差异，同时地下水对基坑的施工也有着较大的影响，所以在进行具体的施工之前首先要对施工地区的地下水分布情况以及地质条件进行实地的勘测，根据实际的情况制定相应的措施来有效地对周边的地基进行防水加固处理。而基坑防水加固处理主要在地下水位较浅的区域进行应用，一般使用的是高压注浆的方法。而防水加固的目的则是为了防止在进行基坑施工时，地下水渗入到基坑对其施工造成影响，也避免产生后期的安全隐患。

其次是对于基坑的周边在进行围护处理时，通常要使用压密注浆的方法，此方法在实际的施工过程中对具体的施工操作有着极为严格的要求。首先要在施工之前详细地观察基坑的周边环境，排除诸如该地段存在管线或者管道等相关的干扰因素之后，再合理地选择注浆管的下放位置，最后再进行具体压浆作业的施工，在整个过程结束之后还要进行拔管复核，保证注浆作业的质量满足要求。另外在施工中需要注意的是要对球阀进行实时的检测，保证其一直在工作的状态，除此之外还要防止出现爆浆的情况，一旦实现爆浆，要立即停止施工，同时及时的检查管线以及浆液是否出现问题，在确保所有不利因素排除以后，在继续进行施工。

在进行基坑维护的施工时，最关键的一道环节就是注浆，其直接决定着整个施工的整体质量，所以在具体的施工之中一定要合理的确定注浆参数。由于该参数目前还未有统一的参考标准，因此需要结合现场的实际情况以及基坑围护的需求来进行确定，为了进一步提升基坑围护施工的整体质量，必要时可以在试验室进行分析试验以获得更为精准的注浆参数。

（二）土方开挖技术在房屋建筑施工中的应用

1. 开挖前的准备工作

在进行具体的土方开挖施工以前，一定要做好相关的准备工作来确保后期的工作能够顺利进行。因此在进行具体的土方开挖施工前，首先要对施工现场进行实地勘察，准确掌握施工的外部因素包括施工条件以及施工的环境等。其次就是要对施工现场进行清理，诸如对各种垃圾以及障碍物的清理，以为施工营造出良好的施工条件，同时测量人员还要对具体的结构物进行准确的放线，避免在施工中出现返工的情况。最后要保证施工的人员、材料以及机械设备在施工过程中都能随时进行调动，使用的施工工具器械等均要齐全，避免由于外界客观因素而使施工受到影响。

2. 做好清表工作

对于正式进行施工的第一步，就是进行前期的清表工作，即对施工区域地面上的杂草、树根之类的杂物进行清理，同时还要对相应的凹凸不平的地面进行平整，减少施工过程中的不良影响。另外需要注意的是要对清理后堆积的杂物进行合理的处理，应该将其堆放到指定的位置，并进行统一的运送，以减少对周边环境的影响。另外相关的监理人员也要对此项工序进行严格把控，防止出现施工人员为了方便随意丢弃废弃物的现象。

3. 土方开挖的施工

对于土方开挖的具体施工，其在施工过程中会受到很多外界因素的影响，包括施工过程中的天气变化以及地质条件等，因此要对其施工的工期进行严格的把控，尽量减少外界原因对开挖作业造成的影响，同时为了避免出现误工的情况，在进行开挖作业前一定要保证已经对相应的地质条件有了充分的掌握。在施工阶段，首先要保证施工机械到位，一般都采取的是从上到下分层施工的方式，一定要在施工过程中保留一定的坡度来确保边坡的稳定性，也有利于积水的排泄。在开挖施工的过程中对施工的工序一定要按照设计要求进行严格的把控，尤其是对高程的控制，避免出现超挖、少挖的现象。如果在实际条件下，没有办法对设计标高进行准确的控制，可以在施工过程中建立施工控制网，或者在标高位置上做一些标记。在后期进行人工挖掘，从而使得开挖的过程更加精确无误，也减少了对后期施工造成的影响。

4. 应用土方开挖技术时应该注意的问题

在建筑施工中通常会出现为了赶工期而在夜间施工的情况。在夜间施工时，一定要安装相应的照明设备，保证施工安全，另外在开挖过程中也要关注天气情况，避免突发性天气对施工造成影响，最后在冬季进行施工时，也要提前用保温材料对土层进行覆盖或者将表层的土用器械进行翻耕，以保证施工的顺利进行。

二、基坑降水

基坑降水技术属于新时期基坑施工的一种主要技术内容。通常而言，为了确保整个工程处于相对较为安全的状态，会选择在地下水位较高的位置进行深基坑开挖工作，而地下水也可以实时的流入到基坑当中。工程基坑降水技术不仅可以有效减少各种冻水的压力作用，而且能够尽可能避免各种流沙和管涌的出现，相对的施工安全有着很好的保障。一般而言，工程基坑降水技术也被称为降水工程，在保证基础施工条件的基础上，需要尽可能避免各种基坑水漫的状况出现。为了切实保障整个施工过程有着良好的质量和安全基础，需要采取一些合理有效的排水和降水方式。现阶段主要的降水工程包括四种，分别是轻型井点、电渗井点、喷射井点和深井降水。这四种降水工程有着自身独特的优点所在，并且可以实时应用到各种基坑降水当中，整体的效果相当好。

（一）基坑的主要降水方法

1. 轻型井点法

在四种基坑施工方法当中，轻型井点工程属于最为基础的一种，而且它的使用最为广泛。轻型井点是人工降低低下水位所采用的主要方法，它可以具体根据基坑的周围以及附近的侧面，通过井管直接深入到基坑的含水层当中，而井管的上部位置会与总管直接地连接起来。同时还可以利用各种抽水设备，将井管中的地下水抽出来，迅速恢复原来的基底水位。轻型井点工程主要特点在于其十分安全，并且经济效果良好，整体施工较为简单。如果施工现场的土层在渗透系数上表现得十分小，则需要保障各个部位都有着良好的气密性，以切实提高整个工程的安全及质量。为了保障最终的施工效果，还有必要根据工程的实际建设特点设置不同的基坑类型。

2. 管井井点法

管井井点工程也是一种基坑降水技术的施工方式，它主要是沿着基坑的一定距离设置合理的管井，并且所设置的管井往往是独立的，使用一台独立的水泵进行抽水，以降低地下水位。如果土层的渗透系数达到了 20 ~ 200m/d，则可以采用管井井点。管井井点的设备通常由管井和水管组成，其中也需要运用一定的水泵，不断地进行抽水，以保持水位。在设置钢管管井的时候，应当采用直径为 150 ~ 250mm 的钢管，对于它的过滤部分，则需要采用钢筋进行焊接，吸水管的直径需要保持在 50 ~ 100mm，而水泵则需要采用 2 ~ 4 英寸的潜水泵。

3. 喷射井点法

在房屋建筑工程基坑降水技术当中，喷射井点法的效果十分明显，但是它的喷射降水要求比较高。在使用喷射井点法的时候，需要认识到，它的主要工作原理是实时利用各种井点管内部装置的喷射器，并采用高压水泵向井管当中的内管喷射一定的高压水，进而使得喷水井点或者高压压缩空气形成一定的水汽，并将地下水从缝隙当中抽出。这种方法的操作十分简单，而且排水的深度也达到了一定的位置，但是其在基坑土方的开挖量会大大减少，且施工速度较快，所花的费用相当少。

4. 深井井点法

它一般适用于地下水较深的情况，如果降水的深度超过了 15m，采用管井井点法，难以满足实际的降水要求，因而需要切实加大管井深度，采用深井泵进行解决。深井井点的水位降低幅度会比较大，通常能够达到 30m 以上，而特殊的甚至能够达到 100m 以上。现阶段，我国常见的深井泵主要包括两种，一种是在电动机处于地面位置上的深井泵，另一种是沉没式深井泵。在采用这种降水方法的时候，应当切实认识到它们仅仅适用于一些水量较大的降水井，同时在基坑降水施工的过程中，需要将降水的整体曲线控制在基坑位置以下。

（二）工程基坑降水技术的应用操作

1. 基坑降水施工准备工作

在开展房屋建筑工程基坑降水技术的过程中，需要切实做好整个准备工作。首先，工程单位需要对井点系统进行实时的设计规划，并确定最为合理的施工技术，同时还需要选择最为优越的施工设备。而在施工的准备阶段，也需要做好井点管道安装工作。在安装井点管道的时候，需要对全体工程设备进行合理的检查，确保不同的设备都处于良好的运行状态。同时不能够将周围的杂土随便地填入孔中，否则会使得水位超出原来的位置。为此，在进行冲孔的时候，需要在基坑的坡顶位置，合理的开挖一个沟槽，并实时考虑现场土层状况，选择最为合理的埋设位置。通过这样的基坑准备工作，可以充分利用高压水对整个杂土进行直接的冲刷，而在冲刷的过程中，施工人员应当保持持续的摇动，使得砂石能够完全地填入其中。

2. 检查基础的井点管道安装状况

在安装完井点管道以后，需要对整个井点工程进行实时的检查，确保所有工程的衔接都处于完善的状态，而相应的设备也已然开始工作。同时，施工单位还需要对设备进行抽水检测，确保其在工作的时候，能够保持良好的连续性，不容易出现中断的状况。如果发生了中断现象，应当迅速检查设备的安装，发现问题并迅速解决，再进行重新检测，以确保最终的设备能够处于稳定的工作状态。

三、土方的填筑与压实

经济社会的发展极大地促进了建筑行业的发展。土方填筑和压实施工技术是建筑工程重要的组成部分，其施工技术直接影响到整个建筑工程的水平。由于当前建筑工程的施工环境比较复杂，所以施工过程中，可能导致土方填筑和压实施工技术无法达到建筑工程的要求，给后续施工埋下了安全隐患。因此，在施工过程中，一定要重视土方填筑和压实施工技术，确保建筑工程的施工质量。

（一）建筑工程中土方填筑施工技术

1. 选择合适的填筑材料

填筑材料必须符合建筑工程设计的要求和标准，确保填方的强度和稳定性。选择填筑材料的时候，必须符合以下要求：如果建筑工程设计中没有指出具体的土方材料，可以选择粒径小于土层厚度 2/3 的砂土、碎石等作为填方表层的填筑材料。不同层次的填筑材料，必须选择含水率符合要求的黏性土。不能使用冻土或者软弱土以及淤泥质土、有机土等等。选择碎石、卵石和块石作为填料的时候，尽量避免使用不同种类的土填筑，分层夯实的最大土料应该小于 400mm，分层压实层次不大于 200mm。以 G244 线打扮梁至庆城段公路工程，途经柳湾沟、温台、悦乐、新堡、玄马、庆城。与设计甜罗路高速枢纽立交相接。拟建项目沿线出露基岩较多，但以白垩系砂岩、砂质泥岩及泥岩为主，属极软岩——大多不能用于筑路材料。可用筑路材料的岩石分布不均衡，块石、片石、碎石材料较少，产地集中，运距远。沿线河道狭窄，河道内基本无天然沙砾堆积，无采砂场，因此可开采的天然沙砾、中粗砂极度匮乏，只能从泾河中筛取，因此运距远。生活用水主要沿线城镇供水站供应。工程用水从柳湾沟、柔远河、环江取用，其他外购材料从沿线县市拉运。沿线筑路材料纵向运输条件方便，横向次之。主要材料分布如下。

（1）路面面层碎石、机制砂

甜水堡石料场：甜水堡甘宁交界处宁夏境内建有多处石料加工厂，其原料开采地位于甘宁界碑西侧约 3km 的山坡，该山坡主要由灰岩组成，上覆坡积碎石土层厚 1m ~ 3m，山脊延伸长 2km，宽 500m 左右，可开采深度 50m，储量丰富，与道路石油沥青粘附性 4 级，压碎值 18.9%，磨耗值 22%。可作为本项目基层及底基层碎石，上路桩号为 K75+800，上路距离 172km，利用 G211 公路及料场现有便道运输。

（2）块片石、碎石

甜水堡石料场：甜水堡甘宁交界处宁夏境内建有多处石料加工厂，其原料开采地位于甘宁界碑西侧约 3km 的山坡，该山坡主要由灰岩组成，上覆坡积碎石土层厚 1m ~ 3m，山脊延伸长 2km，宽 500m 左右，可开采深度 50m，储量丰富，与道路石油沥青粘附性 4 级，压碎值 18.9%，磨耗值 22%。可用于块片石和混凝土碎石。上路桩号为 K75+800，上路距离 172km，利用 G211 公路及料场现有便道运输。

（3）中粗砂、天然沙砾

长庆桥砂场：料场位于长庆桥下游 2km 的泾河右岸河漫滩，该处河漫滩宽阔，可开采面积约 200 亩，可采厚度 8m（水上 2.0m，水下 6.0m），有施工便道通往料场，交通条件较好，主要由冲洪积卵石土组成，卵石、砾石成分以灰岩、砂岩为主，含少量白云岩、花岗岩、石英岩等，中粗砂含量较少。开采工作面较大，质量良好，开采时应避开洪水期，在征得地方政府同意后，施工单位也可自行开采，目前有多家料场开采，中粗砂需水洗后质量符合要求后，可供构造物混凝土工程使用；天然沙砾主要用于路基换填和沙砾垫层。用料时需经筛选或掺配使其级配良好后使用。上路桩号 K71+800，上路距离 125km。利用现有 G211、料场便道等现有道路运输。

2. 土方填筑施工

土方填筑的时候，必须严格控制填料的厚度，每一层填料的厚度符合建筑工程的设计规范和要求。根据填土区的面积和铺设的厚度，计算每一层填土的总量。土料卸载以后，用推土机或者平地机将土料铺平，在铺料的时候，如果发现有土方材料的径粒大小超过了规定要求立即更换，或者用冲击锤击碎。其次，在填筑的时候，还要控制好填筑速率，填土速率过快就使地基承受荷载强度增长的时间大大缩短了，易出现较大的剪切变形。

按照慢速填土控制标准，即地面沉降率每昼夜小于 10mm，坡角水平位移速率每昼夜小于 5mm，进行施工。

（二）压实施工技术

土料填筑以后，按照要求铺设以后，还要及时对土料进行压实，提高土料的承载能力，常见的压实施工技术有以下几种。

1. 强夯法

强夯法是将重达 100t 以上的重锤从高空几十米的高度自由下落，对地基进行反复夯实，提高土地的密实度，减少地基的压缩性，从而改变路基的性能，达到提高地基的承载力。这种处理方法主要是将重锤的重力转换为冲击能量，通过重锤瞬间产生的动能作用在路基上，从而压缩土层的空隙，将空隙中的水分子排除到土层外部，达到压缩和密实土体的作用。一般情况下，强夯法适合 5m 以上的软土层。

2. 碾压法

碾压法是建筑工程中常用的方法，通过机械控制压力的方法提高土壤密实度。这种方法一般用于面积比较大的填土工程，使用大型的碾压机对土体进行压实。常见的碾压机械有光面碾、羊足碾、气胎碾等等。光面碾一般主要针对土和黏性土；羊足碾在压实的时候，需要很大的牵引力，适合压实黏性土，如果沙土使用羊足碾使得沙土很容易向外扩展，导致土地结构受到破坏。气胎碾是拖式碾压机，在碾压的时候，充气气胎随着土体形状的变化发生变化，一开始的时候土体比较松，轮胎的变形比较小，随着土体压缩变大，土体密实度增加，气胎也随着发生相应的变化。由于气胎的荷载随着土体密实度的增加不断增加，压实面积也不断增加，所以平均压实应力变化保持平衡。气胎碾比较适合压实黏性土以及非黏性土，是比较好的压实机械设备和比较经济的压实方案。在压实的时候，碾压机必须均匀的行驶在压实面积上，并不断地重复行驶，让填土压实质量符合施工要求，碾压机在压实填土方的时候，行驶速度保持在恒定，不能过快也不能过慢，一般来说光面碾的速度控制在 2km/h，羊足碾的速度控制在 3km/h，气胎碾速度控制在 3km/h。

3. 振动压实法

振动压实法指将振动压实机布置在土层表面，通过振动机械使得压实机进行机械振动，土壤在振动下发生相对位移从而达到压实的效果，这种振动方法适合非黏性土。这种振动压实方法效率高，使得土体很容易受到振动和碾压作用力，从而提高压实效果。振动碾压机碾压的表层比较疏散，碾压以后必须再进行一次慢速静压。

（三）影响建筑工程土方填筑与压实的施工技术的因素

建筑工程中土方填筑和压实施工质量受到压实功、土体的含水量和填料铺设的厚度三个主要因素的影响。填土压实的密度和机械设备在土体表面施加的功有关，做功越多，则压实密度越好；在同一压实条件下，填土的含水量直接影响到压实质量。如果填土比较干燥，含水量比较小，那么土体颗粒摩擦比较大，不容易压实。如果土体含水量太大，土体孔隙度的水分比较多，土体水体呈饱和状态不容易压实，只有土体含水量比较适当，能够对土壤颗粒起到润滑作用，从而减小土体颗粒的摩擦阻力，这样的条件下，土体压实效果比较好。在同样的条件下，土体的含水量不同压实以后的土体密实度也不同。所以为了确保填土过程中，土体的含水量处于最佳状态，必须根据土体的实际情况，采取合适的措施，如果土体比较干燥则进行湿润，如果比较湿润则进行干燥处理；填土铺设的厚度，影响到碾压机的做功和压实效果。如果铺设的填土比较厚，那么需要压实机多次进行碾压，才能达到填土符合设计规定的密实度，如果铺设的填土比较薄，则需要增加机械的总压实数，所以选择合适的铺设厚度，能减少机械的做功功率。

为了确保压实效果，建筑工程施工过程中，必须在施工现场根据土体和压实机械进行压实试验，从而使得机械设备的压实密度达到最佳的铺设厚度和含水量，从而确保建筑工程压实效果。

第二节　桩基础工程

一、钢筋混凝土预制桩施工

当前是一个经济全球化时代，建筑施工行业发展要与时俱进，跟上时代前进的脚步。建筑施工企业要想有效提高工程项目施工质量，就必须高度重视施工各个环节的规范操作，加强对现场施工质量监督管理工作。建筑钢筋混凝土预制桩施工技术是工程施工中的基础环节，对工程安全施工运行存在着深远的影响。现代施工企业要正确认识到将其运用在施工中的重要性，使其能够不受外界因素影响，有效提高地基承载能力。目前建筑钢筋混凝土预制桩主要包括了两种类型：一种是实心桩；另一种是预应力桩。施工中沉桩方式有振动式、锤击式以及静力压桩式。

（一）建筑钢筋混凝土预制桩的加工制作要点

1. 预制桩制作

在建筑工程项目实践施工中，施工队伍所采用的钢筋混凝土预制桩制作方法主要包括了间隔法、并列法以及反模法等。预制桩加工制作并不会受到工艺技术的限制，施工企业可以选择在施工现场进行加工制作，也可以让厂家进行直接制作。施工企业可以结合实际施工环境情况，合理采用预制桩制作方式，这样有利于降低预制桩制作成本支出，避免原材料浪费现象的发生。目前，建筑钢筋混凝土预制桩的加工制作流程是现场布置→制作准备→地坪浇筑→钢筋绑扎→支模→钢筋混凝土浇筑→养护管理→拆模。预制桩的加工制作环境要求场地平整坚实，不存在任何杂物，制作场地不会出现不均匀沉降问题影响到预制桩的实际制作水平。预制桩制作人员可以通过采用对接方式实现对钢筋骨架主筋的连接，统一截面内的主筋接头不能够超过 50%。预制桩制作人员还需注意的是预制桩顶 1m 之内不可以出现任何接头，钢骨架偏差必须控制在允许范围内。

2. 预制桩运输、起吊和堆放

预制桩的运输和起吊工作都必须满足相关要求才能够有效进行，就比如在预制桩起吊前，桩身实际强度必须达到设计要求的 70%，而预制桩运输则要求桩身强度达到 100%。现场搬运起吊工作人员在预制桩实际起吊工作中，必须确保预制桩的起吊点符合设计要求。倘若是不存在吊环起吊要求，那么就必须严格遵守最小弯矩的基本原则，在预制桩起吊过程中尽量保证其平稳性，避免出现由于操作过快失去平衡性的问题，导致预制桩的掉落损坏。预制桩的堆放场地要始终保持其平整坚实，现场设置垫木的位置必须与落地点保持一致。相同桩号的预制桩要平整堆放在同一个区域中，并且促使桩尖全部指向同一端。预制桩现场实际堆放的层数最多不能够超过 4 层，位于最底层的垫木要适当加宽，而多层垫木必须保持上下对齐。

施工队伍在进行打桩之前必须将其安全运输到施工现场，以便打桩时的高效率投入使用。在施工现场预制桩的运输距离较短，现场工作人员可以通过操控重机设备展开预制桩的起吊运输，或者是在预制桩下设置滚筒，然后利用卷扬机设备进行拖拉作业。如果预制桩离施工现场距离较远，施工队伍可以通过运用汽车或者轨道板车进行安全运输作业。

（二）预制桩施工作业条件

在建筑工程施工中，钢筋混凝土预制桩施工技术运用对现场作业条件有如下几点要求：第一，施工人员必须展开对桩基和标高的科学测定工作，同时要经过严格检查办理相关预检手续，施工现场桩基轴线和高程控制桩必须合理设置在不会受到打桩影响的区域位置，并且还需采取一定的保护措施；第二，安全清理掉预制桩施工现场高空和地下的障碍物；第三，施工人员要严格按照轴线位置放出桩位线，同时还需利用钢筋头钉好每个桩位，在桩位表层进行白灰标记，这样能够方便打桩人员的高效工作；第四，在预制桩施工前，施工人员需科学开展打试验桩工作，实际打桩数量不能小于两根，打试验桩人员要明确贯入度，同时校验打桩过程所要采用到的相关设备和工艺技术，确保其能够符合相关试验标准要求；第五，合理规定现场打桩机的进出路线和预制桩打桩顺序，相关工作人员要设计出最佳施工方案，并认真做好技术交底工作。

（三）建筑钢筋混凝土预制桩施工工艺流程

在建筑工程施工管理中，钢筋混凝土预制桩施工技术被广泛应用在建筑施工基础环节中，该项技术的应用水平直接关系到整个建筑工程项目的施工质量和效率，施工企业必须高度重视钢筋混凝土预制桩施工技术的实践应用管理工作。当前，建筑钢筋混凝土预制桩施工工艺流程是从打桩机就位→起吊预制桩→平稳放置预制桩→试验打桩→接桩→运输预制桩→预制桩检查验收→移桩机至下一个桩位。

1. 打桩机就位

钢筋混凝土预制桩施工技术在建筑工程施工现场的应用过程中，打桩机应当首先就位，现场施工人员要科学明确打桩机的具体位置，确保其能够达到预制桩施工设计方案的相关要求。预制桩的桩位必须对准施工实际要求，并且施工人员要注意垂直进行每个预制桩桩体结构的置放和沉入操作，这样能够有效防止预制桩在施工中产生严重倾斜或者移动的现象，降低了整个建筑工程的施工质量和效率。

2. 起吊预制桩

在施工现场预制桩起吊工作中，相关工作人员首先要确保将高质量的钢丝绳和索具拴在吊桩上；接着利用索具牢牢捆住预制桩上端吊环的附近处，要注意捆绑处不能够超过0.3m；再操控起动器设备进行预制桩的起吊工作，操控人员需要确保起吊预制桩的桩尖保持垂直对准地面桩位的中心位置，缓慢匀速地将其插入置放到泥土中；最后，要在每根预制桩的桩顶位置扣好桩帽或者桩箍，操作完毕后就可以解除掉预制桩身上的索具。

3. 稳定垂直桩尖

在建筑工程施工现场中，预制桩的桩尖有效准确插入到各个桩位后，施工人员要采用较小的落距进行 1 ~ 2 次的冷锤操作，当预制桩沉入桩位一定深度位置时，再使预制桩垂直未定。针对 10m 范围内的短桩，施工人员可以采取肉眼观测或者双向坠双向校正。如果是超出 10m 或者打接桩需要使用线坠或经纬仪双向校正，那么施工人员就不能直接用肉眼观测。预制桩桩尖插入时，其垂直度偏差不能够超过标准设计要求的 0.5%。预制桩在打入前，施工人员必须在预制桩的侧面或者桩架上清晰设置标尺，这样有利于现场打桩施工人员的观测和记录工作。

4. 试验打桩

在建筑工程预制桩施工过程中，施工人员运用单动锤或者落锤进行打桩时，需要注意锤子的最大落距不能够大于 1m，如果是采用柴油打桩时，则应该保持锤子跳动的稳定正常性。

现场施工人员在预制桩打入操作中，需要认真做好以下几点内容：第一，进行打桩时需要严格遵守重锤低击的打桩原则，打桩人员要结合建筑工程施工现场地质条件、预制桩类型、结构以及施工水平进行锤重的合理选择工作；第二，预制桩打入顺序需要根据基础设计标高，科学采用先深后浅顺序。因为预制桩的密集程度有所不同，打桩施工人员可以采取由一侧向单一方向进行，也可以自中间向两个心向对称进行或者四周进行。

5. 接桩

在接桩工作过程中，施工人员要注意以下几点工作内容：第一，如果预制桩过短，不能够满足相关施工设计要求，施工人员可以通过使用焊接方式进行接桩，同时要运用铁片垫实焊牢预制桩上下节之间存在的间隙。在进行焊接工作时，操作人员需要采用一定的防范控制措施，避免焊缝出现变形现象；第二，接桩过程中，施工人员要确保其在距离地面1m处进行，上下节桩的中心线偏差不能够超出1cm，节点折曲矢高不能够超出0.1%的桩长。

6. 送桩

在建筑钢筋混凝土预制桩施工中，根据施工设计要求，在进行送桩工作时必须确保送桩的中心线与桩身保持一致，这样才能够展开送桩工作。如果施工人员发现预制桩顶不平时，可以通过采用厚纸或者麻袋进行垫平操作，对于送桩留下的桩孔，现场施工人员必须及时回填密实。

7. 预制桩检查验收

预制桩施工过程中，相关人员要合理开展中间验收工作，确保每根预制桩达到贯入度要求，预制桩桩尖标高进入到持力层。在控制时，通常情况下，必须保证最后三次石锤的平均贯入度不能够大于明确规定要求数值。如果施工管理人员一旦发现预制桩位与施工设计要求产生较大偏差时，就必须及时对其展开改进处理工作，移桩机到新桩位。

二、混凝土灌注桩施工

（一）混凝土配置

根据混凝土灌注桩施工工艺问题分析可知，混凝土配置对注浆浆液质量具有重要影响。因此，在混凝土配置工艺中，必须对施工材料与混凝土配比相关参数进行控制。从混凝土材料层面来看，混凝土砂率比例一般在40% ~ 50%内，水泥中石灰比值需要控制在0.4 ~ 0.5之内。在进行粗骨料直径选择时，应尽量选择细腻状态粗骨料，且粗骨料料粒直径不可超过40mm，确保浆体研磨与浆体注塑通畅。为增强混凝土材料强度，在混凝土配置过程中必须将混凝土坍落度控制在16 ~ 18cm。在泥浆配置过程中，需要对失水率、泥浆黏度与酸碱性等指标进行综合考虑，避免泥浆性能不足而影响到灌注桩质量。当黏土颗粒内聚力偏大时，泥浆中土渣不会轻易出现沉淀现象，可将黏性土黏度控制范围在18 ~ 25s。根据以往工作经验，沙土中土渣可能会出现沉淀问题而影响到成孔质量，因此需要将砂性土黏度范围设置在25 ~ 30s。在混凝土灌注桩注浆操作工艺开展前，施工人员需要对有关数据参数设计进行研究分析，通过压力泵控制设计维持水泥浆液注塑质量，为注浆液凝固硬度提升提供保障。另外，水泥注浆原液在实际应用过程中会出现凝固反应，注浆凝固反应时间可能会与建筑物浆体稳定性产生影响。因此，在混凝土配置过程中，需要隔离水泥浆液原料，避免原料和空气接触而出现变化。

（二）导管安装作业

在混凝土灌注桩导管安装作业中，桩径必须和导管管径相匹配，避免管径过大而出现顶管现象。若在导管安装过程中发现导管管径偏小，则需要适当延长浇筑时间。根据相关实践研究可知，当桩径直径在 800 范围内时可选择 200mm 内径导管，若桩径直径超过 1500，则应选择 300mm 内径导管，若桩径直径在 800 ～ 1500，则可以选择 250mm 内径导管。导管厚度必须超过 3mm，导管内壁应圆顺光滑，导管分节长度需要根据建筑工程施工工艺需求进行合理选择。为促进导管连接位置牢固并起到良好的防水作用，导管安装人员可通过双螺旋方扣进行导管接头。在下导管前首先需要测量孔深与导管长度，孔底与底部之间间距应控制在 300 ～ 500mm 范围内。由混凝土灌注桩施工工艺问题分析可知，导管提漏是建筑工程施工可能存在的施工问题，易影响到工程施工进度与施工质量。因此，在导管安装作业中必须做好导管提漏预防工作。首先，项目负责人需要敦促安装人员根据建筑物施工要求进行施工细节控制，通过测深锤对输浆管道下埋位置与高度进行确定。若混凝土测量高度与实际高度误差在控制范围内，则可进行输浆管道施工，有效预防输浆管道堵塞。

（三）混凝土灌注

在混凝土灌注桩灌注施工作业中，必须加强导管埋深与混凝土初灌量控制。在混凝土灌注桩施工工艺中，导管埋设深度和灌注桩成桩质量之间存在密切关联。若导管埋入深度超出控制范围，便有可能造成灌注不顺畅，易影响到混凝土灌注施工进度；若导管埋入深度不足，便有可能造成断桩问题。因此，在混凝土灌注施工作业中，首先需要对导管埋入深度进行测量预算，一般将埋入深度控制在 2 ～ 6m。当混凝土顶升难度较大时，则必须缩短导管埋入深度，从而确保混凝土灌注施工顺利开展。在混凝土初灌量控制方面，必须安排专门人员进行浇筑过程控制，并适当指导工作人员混凝土注浆液灌注操作。若混凝土灌注施工中出现卡管现象，则必须对混凝土配比进行调整，或者通过锤击导管方式解决卡管问题，确保混凝土灌注连续性。对于混凝土灌注施工中存在的导管进水问题，必须加强导管连接处牢固性检测工作，并对导管提升速度进行控制。一旦发现导管进水，则需要将混凝土吸出来进行重新浇筑。在最后混凝土灌注量控制方面，超灌高度必须超过设计桩顶标高 1m，且充盈指数必须超过 1.0。

第三节 地下连续墙工程

一、地下连续墙的基本概念

地下连续墙是在地面上利用一定的施工设备和机具，沿着深开挖工程的周边轴线，在泥浆护壁条件下，开挖出一条具有一定长度和深度的沟槽；清槽后，在沟槽内吊放加工制作好的钢筋笼，然后用导管法灌筑水下混凝土筑成一段钢筋混凝土墙段。如此逐段进行，在地下筑成一道连续封闭的钢筋混凝土墙壁。

二、地下连续墙的特点

地下连续墙具有结构刚度大，整体性、抗渗性和耐久性好的特点，可作为永久性的挡土挡水和承重结构；能适应各种复杂的施工环境和水文地质条件，可紧靠已有建筑物施工，施工时基本无噪音、无震动，对邻近建筑物和地下管线影响较小，能建造各种深度（10m ~ 50m）、宽度（45cm ~ 120cm）和形状的地下墙。

三、地下连续墙施工工艺

地下连续墙施工工艺流程

地下连续墙施工工艺：测量放线→导墙施工→地下墙成槽→清基→钢筋笼吊放→水下混凝土浇筑。

（一）导墙

导墙是地下连续墙挖槽之前修筑的临时结构物，对挖槽起着重要的作用。

导墙的施工顺序：

①平整场地；

②测量位置；

③挖槽及处理弃土；

④绑扎钢筋；

⑤支立导墙模板，为了不松动背后的土体，导墙外侧可以不用模板，将土壁作为侧模直接浇筑混凝土；

⑥浇筑导墙混凝土并养生；

⑦拆除模板并设置横撑；

⑧回填导墙外侧空隙并碾压密实。

（二）泥浆配制

泥浆的主要作用是护壁、冷却和润滑抓斗，循环过程中携带少量泥沙沉淀于泥浆池。地下连续墙施工一般应使用化学泥浆，不同地区、不同地质条件、不同施工设备，对泥浆的性能指标都有不同的要求。为了达到最佳护壁效果，应根据施工条件不断调整泥浆配合比。新配制的泥浆要经过熟化 24h 以上方可使用，成槽结束时要对泥浆进行清底置换。

（三）地下连续墙

地下连续墙的施工是沿墙体的长度方向把地下连续墙划分成许多某种长度的施工单元即单元槽段。单元槽段长度根据设计及施工条件（挖槽机具的性能、泥浆储备池的容量、相邻结构物的影响、投入机械设备数量、混凝土供应能力和地质条件）初步确定，槽幅平面长度为 3.8m ~ 7.2m。

①挖槽施工。成槽施工控制中，泥浆、成槽速度、成槽垂直度是关键控制点，是成槽质量的 3 个重要影响因素。为保证成槽质量，液压抓斗在开孔入槽前应检查仪表是否正常，纠偏推板是否能正常工作，液压系统是否有渗漏等。整幅槽段挖到底后进行扫孔，挖除铲平抓接部位的壁面及铲除槽底沉渣以消除槽底沉渣对将来墙体的沉降。

②清底。挖槽和扫孔结束后，间隔 1h 后采用吸泥泵排泥进行清底换浆，清孔管的管底离槽底控制在 10cm ~ 20cm。

（四）钢筋笼施工

钢筋笼在现场加工制作。墙段钢筋设计计算除满足受力的需要，同时还要满足吊安的需要，网片要有足够的刚度。

根据设计图纸对钢筋笼进行加工制作，其中纵向钢筋底端距槽底的距离在 10cm ~ 20cm 以上，水平钢筋的端部至混凝土表面留 5cm ~ 15cm 的间隙。钢筋笼的起吊与安放要根据其重量与长度，采用单机起吊或双机抬吊方式，并由专人统一指挥。入槽时应缓缓下降，平稳入槽，不得强行快速下放。入槽后应根据测定的导墙高程准确控制笼顶标高。

（五）混凝土浇筑施工

单元槽清底后下设钢筋笼和接头管完毕，进行单元槽段混凝土浇筑。地下连续墙的混凝土是在护壁泥浆下导管进行灌筑的。地下连续墙的混凝土浇筑按水下浇筑的混凝土进行制备和灌注。

四、地下连续墙在工程中应用的问题

地下连续墙作为结构墙时，基础梁、板钢筋锚入地下连续墙体通常采用直螺纹套筒连接。所以，这就要求在地下连续墙施工时，对钢筋笼的制作、起吊、安装和混凝土浇筑有很高的要求，对预埋钢筋的定位、数量的设置，混凝土浇筑导管的布置等都要很准确，否则会造成工程质量缺陷。

①钢筋笼制作错误，造成基础梁、板钢筋无法施工；

②钢筋笼吊装不到位，造成基础梁、板钢筋错位，影响施工质量；

③混凝土浇筑导管碰撞预埋铁件，造成基础梁、板钢筋缺少、错位，使基础施工难度加大。

针对以上问题采取的有效措施：

①钢筋笼制作过程中严格按照设计图纸施工，确保钢筋的数量、规格、间距以及定位尺寸，同时要保证钢筋笼整体刚度、强度，保证钢筋笼在吊装时不变形。

②钢筋笼吊装时，主、副钩要同时起吊，平稳操作，直到起吊垂直后，放入槽中，安放到位。

③混凝土浇筑导管设置必须按照事先预留的位置放置导管，接管、提升都要缓慢进行，不得随意放置。

地下连续墙作为结构墙时，基础梁、板施工前，应首先进行梁、板位置的测量放线。地下连续墙钢筋保护层的混凝土的剔凿，应按照预先预埋的钢筋接头进行钢筋连接。尤其是对于比较大的基础梁中直径大于 25mm 的钢筋，施工现场采用挤压套筒接头连接钢筋，施工中必须把每根基础梁中钢筋逐根调直、固定到位，逐根连接，否则会造成钢筋连接到位困难，甚至出现不能到位的现象，最终出现大面积返工。

地下连续墙作为结构墙时，墙体渗漏的防治，地下连续墙是否存在渗漏水现象是判断其施工质量优劣的关键之一。地下连续墙渗漏主要原因：

①护壁泥浆性能差，成槽后与混凝土浇筑间隔时间过长，泥浆沉淀在地下连续墙接缝处形成较厚的泥皮，混凝土浇筑后就有可能出现夹泥现象；

②槽段清淤不彻底，泥浆比重大，黏度过高，水下混凝土浇筑过程中，翻浆混凝土将大量浮泥翻带至地下连续墙顶部，但有少量浮泥被搁置在地下连续墙接缝处，形成混凝土夹泥现象；

③水下混凝土浇筑时，未控制好导管的埋管深度，出现导管拔空和水下混凝土浇筑未能连续进行，混凝土供应不及时，导致水下混凝土两次开管，造成墙体混凝土夹泥和出现夹泥施工冷缝。

地下连续墙渗漏控制的有效措施：

①根据现场地质情况和施工条件，选定适合的泥浆原材料进行现场试配，加强泥浆质量的控制，尤其是泥浆比重和泥浆黏度的指标控制；在成槽过程中泥浆面的高度控制也是非常重要的一环；保证泥浆液面的高度高于地下水位高度 1m，且不低于导墙以下 0.5m 时才能够保证槽壁不塌方；适当控制成槽机成槽的速度和加强泥浆循环速度以保证泥浆护壁的质量。

②槽孔底部淤积物是墙体夹泥的主要来源，所以成槽后要彻底清除槽底大量泥渣和部

分沙砾、黏土悬浮物，确保混凝土浇筑时的质量。

③混凝土开始浇筑时，先在导管内放置隔水球，以便混凝土浇筑时能将管内泥浆从管底排出。混凝土浇灌采用混凝土车直接浇筑的方法。初灌时保证每根导管混凝土浇捣有 $6m^3$ 混凝土的备用量。混凝土浇筑中要保持混凝土连续均匀下料，混凝土面上升速度控制在 4m/h ~ 5m/h，导管下口在混凝土内埋置深度控制在 1.5m ~ 6.0m。

近年来，随着我国建筑业迅速发展，地下连续墙施工技术已推广到工业和民用建筑、城建和矿山等建设项目中。现在，这项新技术正日益为我国工程技术人员广泛地接受，已逐步成为我国城市地下建设中的一项重要的手段。

第四章　砌体结构工程

第一节　砖砌体工程

近些年，我国城市化建设速度越来越快，其中在城市化建设中，由于建筑工程施工技术是建筑行业中最重要的组成部分，尤其是砖砌体施工工程对建筑工程质量的影响最严重。但在实际施工过程中，由于砖砌体施工工程参与的人数比较广，因此这个施工工艺流程方面很难保证其质量。为了提高人们居住环境的安全性，并能在建筑工程施工方面保证居民人身财产安全，需要从建筑工程最基本的砖砌体施工工艺方面加强质量控制。

一、砖砌体的施工工艺流程

砖砌体施工工程的工艺流程步骤比较清晰，在整个建筑工程施工中容易掌握，但要确保每一个环节的施工质量却要认真操作，严格按照规范要求进行施工，需要砖砌体工程施工人员认真对待。

（一）砖砌体施工中的抄平及放线工艺

抄平与放线工艺是砖砌体施工中的提前准备部分，一般对砖砌体施工范围的水平面进行抄平，在确定每层楼的标准高度后，用细石混凝土或者水泥砂浆将其抄平，主要在于在抄平后的地基上进行砌砖，能够确保每一段砌砖工程的高度保持一致，避免出现不规则施工现象。对于基础顶面位置的确定，最好采用龙门板或者轴线桩轴线确定其位置，同时还要确定墙身的边线和中心线等，借助线轴等辅助能更好地确保砖砌体施工质量。

（二）砖砌体施工中的摆砖样工艺

摆砖样是具体的组砌形式，常见的砖砌体形式包括一顺一丁法、三顺一丁法、梅花丁式等，不同的形式需要根据门窗的位置进行调整砖的位置，然后实施摆砖样的工作。由于提前做好准备，最后在摆砖样期间能够减少偏差，也能提高建筑物的美观性。

（三）砖砌体工程施工中的立皮数杆

立皮数杆主要为了确保砖砌体竖向尺寸的准确性，同时也能确保砖砌体垂直高度。皮数杆是一种木质的方杆，在整个建筑工程施工中比较常用，如在预埋件、门窗洞口、梁底、楼板等标高位置运用。一般情况下，皮数杆主要在房屋建筑工程的四大角和内外墙的交接处位置进行运用，如果房屋建筑的距离比较长，则皮数杆也根据距离的加长而不断增多。

（四）砖砌体中的盘角和挂线工艺

盘角主要是在建筑物墙角处用皮数杆，每次盘角不能超过五根皮数杆，然后根据准线将皮数杆挂在墙的一侧实施，当然，皮数杆的数量也有一定的规定，如二十四墙以下，则在墙体单侧挂线，如果是三十七墙，则需要在墙体的双侧挂线。在实际砖砌体工程施工中可以根据建筑工程的规模来实施。

（五）砖砌体的砌筑方法

由于各个地区人们在砌筑方面的习惯各有差异，因此在砖砌体的砌筑方面也各有不同，一般常见的砌筑方法包括“三一”砖砌法、挤浆法、满口灰等，其中最常用的是“三一”砖砌法，建筑工程施工人员用一块砖、一挤揉、一铲灰，在将砖砌在原有砖上后，将挤出来的砂浆用灰铲刮掉。满口灰的砌筑速度比较缓慢，一般在建筑工程施工比较特殊的部位进行运用。而施工效率最高的是挤浆法，一般在砌筑工程中常用。

（六）砖砌体工程完工后的清理和勾缝工艺

在砖砌墙施工工程中，对砖砌墙面清理是必不可少的工程，一般在砌筑十层砖后进行清洁一次，在墙体整体砌筑完工后将砌筑墙底下的灰浆进行全面清理一次。勾缝是砖砌墙技术最后一道工程，勾缝能够提高房屋砖砌墙工程的美观性。勾缝工程一般包括原浆勾缝、加浆勾缝两种，一般情况下，如果砖砌墙体为混水墙，则需要采用原浆勾缝，即施工人员一边砌墙，一边进行勾缝。如果砖砌墙为清水墙，则采用加浆勾缝。在勾缝完工后，需要对墙体进行统一清理。

二、砌筑过程中应注意的问题

（一）要确保砖砌墙横平竖直

在实施墙体砌筑工程之前，要做好抄平放线的准备工作，在施工期间要保证在同一高度上的每一块砖能在同一水平面上，而且每一块砖的面也要保持在水平位置。为了确保建筑工程施工中的每一块砖都能在水平面位置，需要借助放线进行辅助实施，才能确保砌筑保证在平整垂直方向。如果砖砌墙的基础准备工作没有按照基本要求实施，不仅影响建筑工程砖砌墙工程的美观性，而且还影响其施工质量。

（二）要确保砖砌墙灰浆饱满

灰浆饱满方面的问题是建筑工程施工中最常见的问题之一，也是影响墙体施工质量的主要因素。主要源于砂浆的功能是分担墙体的载荷，并起到粘连砖块的作用，使整个砖砌墙工程的质量全面提升。但在实际砌筑期间，由于施工人员技术和经验方面的问题，使得整个砖砌墙的砂浆厚度不一致，有一段砖砌墙砂浆比较饱满，而有段砖砌墙工程施工中的砂浆不饱满，主要体现在灰缝超出了 10 ~ 12mm 之外，最终使得砖砌墙的高度出现差异，没有达到横平竖直的效果，最终影响了砌筑工程施工的质量。

（三）要避免垂直通缝的出现

垂直通缝是在砌筑过程中出现的现象，在建筑工程门窗施工处和墙体转角施工处出现的问题，一般情况下容易出现垂直通缝，影响砖砌体施工工程的美观性。为了避免出现垂直通缝现象，需要加强监控才能有效避免。

（四）要避免在砌筑好的墙面上出现砸砖纠偏现象

在砌筑过程中，由于砌筑人员在整个施工中施工技术不足，容易出现砌筑偏的现象，但在发现墙体砌筑出现偏差时，砂浆与砖已经结成为一个整体，如果纠正偏差的砖块，不仅造成已经砌筑的工程段砖出现松动情况，而且使得砌砖与砂浆之间产生缝隙，影响砌筑工程的坚固性，同时也影响墙体的抗渗效果和保湿隔热效果，并减小墙体的整体强度。

三、提高砖砌体施工质量的具体技术

（一）砌块排列时的技术控制

在建筑工程施工期间，砌块的排列数与皮数杆的数量问题需要根据砖块的大小与水平宽度来决定，由于皮数杆主要放在建筑物的四周和内外墙之间，而砌筑工程容易在门窗或者拐角处出现通缝问题，因此要在砖砌体的上部与下部将缝隙错开，在错综交叉的砖砌体砌筑过程中，能够避免出现通直缝现象。同时在砖砌体过程中，砌体的垂直缝隙不能超过 20mm，并且灰缝既不能低于 10mm，也不能超过 12mm，保持在两者之间是最理想的状态。

（二）房屋建筑设计施工期间的技术控制

在房屋建筑施工设计期间，需要对沟槽、管道、孔口、预埋件等进行提前设计预留，而且在具体施工期间需要工程施工者留心，工程监理人员也要随时检查，在砌筑工程施工中提前预留，有利于避免出现在工程结束后再凿墙留孔的现象，避免对墙体建筑物造成损伤。此外，对建筑物的墙体抗震需要的拉结筋要按照房屋建筑钢筋的规格、位置、数量、间距等进行设置。

（三）房屋轴线标准方面的技术控制

轴线是建筑工程施工的主要辅助工具，也是保证房屋建筑工程施工质量的基础，一般情况下，在房屋砌筑期间准备好轴线，进行纵横交错准备好，以便在砌筑过程中作为房屋砌筑的参考标准。在整个砌筑工程施工中要不断检查轴线，在每一层设置一个固定点，然后利用钢尺测量出标准高度，将轴线不断向上引，然后用轴线的墨线将其弹出作为标记，并将其作为门窗安装、室内装修的主要依据。

（四）房屋建筑特殊工程施工的技术控制

在砌筑工程施工过程中，门窗框等方面的工程是比较特殊的施工部分，需要在特殊施工部分进行全面设计。一般情况下，门窗安装主要分为两种：如果门窗在施工前已经安装，则在砌筑过程中要留 3mm 的距离，如果门窗在砌筑后再安装，则在砌筑过程中需要根据轴线采用墨线选择好的位置，然后再进行砌筑。由于事先将预留的位置留出来，在工程结束后再补充施工是非常有利的措施。

四、砖砌体施工质量标准

为加强建筑工程施工过程管理，确保砖砌体施工质量符合国家施工质量验收规范的要求，用于建筑工程的烧结普通砖、烧结多孔砖、蒸压灰砂砖、粉煤灰砖等砌体工程的施工，必须采用工艺标准进行过程控制。

砖的品种、强度等级必须符合设计要求。非承重空心砖一般是侧砌的，上下皮竖缝错开 1/2 砖长。规格为 190mm × 190mm × 90mm 的承重空心砖一般是整砖顺砌，上下皮竖缝相互错开 1/2（100mm）。如有半砖规格的，也可采用每皮中整砖与半砖相隔的梅花丁砌筑形式。规格为 240mm × 115mm × 90mm 的承重空心砖一般采用一顺一丁或梅花丁砌筑形式。规格为 240mm × 180mm × 115mm 的承重空心砖一般采用全顺或全丁砌筑形式。

砖砌体工程施工现场应具有必要的施工技术标准、健全的质量、安全管理体系和工程质量检验制度。专业技术人员和特殊工种人员必须持证上岗。砖砌体工程所用的材料应有产品的合格证书、产品性能检测报告。砖、钢筋等，应有材料主要性能的进场复验报告。砌筑砂浆应符合《砌筑砂浆施工工艺标准》要求。严禁使用国家或本地区明令淘汰的材料。

五、钢筋混凝土构造柱施工

（一）构造柱的作用

构造柱的应用主要是为了提升混凝土结构的稳定性和可靠性。在建筑结构当中，整体部分的强度和抗剪能力都是比较重要的因素。构造柱结构在建筑工程中得到广泛的应用已经有多年地历史，研究成果显著。在防止建筑结构出现裂缝以及渗漏的过程中起到重要的作用。

（二）构造柱的质量通病和原因

1. 楼层间构造柱轴线错位

在构造柱应用的过程中，出现轴线错位的可能性很大，如果没有认真对钢筋的骨架和位置进行调整，在进行下层放线的过程中就会出现构造柱的错位，所以，上下层的贯通性丧失。构造出出现了轴线错位的问题会直接影响到钢筋混凝土结构的稳定性，存在着建筑的安全隐患。

2. 箍筋拉接筋没有满足要求

在墙体和构造柱之间需要设置相应的拉接筋，通常情况下都是两根，同时要相隔 500 米。而且在施工的过程中，需要伸入到墙体内。每两个拉接筋的距离不能超过 10cm，最重要的是构造柱的钢筋需要绑扎相应的接头。绑扎的接头需要控制长度，另外还要进行间隙的控制。

3. 构造柱断条

出现构造柱的断条是较为严重的一种质量病害，究其原因主要是由有构造柱内部的箍筋或者是拉接筋以及各种钢筋构造交叉到一起，而且，钢筋的绑扎工作不到位。在混凝土浇筑的工作中，会受到一定的因素的影响，而且构造柱会出现严重的柱腔受损的问题，这就对混凝土的填充问题产生了严重的阻碍作用。有些建筑工程中，施工单位为了偷工减料，采用级配较低的砂石，有些砂石的直径较大，在浇筑的过程中会直接影响到构造柱的稳定性。

4. 构造柱烂根的现象

根据构造柱的工作原理可以看出，构造柱在砌筑完成之后，需要最后我那个构造柱的内腔中关注相应的混凝土材料，以保证其稳定性。但是，在浇筑的过程中，由于混凝土凝固的时间较长，或者是柱腔中的环境很多不确定因素。会造成构造柱的烂根问题。主要是由于根部杂物较多，而且，砖渣或者是砂浆等清理不够。久而久之就会出现烂根的现象。

5. 混凝土存在的问题

露筋和麻面是混凝土存在的主要问题。支模前，钢筋骨架上没有绑扎混凝土保护层垫块，致使钢筋保护层厚度不足，同时，有的钢筋位置不准，造成露筋现象；混凝土浇捣前，模板和马牙搓砖墙未做充分湿润，混凝土中的部分水分，被砖墙和模板吸走，混凝土表面出现麻面和酥松现象。混凝土接搓不好。混凝土浇捣前未清除模内的木屑、碎砖、落地灰等杂物，也不用水清洗，使前后两次浇筑的混凝土不能紧密相接，构造柱的整体性不能保证。

（三）构造柱施工工艺

（1）施工人员在对构造柱结构进行施工的过程中，首先需要设置小型的砌块形式，然后按照钢筋的绑扎，砌筑的墙体结构以及模板和混凝土的浇筑顺序来进行。在施工的过程中，只要严格地按照施工顺序来进行就可以满足构造柱施工工艺的要求。

（2）墙体结构和构造柱进行连接的过程中应当设置一定的槎，从构造柱的下端开始，对槎口的高度和宽度进行科学的设置。采用先退后进的方式来进行。在柱墙之间应当设置两根直径为 6mm 左右的拉结筋，其间距要达到施工的标准。

（3）构造柱的两侧结构需要紧紧地贴到墙面上，然后支撑结构还需要达到一定的牢固性，这样才能够有效地避免板体出现漏浆的现象。

（4）构造柱混凝土的保护层当中，应该设置 20mm 左右的距离之内，但是不能够低于 15mm。混凝土的坍落度也需要受到控制，一般来说，将其设置到 50 ~ 70mm 的状态下为最佳。

（四）保证构造柱的技术和质量

钢筋混凝土的构造柱多数都是镶嵌在墙体结构当中，一般情况下需要采用砌筑纵横墙的形式，然后形成一定的柱腔结构。墙体和圈梁结构要分来进行砌筑，最好采用分段施工的形式进行。为了提升构造柱结构的稳定性，施工人员要将中心线控制在垂直线上，对钢筋骨架的垂直度进行控制，然后将钢筋骨架进行调直，将墙体结构固定在相应的位置上。同时还需要不断振捣混凝土，将其引向柱腔的上口，钢筋骨架的中心线和柱体中心要做到对齐，这样才能够保证构造柱处于标准的位置。

在进行分段绑扎的过程中，绑扎点的牢固程度应该得到控制，尽量避免构造柱结构出现位移或者是错位的现象。竖向搭接头的长度不能超过 35d，而且圈梁结构和箍筋的间距也要符合施工的标准。砌筑者要对砂浆的密实程度以及施工缝等问题加强重视，积极地执行搅拌工艺的要求。无论是粗骨料还是细骨料在施工的过程中都要按照标准来进行控制。虽然在施工的过程中允许出现一定的误差现象，但是误差范围需要限制在可控的范围内。分段浇筑要按照规定来进行预留。构造柱的混凝土材料采用分段浇灌的方式是比较常见的，同时也是施工过程中的一个重要的工作内容。在此过程中，柱段的施工高度要在两米的范围内。每一段主体的底部都需要留设一定的清扫口，这样才能够便于在浇灌之间对内部的杂物进行清理。在浇筑之前，要做好振捣工作，对衔接位置的陈旧混凝土要事先铲除，然后用水对其进行清理干净。在构造柱混凝土配合比中，依靠灰砂成分来配置水泥砂浆可以保证新型混凝土和陈旧混凝土的可靠程度。

第二节 填充墙砌体工程

一、采用填充墙砌体施工技术的必要性

（一）现代化项目施工的要求

首先，在建筑工程中采用科学填充墙砌体施工技术，是现代化项目施工的要求。进入21世纪以来，我国的城市化水平不断提升，建筑行业快速发展起来。我国的人口基数很大，而且人口增长的速度较快。在未来，我国的建筑项目工程将越来越多。当前我国的科学技术水平显著提高，给建筑行业带来了新的发展机遇，建筑行业只有采用现代化的施工技术，才能提升建筑项目工程的整体水平，实现现代化发展。

（二）建筑工程质量保障要求

其次，在建筑工程中采用科学填充墙砌体施工技术，是建筑工程质量保障要求。填充墙和其他墙体相比具有一定的独特性，一方面，填充墙的压力比较小，另一方面，填充墙的材料较轻。由于填充墙相对特殊，其施工难度很大。我国当前对承重墙的施工水平较高，对填充墙的施工水平相对较低。但是事实上，填充墙关乎项目工程的整体质量，采用科学的填充墙施工技术，可以为建筑项目工程提供质量保障。

二、填充墙砌体施工的主要内容

与承重墙相比，填充墙需要承受的压力较小，且本身的重量可以被楼板和梁柱分担一部分，所以，填充墙施工中最好选择重量较小的材料。砌体工程施工中所使用的材料一般为加气空心砖，这一材料的质量很小，因此墙体以及下层的承重柱和楼板需承受的压力会很小，且这种材料的隔音性能也非常好，不过不能经受较大外力的作用。鉴于施工材料的这些特征，在进行填充墙砌体施工时一定要保证施工者各项操作的规范性。进行砌体填充墙的施工时，一般应把握好下述几方面的内容：

（一）施工前做好充分的准备工作

对砌块的存放场地进行彻底的清理，并使其有良好的排水性，砌块的摆放要整齐。使用期间不能使砌块产生损伤，尽可能不对砌块进行二次搬运。对于楼板上摆放的砌块，还应保证砌块的码放高度不超过1.5m。实际进行填充墙砌体施工前，必须要科学进行基础面以及楼地面的找平工作。为了更好地提高施工工作的效率，可以在正式施工前先在平面处完成砌块预排工作，进行砌块施工时不能在现场开展砌块的切割。应该按照+50cm的标准在结构墙体上使用标高线标出砌块的层数，并科学的设立灰缝的厚度。应在具体的位

置标记好墙身门洞口的尺寸线以及窗口的位置，还应在结构墙柱上标记施工的墙体立面边线。

（二）填充墙砌体施工的环境

进行过程的施工时，施工环境及现场条件对于工程结构有着很大的影响。因此，施工前一定要对现场环境进行严格的调查，这样才能够选择最适宜的施工工艺。施工环境调查应把握好以下几点：

确保现场环境和施工标准相一致，一定不能在环境条件差不多的情况下就开展施工，否则会因技术选择的失误造成十分不利的影响，也不利于工程质量管理工作的顺利进行。进行填充墙砌体部分的施工时，一定要对作业过程进行严格的控制。

①完成各个步骤的施工后，必须要经过有关部门验收，质量合格后才能够开展下一步施工。若质量不合格，还应要求企业进行相应的整改工作。

②由于建筑强边线和门窗洞部分的稳定性一般较差，所以针对这两个部分，必须完成预检以及复核两项工作，这样才能够很好的保证墙体整体的稳定性。

③在开展拉通线的检查工作时，一定要将最下方的标高位置作为最重要的参照，并且找平工作所使用的材料一定是细石混凝土，这样才能够很好的保证找平工作的质量。

（三）填充墙砌体的具体施工工艺

应结合施工的进度和实际情况来确定具体的填充墙砌体施工技术，并且施工者应该具有丰富的经验，这样才能够很好的保证技术实施的效果。在整个填充墙砌体施工期间，还要对施工者的各项操作进行严格的监督，保证其各项操作的规范性。只有在施工过程中做好质量监控工作，才能够避免后续墙体结构裂缝等各种问题的产生。目前，我们在进行填充墙砌体施工时所采用的技术一般包括以下内容：

（1）先完成铺灰施工。进行铺灰砂浆的选择时，一定要保证其稠度在 5~7cm 之间，这样才能够使其和易性符合标准。开展分段铺灰工作时，应保证各段铺灰长度都不超过 5m。若当时的施工环境温度过高或过低，还应该再缩短铺灰的长度。

（2）结束铺灰工作后便可以开展砌块吊装工作，吊装砌块时应该按照由远及近、由内到外、由上至下的基本原则，吊装施工的两个工段间必须留有梯形的斜槎。

（3）施工者需以托线板为基准来检查砌块的吊装就位位置，以使其垂直性和水平性都能够符合要求，若某处的高度或者水平度不达标，则需要使用楔块或撬棍来完成调整工作。

（4）施工人员需要使用砂浆完成缝隙的灌注工作，还需要使用铁捣棒、竹片等将灌注处捣实，并在缝隙吸水后，使用刮缝板将其刮平。

（5）施工过程中的重点注意事项。实际施工期间常常会发生各种各样的问题，这些问题对于工程结构质量都有着很大的危害，而且不利于很好的保证工程的使用寿命，若无法解决好这些问题，则是对社会资源和资本的巨大浪费。因此，在实际的填充墙砌体施工中一定要控制好以下内容：

①严格控制砂浆的强度，保证所使用的水泥在保质期内，并使用精确性较高的计量仪器，控制好搅拌时长，严格按照有关标准开展砂浆试块制作、养护、试压工作。

②确保墙体顶面的平直性，这样才能够方便顶部使线工作的进行，并且还要在梁底或者是板底弹出墙边线，以线为依据进行砌筑工作，使墙体顶部也能有很好的平直性。

③门窗框的两边应该砌有实心砖，为木砖、铁件的埋设打好基础，并使门窗框有良好的稳定性，其上方还需要设置混凝土过梁。

建筑工程的不断建设，是社会发展和经济进步的重要表现形式，也是其发展和进步的主要推动力量，作为和人们生产和生活密切相关产业，因此，我们必须给予填充墙砌体施工足够的重视，并不断地提高施工水平，以促进我国建筑行业的更好发展，为我国社会经济建设的蓬勃发展奠定坚实基础。

第三节　砌体结构工程的施工设施

一、脚手架

脚手架是为了保证各施工过程顺利进行而搭设的工作平台。按搭设的位置分为外脚手架、里脚手架；按材料不同可分为木脚手架、竹脚手架、钢管脚手架；按构造形式分为立杆式脚手架、桥式脚手架、门式脚手架、悬吊式脚手架、挂式脚手架、挑式脚手架、爬式脚手架。

（一）特点

不同类型的工程施工选用不同用途的脚手架。桥梁支撑架使用碗扣脚手架的居多，也有使用门式脚手架的。主体结构施工落地脚手架使用扣件脚手架的居多，脚手架立杆的纵距一般为 1.2 ~ 1.8m；横距一般为 0.9 ~ 1.5m。

脚手架与一般结构相比，其工作条件具有以下特点：

（1）所受荷载变异性较大；

（2）扣件连接节点属于半刚性，且节点刚性大小与扣件质量、安装质量有关，节点性能存在较大变异；

（3）脚手架结构、构件存在初始缺陷，如杆件的初弯曲、锈蚀，搭设尺寸误差、受荷偏心等均较大；

（4）与墙的连接点，对脚手架的约束性变异较大。对以上问题的研究缺乏系统积累和统计资料，不具备独立进行概率分析的条件，故对结构抗力乘以小于 1 的调整系数其值系通过与以往采用的安全系数进行校准确定。因此，本规范采用的设计方法在实质上是属于半概率、半经验的。脚手架满足本规范规定的构造要求是设计计算的基本条件。

（二）使用要求

1. **安全**

（1）搭设高层脚手架，所采用的各种材料均必须符合质量要求。

（2）高层脚手架基础必须牢固，搭设前经计算，满足荷载要求，并按施工规范搭设，做好排水措施。

（3）脚手架搭设技术要求应符合有关规范规定。

（4）必须高度重视各种构造措施：剪刀撑、拉结点等均应按要求设置。

（5）水平封闭：应从第一步起，每隔一步或二步，满铺脚手板或脚手笆，脚手板沿长向铺设，接头应重叠搁置在小横杆上，严禁出现空头板。并在里立杆与墙面之间每隔四步铺设统长安全底笆。

（6）垂直封闭：从第二步至第五步，每步均需在外排立杆里侧设置 1.00m 高的防护样栏杆和挡脚板或设立网，防护杆（网）与立杆扣牢；第五步以上除设防护栏杆外，应全部设安全笆或安全立网；在沿街或居民密集区，则应从第二步起，外侧全部设安全笆或安全立网。

（7）脚手架搭设应高于建筑物顶端或操作面 1.5m 以上，并加设围护。

（8）搭设完毕的脚手架上的钢管、扣件、脚手板和连接点等不得随意拆除。施工中必要时，必须经工地负责人同意，并采取有效措施，工序完成后，立即恢复。

（9）脚手架使用前，应由工地负责人组织检查验收，验收合格并填写交验单后方可使用。在施工过程中应有专业管理、检查和保修，并定期进行沉降观察，发现异常应及时采取加固措施。

（10）脚手架拆除时，应先检查与建筑物连接情况，并将脚手架上的存留材料，杂物等清除干净，自上而下，按先装后拆，后装先拆的顺序进行，拆除的材料应统一向下传递或吊运到地面，一步一清。不准采用踏步拆法，严禁向下抛掷或用推（拉）倒的方法拆除。

（11）搭拆脚手架，应设置警戒区，并派专人警戒。遇有六级以上大风和恶劣气候，应停止脚手架搭拆工作。

（12）对地基的要求，地基不平时，请使用可掂底座脚，达到平衡。地基必须有承受脚手架和工作时压强的能力。

（13）工作人员搭建和高空工作中必须系有安全带，工作区域周边请安装安全网，防止重物掉落，砸伤他人。

（14）脚手架的构件、配件在运输、保管过程中严禁严重摔、撞；搭接、拆装时，严禁从高处抛下，拆卸时应从上向下按顺序操作。

（15）使用过程注意安全，严禁在架上打闹嬉戏，杜绝意外事故发生。

（16）工作固然重要，安全、生命更加重要，请务必牢记以上内容。

2. 搭设

（1）支撑杆式悬挑脚手架搭设要求

支撑杆式悬挑脚手架搭设需控制使用荷载，搭设要牢固。搭设时应该先搭设好里架子，使横杆伸出墙外，再将斜杆撑起与挑出横杆连接牢固，随后再搭设悬挑部分，铺脚手板，外围要设栏杆和挡脚板，下面支设安全网，以保安全。

（2）连墙件的设置

根据建筑物的轴线尺寸，在水平方向每隔 3 跨（6m）设置一个。在垂直方向应每隔 3 ~ 4m 设置一个，并要求各点互相错开，形成梅花状布置，连墙件的搭设方法与落地式脚手架相同。

（3）垂直控制

搭设时，要严格控制分段脚手架的垂直度，垂直度允许偏差：

（4）脚手板铺设

脚手板的底层应满铺厚木脚手板，其上各层可满铺薄钢板冲压成的穿孔轻型脚手板。

（5）安全防护设施

脚手架中各层均应设置护栏和挡脚板。

脚手架外侧和底面用密目安全网封闭，架子与建筑物要保持必要的通道。

挑梁式脚手架立杆与挑梁（或纵梁）的连接。

应在挑梁（或纵梁）上焊 150 ~ 200mm 长钢管，其外径比脚手架立杆内径小 1.0 ~ 1.5mm，用扣件连接，同时在立杆下部设 1 ~ 2 道扫地杆，以确保架子的稳定。

（6）悬挑梁与墙体结构的连接

应预先埋设铁件或者留好孔洞，保证连接可靠，不得随便打凿孔洞，破坏墙体。

（7）斜拉杆（绳）

斜拉杆（绳）应装有收紧装置，以使拉杆收紧后能承担荷载。

（8）钢支架

钢支架焊接应该保证焊缝高度，质量符合要求。

3. 技术

（1）不管搭设哪种类型的脚手架，脚手架所用的材料和加工质量必须符合规定要求，绝对禁止使用不合格材料搭设脚手架，以防发生意外事故。

（2）一般脚手架必须按脚手架安全技术操作规程搭设，对于高度超过 15m 以上的高层脚手架，必须有设计、有计算、有详图、有搭设方案、有上一级技术负责人审批，有书面安全技术交底，然后才能搭设。

（3）对于危险性大而且特殊的吊、挑、挂、插口、堆料等架子也必须经过设计和审批．编制单独的安全技术措施，才能搭设。

（4）施工队伍接受任务后，必须组织全体人员，认真领会脚手架专项安全施工组织设计和安全技术措施交底，研讨搭设方法，并派技术好、有经验的技术人员负责搭设技术指导和监护。

4. 验收

脚手架搭设和组装完毕后，应经检查、验收确认合格后方可进行作业。应逐层、逐流水段内主管工长、架子班组长和专职安全技术人员一起组织验收，并填写验收单。验收要求如下：

（1）脚手架的基础处理、作法、埋置深度必须正确可靠。

（2）架子的布置、立杆、大小横杆间距应符合要求。

（3）架子的搭设和组装，包括工具架和起重点的选择应符合要求。

（4）连墙点或与结构固定部分要安全可靠；剪刀撑、斜撑应符合要求。

（5）脚手架的安全防护、安全保险装置要有效；扣件和绑扎拧紧程度应符合规定。

（6）脚手架的起重机具、钢丝绳、吊杆的安装等要安全可靠，脚手板的铺设应符合规定。

二、垂直运输设备

垂直运输设施是指担负垂直运送材料和施工人员上下的机械设备和设施。在砌筑工程中，它不仅要运输大量的砖（或砌块）、砂浆，而且还要运输脚手架、脚手板和各种预制构件；不仅有垂直运输，而且有地面和楼面的水平运输。垂直运输设施是影响砌筑工程施工速度的重要因素。目前，砌筑工程采用的垂直运输设施有井字架、龙门架、塔式起重机和建筑施工电梯等。

井字架是安装在车辆底盘的连接杆，由于形状像就“井”，所以被称为井字架，主要作用是加强车架底盘的整体刚性。通常与前、后顶巴；前、后底巴一起被称为平衡杆五件套。

龙门架（移动起吊小龙门架）是根据中、小工厂（公司）日常生产需要搬运设备、仓库进出货，起吊维修重型设备及材料运输的需要，开发出来的新型小型起重龙门架。适用于制造模具、汽修工厂、矿山、土建施工工地及需要起重场合。

塔式起重机（towercrane）简称塔机，亦称塔吊，起源于西欧。动臂装在高耸塔身上部的旋转起重机。作业空间大，主要用于房屋建筑施工中物料的垂直和水平输送及建筑构件的安装。由金属结构、工作机构和电气系统三部分组成。金属结构包括塔身、动臂和底座等。工作机构有起升、变幅、回转和行走四部分。电气系统包括电动机、控制器、配电柜、连接线路、信号及照明装置等。

第五章　钢筋混凝土结构工程

第一节　模板工程

一、模板工程的主要特点

基于模板工程施工的重要意义，因此我们在模板工程施工的过程中主要有 3 个特点要求，首先是模板工程在施工的过程中要保障模板的施工强度以及施工刚度达到设计施工的要求，其次模板工程在施工过程中要保障模板施工的稳定性能，其次模板工程在施工的过程中要便于拆卸施工以及安装施工，最后是模板工程在施工的过程中要保障施工表面光滑并且整齐，连接处要保障密封性，防止施工过程中出现泄漏以及渗漏的问题出现。

二、模板工程中存在的主要缺陷

（一）模板编制方案和配制方面的问题

在工程开展阶段，模板工程技术施工存在一系列的问题，这些问题对于建筑质量造成极大的威胁。首先分析模板编制方案和配置方面存在的问题，模板工程建设中，模板编制方案直接影响施工技术，所以保障编制方案合理是首要前提，一旦模板编制出现问题，导致施工人员，施工材料，施工技术以及施工机械设备等的分配部署严重不科学。模板施工需要技术监督人员做好监察工作，如果监察工作做得不到位，也容易造成一系列安全问题的出现。除了模板编制方面的问题，模板配置方面也存在很多不良状况，需要明确模板配置质量也直接影响工程质量，如果配制做得不到位，模板施工整体质量难以得到保证。模板配制人员必须严格遵循图纸设计规范，但是事实却不是这样，很多模板配制人员仅凭自己的想法开展配制工作，所以配制情况不理想，与设计方案出入较大，影响模板工程质量。

（二）模板工程施工阶段不完善

模板工程施工阶段不完善，模板施工技术不完善，缺乏完善科学的技术规范以及安全操作规范。很多施工单位过分追求眼前的小利益，材料质量没有把好关，选择成本低廉的混凝土材料，导致不达标材料的使用，从而对模板配置产生影响，很容易出现混凝土结构问题。还有一些建筑模板施工单位为了加快施工进度，模板制造没有验收合格的情况下被使用到模板施工中，这就导致后续安全事故频发。模板施工技术中的缝隙连接工作也是重要的工作，如果连接不合理直接影响模板的稳定性。

（三）部件处理施工不科学，验收工作开展效率不高

需要明确模板工程施工并不简单，是一项复杂程度较高的工作，模板中每一个细小的配件之间需要配合默契，如果部件质量不过关，特别是规格方面存在问题，导致模板部件施工过程极其容易产生缝隙类型的问题，所以必须把握好细节，细节工作处理不恰当直接影响模板的安全性。例如螺丝方面处理不妥当，连接缝隙不合格等等，对于模板正常运行都产生不良的影响，再加上模板建设施工验收工作做得不精细等等。模板施工过程的安全性，受到施工人员自身影响非常大，同时还与施工材料本身有关，施工人员操作的规范性与否也直接影响安全性。工程验收环节是保障工程质量的最后一道关卡，但是很多施工单位的模板工程验收工作停留在表面，甚至走走过场，根本不能将其中存在的问题详细发现及时改正，影响模板工程整体质量。

三、模板工程施工的重要性

建筑工程施工过程中，特别是钢筋混凝土工程，模板的用量非常大，无论是应用范围还是应用面积都非常广泛，这就显示出模板工程在建筑工程中应用的重要性，下面从经济层面，施工技术方面及工程质量三个方面进行详细的分析。

（一）经济层面

模板工程是钢筋混凝土结构工程的重要组成，需要投入大量的建设经费，所以完善模板工程施工技术有利于节省经费，促进经费的合理分配。

（二）施工技术方面

模板技术对于工程整体技术有重要的指导意义，建筑工程规模往往较大，施工过程比较复杂，钢筋混凝土工程技术大部分集中在模板工程上，所以模板工程施工技术提升了建筑整体施工技术也就顺势提升了。

（三）工程质量方面

模板工程质量与工程整体质量有着直接的关系，模板工程施工质量是工程整体质量得以保障的关键。

四、模板施工技术的具体应用

（一）模板工程施工技术基本要求

充分发挥模板工程施工技术的优势，需要保障模板位置以及模板的尺寸与设计好的图纸的要求完全匹配，并且保障模板的稳定度足够可靠，强度也需要符合相应指标，才能够将混凝土施加的重量完全承受住，保障受到的压力在既定的范围内。此外，在保障施工质量的前提下，尽可能地将模板构造简单化，有利于施工过程随时装卸，重视模板连接工作，连接紧密精细，如果有一些位置需要接缝操作必须借助加密措施的有效支持，如果接缝工作做得不到位，很容易有漏浆现象的发生。

（二）关于模板配制技术的分析

对于一些结构复杂的构件，例如楼梯等，放大法是比较常用的方法，严格按照图纸设计的要求，结合地面上画出结构相等的实体形状，然后在实体形状上测量出实际的尺寸，根据尺寸指导进行模板的制作，但是这种方法看似比较麻烦，并且占据空间也比较大，所以工程建设上往往不采用该种方法，而是借助计算机完成模板配置工作，相比较手动配制，计算机配制不仅速度快，而且精度高，是模板配置的首选。

（三）关于墙体模板施工技术的分析

墙体模板施工一般在两侧安装模板，然后两侧模板拼装起来，墙体模板施工流程为：首先将单侧模板安装好，然后将穿墙螺栓插入，接着按照另一侧模板，进行矫正，将穿墙螺栓固定好，做好支撑固定工作，并且借助钢管支撑工程，保障模板平稳性。

（四）关于楼梯模板安装情况分析

分析楼梯模板的安装情况，楼梯的支撑借助钢管结构。所以楼梯模板需要借助大样图控制好休息平台梁，首先分析设计图纸的具体要求，将基础梁安装好，然后安装好平台模板以及平台梁，安装好后，再进行楼梯底地板模板的安装工作。支撑地板格栅不能紧挨，需要留有相应的间距，格栅下方借助横托完成支撑工作，横托两侧使用斜支撑方式支撑住，斜支撑间使用木条拉固，然后开展钢筋绑扎验收工作，验收合格后在帮板上安装好踏步侧板。左右侧板之间错开距离，保障其在一条水平线上，尽可能地选择定型模板节约材料和配制时间，提升模板工程的整体效率。

（五）关于柱模安装情况的分析

柱模安装时，模板外侧设置立楞，将立楞之间的距离把握好，立楞外面使用双水平钢管支撑，钢管之间借助拉螺杆拉结，保障柱模的稳定度，模板之间的固定借助水平撑，剪刀撑互相拉结，有效地防止柱模倾倒现象的发生。此外，柱模下面留一个清扫孔，清理杂物的时候比较方便。

五、模板工程施工过程中的技术要点

为了最大限度地保障建筑工程模板工程施工技术必须把握好模板工程施工技术的重点，主要是以下三个方面。

（一）模板编制方案的设计必须科学合理

模板编制方案的设计工作必须合理，严格按照国家行业标准的规定，合理的配置施工人员，施工设备，施工材料。模板设计工作将施工环境因素，模板构件的大小尺寸，位置等因素充分考虑在内，保障模板抗压强度以及稳定性，重视模板配置施工技术，保障模板配置质量，实现模板施工安全，配置模板操作必须精细，严格按照规范认真操作。

（二）模板施工技术需要进一步完善，提升模板施工要求

促进模板施工技术的完善，提升模板施工要求，保障模板质量安全。防止安全事故发生，做好安全防护措施，促进施工人员自身安全意识的增强，加强对模板施工安全的防范，施工现场做好保护措施，正确操作设备，施工人员持上岗证，还需要做好模板施工材料的审查和检验工作，模板支架顺序也需要注意，施工缝隙连接工作需要仔细处理，最大限度的保障模板质量是关键。

（三）重视工程验收环节，严格把好质量关

模板工程建设完毕后，需要开展工程验收，必须重视验收环节，检查全面仔细，及时发现问题，及时开展补救工作。

第二节　钢筋工程

一、钢筋工程对材料的品质要求

钢筋质量的好坏对钢筋工程的整体安全有重要影响，因此把控好质量关至关重要，要严格依据工程设计要求使用符合质量标准的钢筋。在原料进厂时，监理和施工双方要严格进行复核检查。同时要按照国标严格进行抽样检测。经过进厂复验的相关程序后，方可以对钢筋原材料实施加工。加工过程中要严格监理工人的施工质量。

二、钢筋工程施工工艺

（一）钢筋制作

加工钢筋前，要设计复验钢筋加工图纸，查看有无错误或遗漏，同时检验每种钢筋的下料表，对标具体要求。经过一系列检查核验后，可以进行放样，试制操作，如果钢筋存在污渍要先行进行一定的技术处理。要节约原材料，尽可能缩小钢筋短头，减少浪费，按照实际所需的型号，长短，加以合理安排。热轧光圆 8mm，10mm 要调直到 12mm 以上，要用钢筋调直机进行调直，不能使用冷拉操作，取样时也不能进行砸直操作，否则无法进行有效检测。在钢筋使用过程中，要先切断长料，后切断断料，高效利用钢筋原材料，优化施工成本。按照弯钩形式进行分类，可以将其分为半圆弯钩，直弯钩，斜弯钩。当钢筋弯曲时，要在弯曲的地方进行收缩操作，外面要拉伸，实现更好的圆弧状，适当分析优化弯曲的调整值，箍筋末端必须弄成弯钩形，以方便调整箍筋，增加弯钩长度和调整值。钢筋下料时合理设计构件尺寸及保护层厚度，确保钢筋加工效果。

（二）钢筋的绑扎安装

要对钢筋材料的尺寸、规格、型号依据设计要求进行核验，检查是否一致，核对完成后在进行绑扎操作，要用 20 号铁钢丝绑扎直径在 12mm 以上的钢筋，而直径在 10mm 以下的钢筋则需要使用 22 号铁丝进行绑扎，对周围的两行钢筋的交叉位置应该绑扎牢固，而中间部分的交叉位置要做到交错绑扎，避免钢筋受力过程中产生位移。

若有双层钢筋网的出现，则应该在这两层钢筋网中设计一个较为固定的钢筋间隙，以便更好控制绑扎垂直度和主筋间的间距。要在竖向的受力筋外围绑扎一道箍筋或水平筋，并在两者之间实施点焊操作，确保钢筋位置正确，固定，并进行校正。在浇筑前要预留洞口预埋件和埋管，避免浇筑完成后在外墙开洞。要做好防雷接地引线，将其焊成通路，同时要避免对钢筋结构有所损害，相关施工要实现密切配合，不能有错埋和漏埋的情况出现。

（三）钢筋接长

要严格设计要求，针对不同的使用环境使用规格不同的钢筋，采用与之相符的接长技术。而且应当在受力较小的地方设置受力钢筋的接头，并且同一纵向的接头最好不要超过 1 个。就接头尾部与钢筋弯曲点的距离而言，应该大于或等于钢筋直径的 10 倍。如果接头使用的是绑扎法，则与之相邻的纵向受力钢筋绑扎接头也需要错开。

当梁与板绑扎的时候，如果纵向受力钢筋出现双层排列，那么就应该将直径 15mm 的短钢筋垫在两排钢筋中间。箍筋的接头要交叉进行设置，要和两根架立筋绑扎，悬臂挑梁应该箍筋接头在下。在梁主筋外角处，应该和箍筋进行满扎。要避免板上部的负钢筋被踩下。钢筋绑扎接头连接区之间的长度要比搭接长度长 1.3 倍。而且同一连接区段的受拉钢筋接头占比不能超过四分之一，当钢筋直径大于 28mm，小于 32mm 时，不宜使用绑扎法接头，应使用焊接或机械连接法。

三、钢筋工程质量控制流程

钢筋工程在钢筋混凝土工程中主要起到抗拉和抗剪的作用，而混凝土结构抗压强度高但是抗拉强度很低，需要与钢筋协同工作才能发挥其优势，因此钢筋工程的质量控制具有十分现实的意义，在钢筋工程加工的过程中，主要包括钢筋加工准备、技术交底、钢筋下料、钢筋绑扎安、钢筋工程评定、钢筋工程资料整理等。

（一）钢筋施工的准备工作

1. 对钢筋加工的图纸进行交底和学习

施工现场的项目管理人员必须对钢筋工程的内容进行交底，并且组织相关人员学习有关的规范、规程或规定，在指导施工过程中做到有据可依，详细查阅结构图纸，并与建筑及水电等专业图纸对比，做深入细致的研究，提前分析确定施工中的难点及需要着重注意的部分。

2. 对钢筋原材的检验报告等资料进行收集

钢筋入场是必须提供钢筋生产合格证，质量检测报告等相关的证明文件，并且在监理工程师的见证下进行取样送检，取样的数量符合法定的要求，即：每 60t 为一批，经过复检合格后才可以使用。

（二）认真的落实技术交底

在钢筋加工之前必须进行技术交底，技术交底一般由施工单位技术负责人进行交底，主要是技术负责人对现场的技术人员进行交底，现场技术人员对负责钢筋工程的班组进行交底，交底的内容必须有针对性，确保交底完成后，操作工人能够明白钢筋如何进行加工、钢筋加工和安装过程中质量控制的重点在哪里等。

（三）钢筋下料成型

1. 钢筋下料的准备工作

在钢筋工程下料前，必须按照图纸的相关要求，对钢筋的各种构配件的尺寸，洞口位置等进行明确，然后根据钢筋工程图纸的配料图示画出各种下料简图，并填写钢筋配料单，配料单上要标明分项工程名称、构件型号、简图、注明尺寸、钢筋级别等。

2. 钢筋加工

钢筋的加工主要包括两大部分：

①刚进的额除锈，在钢筋工程加工前必须对钢筋上面的锈蚀进行清除，除锈的方法主

要有钢筋调直除锈、钢筋除锈机除锈、酸洗除锈等。

②对钢筋进行调直，钢筋调直的作用主要是节约钢材，同时提高钢筋的抗拉强度和屈服强度，钢筋调直合格的基本要求就是钢筋平直无弯曲，同时钢筋的表面没有损伤裂纹出现。

（四）现场绑扎安装

1. 现场绑扎的准备工作

钢筋的绑扎主要是根据部位的不同划分不同的绑扎标准，在梁、板、墙等钢筋处必须按照不同的要求进行绑扎。一般来说，钢筋绑扎必须首先核对成品钢筋的级别、直径、形状、尺寸和数量等应与料单相符；配备合适的铁丝以及保护层垫块等工具；在进行绑扎前，必须对模板中的杂乱物件进行清理，并且弹出钢筋的位置线；柱的钢筋在两根对角线主筋上划点；梁的主筋应在架立筋上划点，基础的钢筋，在两向各取一根钢筋划点或垫层上画线。钢筋绑扎的接头必须分开布置。

2. 现场绑扎

钢筋的现场绑扎主要分为墙筋、梁板、柱的钢筋绑扎。绑扎墙筋时，钢筋有90 度弯钩时，弯钩应朝向混凝土内；采用双层钢筋网时，在两层钢筋之间，应设置撑铁以固定钢筋的间距；墙筋绑扎时应掉线控制垂直度，并严格控制钢筋间距。应注意板上部的负钢筋要防止被踩下，特别是雨棚、挑檐、阳台等悬臂板，要严格控制负筋位置及高度；板、次梁与主梁交叉处，板的钢筋在上，次梁钢筋在中层，主梁的钢筋在下，有圈梁时，主梁钢筋在上。

（五）资料整理

由于钢筋工程属于隐蔽工程，因此在进行隐蔽之前必须进行隐蔽检查，检查形成的各种资料必须认真的留存，只有这样才能在事后的检查中留有依据，否则无法实现各种资料的闭合。同时施工资料整理的过程中必须注意留存各种钢筋原材进场的合格证及证明文件，需要进行复检的需要将各种复检的报告张贴在后面，并配有良好的钢材复检台账。通过这一系列资料的留存,可以在建筑工程出现问题的时候有资料可查,直接找出问题的原因所在。

四、钢筋工程质量控制要点

（一）钢筋的检查

钢筋工程的检查主要包含两大部分：一部分就是在钢筋原材进场时，必须检查钢筋的出厂质量证明、出厂合格证以及各种检验报告。同时钢筋目测后应没有过大的弯曲，其表面不能出现裂纹和油污。符合进场要求的钢筋赢按照规范规定的抽检批次进行钢筋性能的抽检，主要有机械性能以及力学性能两部分，只有这两部分检测报告俊合格才能真正用于工程施工之中。

（二）钢筋的保管

由于钢筋在空气中容易产生锈蚀，因此对于钢筋必须进行妥善的保管，一般来说进场的钢筋必须安放在制定的钢筋棚中，钢筋下方必须通过木垫块加高，加高的高度在200mm 左右，同时在钢筋的四周不能存在积水，因此必须在周边设置排水明沟，做完上述任务后，必须将钢筋规格、钢筋的批次以及钢筋的使用部位等用木板标记树立在钢筋前面，以便钢筋工人能够清除的识别各种部位的钢筋。

（三）钢筋加工的质量控制

钢筋工程质量控制中最重要的一部分就是钢筋加工质量的控制，钢筋的加工主要包括钢筋的下料、钢筋的绑扎、焊接、机械连接等方面，规范对钢筋加工的要求都有详细的论述，因此在加工的过程中必须按照图纸和规范进行施工。

钢筋工程作为钢筋混凝土结构中的重要组成部分，其质量控制的好坏将直接的关系到工程最终的质量，目前我国建筑工程质量存在很大的偏差，既有质量十分好的工程，也存在一些质量差的工程，加强对钢筋工程的管理与控制是提高钢筋混凝土工程质量的重要途径之一。通过本书的分析可以得出，钢筋工程由于群体性、固定性、单一性、协作性、隐蔽性、复合性和露天性等特点，其工程的质量控制难度较大，因此必须在事前对钢筋的原材质量进行控制，同时在加工过程中对操作人员进行认真地交底和培训，最后在隐蔽验收的时候对工程进行认真的检查和把关，只有这样，才能真正提高钢筋工程的建设质量。

第三节　混凝土工程

一、混凝土施工技术要求

建筑工程项目地基通常相对较深，建筑面积较大，因此对工程施工作业过程中的混凝土质量控制提出了更高的要求，一般搅拌选择预拌泵送处理，如此能够根据不同的高层施工实现精确浇筑。在实际使用时，混凝土耐久性应当满足高抗压的强度指标，另外按照混凝土施工用途的差异性，对于部分混凝土还提出了较为特殊的要求，例如混凝土补偿收缩性、免除震动性等。随后需要结合实际状况开展施工作业，对混凝土施工作业环境实施全面监测与控制，确保施工作业温湿度等相关条件能够符合规定要求，对于不同的季节或不同的地区也应当选择各不相同的周期作业方法。建筑工程混凝土施工作业过程中还需要对施工缝隙预留位置予以科学设计，严格遵循相应的施工规范标准，如果在施工作业时要求对混凝土浇筑顺序予以调整，则应当对调整作业方案进行充分论证调研，确保方案的科学性，从而保证混凝土施工作业的规范性以及工程项目施工建设质量。

二、建筑混凝土工程施工技术

（一）配合比的控制

混凝土配合比在实际生产时往往会受到外部因素的较大影响，配合比控制不科学会对建筑工程质量带来较大的影响。如果配合比富裕系数过高会造成建筑工程施工成本的增加，同时存在资源浪费问题；富裕系数过低则无法达到设计要求且产生不必要的经济损失。对配合比的控制具有较高的技术要求，应当结合工程施工的具体情况和工程施工作业中的相关因素，严格根据科学的配比原则实时调控，确保设计配合比和生产配合比保持一致，按照外界的变化情况进行实时调整，对混凝土配合比进行动态监控。

（二）浇筑流程及方式

建筑作业属于混凝土施工作业过程中的关键性工序，确保混凝土建筑施工质量的基础和前提是开展好建筑施工。混凝土结构浇筑的基本流程为流淌施工、封层施工、推移施工以及分间断施工，必须要确保施工材料搅拌均匀后再进行浇筑作业。在浇筑作业时要防止水分渗入到现浇结构中来，确保混凝土浇筑的干净度。若在浇筑作业之前选择分层浇筑技术措施，则需要确保上层开始凝结前就结束下层的浇筑施工作业，如果出现尚未开始正式浇筑材料就存在凝结的问题，则需要第一时间对施工材料进行强力搅拌，确保其流动性能够满足施工规范标准。浇筑作业过程中需要控制好倾落材料高度，从而防止现浇作业时出现离析问题。与此同时，外部的天气变化情况和施工作业附近的环境温度也会对混凝土结构浇筑作业质量产生影响，所以必须要选择合适的天气和温度进行浇筑。

（三）裂缝防治措施

在建筑工程混凝土施工作业开始之前，作业人员应当对工程所在地的气候环境以及自然条件进行全面调研，结合不同的气候环境条件选择有针对性的技术措施，调整混凝土施工作业工艺，借助于添加各种外加剂的方式来避免混凝土产生裂缝。而当混凝土裂缝已经出现之后，必须要第一时间做好修复和填补，唯有施工作业人员自身具备较高的专业技术能力，熟悉了解增强混凝土黏附力以及强度的技术措施，熟悉掌握各种外加剂的添加技巧，才能够确保建筑工程混凝土施工质量，避免裂缝的产生。

（四）现场质量控制

建筑工程混凝土施工的整个流程即是做好每一道工序的基本过程，对于混凝土施工现场的质量控制即是对每一道工序予以科学控制。有一个好的施工现场才能够确保每一道工序的顺利进行，对混凝土施工质量的控制也可以说是对施工现场质量的控制。在实际施工作业时，应当严格控制好各类影响因素和外部条件的变化，如果存在对工序质量产生影响的因素，必须要第一时间通过相关对策予以处理，确保各项工序的稳定进行。对于施工作业现场来说，应当对各项工序进行检验，确保合格后需要填写好质量验收单，对混凝土施工作业进行数据统计分析，确保其能够满足国家规定标准，保证各项工序的作业质量。

（五）养护措施

对于建筑工程混凝土施工作业来说，后期的有效养护是非常关键的。如果混凝土出现了泌水现象，必须第一时间对其进行处理，同时应当采取有针对性的保温养护手段，如在具体的施工过程中，应当根据施工作业环境的温度差异选择具体的养护措施，确保混凝土的环境温度适宜。唯有当养护作业结束后，才能够将绝缘层的薄膜解开，从而实现保护混凝土的作用。

三、混凝土工程施工质量控制存在问题的原因

（一）混凝土材质上的分析

混凝土是由水泥、石子、水、粗骨料、石灰等组成的，这些材料在合成混凝土的过程中，难免会由于各自的独特性特征、外力、超负荷等因素影响混凝土的质量，当这些外因超出混凝土的抗拉伸力，就会导致裂缝的产生；另一方面，混凝土在生成的过程中，各材料之间会发生水热反应，造成温度的上升，而混凝土的外表层散热非常快，久而久之，就会导致混凝土内外的温差逐渐增大，最后超出混凝土能承受的范围，就会出现大体积的混凝土裂缝，对混凝土工程施工质量的影响非常大。

（二）混凝土配合比设计不佳

在混凝土工程施工的过程中，如果混凝土的配合比设计不佳，就会出现钢筋移位、混凝土烂根、产生裂缝等一系列问题，从而影响混凝土工程的施工质量。钢筋移位的问题主要是因为钢筋保护层过大或者过小，也有可能是因为钢筋在每一层楼面处的位置不够精确，从而出现偏位的现象。在混凝土浇筑的过程中，有一定的侧压力，如果对侧压力考虑不周的话，如：侧模固定不牢固，就会出现振捣不密实的现象。在安装和绑扎钢筋的过程中，如果有木屑、塑料、垃圾土等杂物掉入模板内，也会影响混凝土的质量。

四、混凝土工程施工质量控制与应用

（一）完善大体积混凝土裂缝控制技术的管理

在混凝土工程施工的过程中，混凝土裂缝控制技术的管理在混凝土工程中显得尤为重要，因为这事关混凝土工程是否能够达标，是否能够直接投入到使用中去。而且，在混凝土工程竣工的检测中，对于检测人员的技术要求是非常高的，无论是多么小的问题都能被检查出来，都有可能影响到混凝土工程的使用。所以，在进行混凝土工程裂缝控制时，一

定要严格禁止使用资历不够的人来鱼目混珠，必须采用技术非常高的工作人员来进行施工，因为有问题的混凝土工程一旦投入到使用中去，出现了问题，谁都不能够担得起这一责任。

（二）做好混凝土的温差控制

在制作混凝土时，混凝土内部各材料之间产生的水热反应时不可避免的，由于该水热反应造成混凝土裂缝的情况时有发生，所以在混凝土工程施工过程中要想有效地控制裂缝情况，就要控制好混凝土内外的温差，最大限度地避免温差引起的裂缝。一方面，我们要控制好内温度引起的裂缝，在制作混凝土时，可以采取混凝土表面蓄水的方法，也可以采取有效的保温措施，控制好混凝土内部温度的升高，让内外温差小于 8 ~ 10℃，以此来尽可能地减慢混凝土表面的散热速度，有效地降低内部温度，真正有效地避免裂缝的产生。另一方面，要控制好混凝土表面的温度，缩小内外温差。如：在施工的过程中，我们可以事先加入适量的膨胀剂，这样，即使混凝土内部温度过高体积缩小的范围也不会超过拉伸的极限，从而有效地避免裂缝的产生；或者，在施工期间，我们也可以适当地对混凝土采用薄层浇捣的方法，帮助混凝土表面均匀地散热，从而有效地降低温差，避免裂缝的出现；或者，我们在选择材料时，选择热度相对比较低的水泥，制作时，也可以加入符合比例的粉煤灰、减水剂、缓凝剂等，有效地降低水热反应的温度，达到缩小内外温差的效果；或者，在配制骨料的过程中，我们可以不断地改革完善其配料比例，最大限度地降低水热反应发生所产生的温度，一般情况下，混凝土可以按照比例分配 15% 的块石，这样也能够帮助控制混凝土裂缝；还有，水也是混凝土制成中必不可少的组成成分，要减少内外温差还可以通过水的改善来实现，我们可以在加水时，用冰水代替常温水，也可以在待反应的水中加冰，从而有效地达到降温的效果，缩小混凝土内外的温差，减少裂缝产生的频率。

（三）配筋加强措施

混凝土需要满足承载力和构造的要求，除此之外，我们还应该为其配置防治裂缝开展的钢筋，钢筋的长短和间距都要根据一定的规定配置否则就会影响到混凝土裂缝控制工作。其次，在基础底板断面变化或有孔洞处，我们也应该配置钢筋，以防其因受温度变化而产生裂缝。

（四）混凝土原材料的选择

在混凝土工程中，混凝土材料的好坏直接关系到混凝土工程质量的好坏，所以，一定要严格对混凝土原材料进行选择。水泥应该选择中低水化热的水泥品种；粗骨科应该选用大粒径级配良好的碎石、卵石，含泥量应该不大于 1%；细骨科最好选用中粗砂，含泥量不大于 2%；除此以外，还要合理科学的选用外加剂和掺和剂，从而真正控制好混凝土原材料的选择，保证混凝土工程的施工质量。

（五）加强混凝土养护的力度

在混凝土工程施工的过程中，要加强混凝土的振捣。浇筑后的混凝土，在振捣时间界限以前，可以进行二次振捣，以此可以排除混凝土因为泌水产生的水分和空隙，可以增强混凝土与钢筋的结合力。对浇筑完成后的混凝土，墙体应该用湿的麻袋覆盖住，并且定时的进行洒水来保湿，以此来防止水分的过快蒸发，使养护期间的混凝土表面始终保持湿润。

第四节　预应力混凝土工程

一、预应力混凝土概述

预应力混凝土是为了弥补混凝土过早出现裂缝的现象，在构件使用（加载）以前，预先给混凝土一个预压力，即在混凝土的受拉区内，用人工加力的方法，将钢筋进行张拉，利用钢筋的回缩力，使混凝土受拉区预先受压力。这种储存下来的预加压力，当构件承受由外荷载产生拉力时，首先抵消受拉区混凝土中的预压力，然后随荷载增加，才使混凝土受拉，这就限制了混凝土的伸长，延缓或不使裂缝出现，这就叫作预应力混凝土。

二、先张法预应力混凝土施工

先张法预应力混凝土施工主要指的就是在专门台座上进行预应力筋的张拉，利用锚具把张拉端力临时锚固在张拉台座上，之后进行混凝土的灌注，等到混凝土强度达到设计要求以及弹性模量满足相关标准的时候，就可以对预应力筋进行放松操作，利用预应力筋和混凝土之间存在的黏着力达到梁的预加应力。

（一）施工的前期准备

1. 台座

台座是固定预应力钢筋与先张法张拉的承力结构。台座需要承载所有预应力筋荷载，因此，台座一定要具备充足的刚度与强度，进而确保在工作期间台座的稳定性。台座的形式包括很多种，这里主要对墩式台座与槽式台座进行分析。

（1）墩式台座

墩式台座主要就是由横梁、台面以及传力墩共同构成。横梁指的就是锚固预应力筋的支撑梁，可以利用钢筋混凝土或者型钢进行制作。台面是混凝土成型的底模，一定要尽可能保持光滑、平整。适当增加台面与传力墩接触部位的厚度，进而扩大和传力墩外延部位的接合面。传力墩作为台座的重要承力结构，主要就是利用局部土压力以及混凝土自重平衡倾覆力矩，并且利用土的摩阻力与反作用力阻止水平位移的发生。墩式台座稳定性主要指的就是台座的抗滑移与抗倾覆的能力。在进行施工与验收的时候，一定要严格遵守以下规范标准：台座抗滑移的安全系数一定不要低于 1.3，台座抗倾覆的安全系数一定不要低于 1.5。

（2）槽式台座

槽式台座主要就是由砖墙、台面、上下横梁以及钢筋混凝土传力柱共同构成。砖墙主要发挥挡土的作用，并且作为蒸汽养护的侧壁，同台面、传力柱共同构成养护坑槽。传力柱作为台座的重要承力结构，其一定要具备较大的抗倾覆与抗张拉的力矩。通常情况下，槽式台座的长度是 45 ~ 76m，这样就可以为连续生产大型构件提供便利条件。

2. 夹具

夹具指的就是在先张法施工中充当临时固定预应力筋的工具，夹具一定要具备工作可靠、装卸便捷、构造简单等特点，夹具的类型有很多，这里主要对锥形夹具与墩头锚具进行分析。

（1）锥形夹具

锥形夹具主要就是用来锚固预应力钢丝的工具，由锥形孔套筒以及刻齿锥形板构成，其可以分成圆锥三槽式夹具与圆锥齿板式夹具。圆锥三槽式夹具的刻齿锥形板与套筒都是选取 45 号钢进行制作，其主要就是通过刻齿锥形板和套筒之间的摩阻力挤压进行钢丝的固定；圆锥齿板式夹具的刻齿锥形板与套筒也都是选取 45 号钢进行制作，区主要就是通过细齿锥形板与套筒之间的摩阻力挤压进行钢丝的固定。

（2）镦头锚具

镦头锚具指的就是通过预应力筋末端的镦粗进行固定的，将镦头卡在垫板上。对于冷拔低碳钢丝而言，可以选取冷镦或者热镦的方式进行加工，而碳素钢丝只可以利用冷镦方式进行加工。冷镦方式指的就是在常温下的镦粗；热镦方式指的就是利用通电加热挤压镦头。

（二）各阶段施工技术

1. 预应力筋铺设

在进行预应力铺设之前，为了方便预应力筋的脱模操作，可以先在台面和模板上涂刷隔离剂，在预应力筋设计位置的下方放置相应的垫块，避免出现钢筋下落而导致隔离剂破坏的现象，致使预应力筋受到污染，进而对预应力筋和混凝土之间的黏结作用产生一定的影响。在铺设预应力筋的时候，钢筋和螺杆之间的连接可以选取套筒双拼的连接器。在焊接钢筋的时候，一定要对接头位置进行合理的设计，尽量防止出现将接头嵌入构件内部的情况。预应力钢丝最好选取牵引车的铺设方式，假如需要接长钢丝，就可以利用拼接器将钢丝进行一定的密排和绑扎。针对冷拔低碳钢丝而言，其绑扎长度一定不要低于 40d，d 是钢丝的直径。

2. 预应力筋张拉

在进行预应力筋固定的时候，一定要准确安装钢筋的定位板，并且定位板的挠度一定不要超过 1mm，横梁的挠度一定不要超过 2mm，避免对预应力筋的内力产生影响。在设计预应力筋张拉的时候，一定要严格按照相关的规范标准执行。

首先，确定张拉控制应力。在选用预应力筋张拉控制应力的时候，一定要严格按照设计要求数值执行。在施工过程中，为了有效克服应力损失而需要超张拉的时候，其相应的最大超张拉力一定要符合施工阶段以及验收阶段的有关规范标准的规定。当预应力筋是冷拉Ⅱ级到Ⅳ级钢筋的时候，其相应的张拉力为屈服点 95%；钢丝、钢绞线则为其相应抗拉强度 75%。

其次，确定张拉程序。张拉程序就是指预应力筋在初始应力状态下，逐渐达到控制应力阶段的加载过程以及方式。为了有效降低应力的损失，通常情况下均会选取超张拉技术。

一般而言，预应力筋张拉程序主要包括两种形式：

其一，预应力筋由零开始，开展相应的超张拉操作，并且持荷两分钟，目的就是尽可能降低钢筋松弛的应力损失，并且尽快完成钢筋松弛的过程，最后达到相应的设计控制值。

其二，预应力筋由零开始，连续进行张拉操作，一直到控制应力达到 103%，不需要持荷两分钟，也不需要其退回到设计控制值，主要就是为了对预留 3% 的应力损失进行考虑。运用超张拉技术的时候，其超张拉的控制应力总值一定不要大于钢筋屈服强度，进而确保预应力筋一直处在弹性的工作状态下。

3. 预应力筋放张

在先张法施工技术中，完成混凝土浇筑施工之后，一定要明确预应力筋放张以及混凝土强度是否达到设计标准值。当设计中没有进行具体规定的时候，就可以根据施工阶段和验收阶段的规范标准执行，也就是说，进行放张时，混凝土强度一定要超过设计强度的 75%。具体的放张时间可以根据混凝土的养护结果决定。假如放张太早的话，就会导致出现很大的压力损失，致使发生质量事故。

在进行预应力筋放张操作的时候，会产生很大的震动与冲击，严重的情况可能会使构件出现裂缝或者翘曲的情况，因此，在进行施工的时候，一定要遵循以下原则。

其一，针对轴心受压构件而言，一定要确保同时放张全部的预应力筋，防止出现偏心受压的情况。

其二，针对偏心受压构件而言，一定要同时放张承受较小预压力的预应力筋，之后在同时放张承受较大预压力的预应力筋，要不然，非常容易导致出现裂缝或者翘曲的情况。

其三，假如根据以上两项原则进行放张施工的时候，存在着一定的难度，就可以进行分阶段、互相交错、对称的放张，进而有效避免在放张过程中出现裂缝或者翘曲的情况。

除此之外，在进行放张操作的时候，一定要避免在钢筋切断过程中出现过大的冲击力，进而针对此类情况采取有效的缓解措施，进而确保施工的顺利进行。

总而言之，在建筑工程施工中，先张法预应力混凝土施工得到了广泛的应用。在施工过程中，因为施工人员、施工材料、施工设备等因素，导致施工存在着一定的缺陷，进而对建筑结构的稳定性、耐久性与安全性产生相应的影响。因此，在进行施工的时候，一定要加强对工程实际情况的分析与研究，应用一些先进的新技术、新材料与新设备，进而确保工程施工质量达到相应的设计标准，实现相应的使用功能。

三、后张法有黏结预应力混凝土的施工

后张有黏结预应力施工具有以下特点：

①构件小而轻，可用于重载、大跨度、大开间结构体系。

②提高结构性能，节省钢筋和混凝土材料，降低造价。

③与钢结构相比，维修费用低，耐久性好，节约钢材和木材。

后张有黏结预应力施工主要工艺流程为：施工准备→预应力筋下料及制作→预应力孔道留设→预应力筋穿束→预应力筋张拉→孔道灌浆→锚具封闭。

（一）预应力筋下料长度计算

预应力筋下料长度的计算应考虑锚具形式、弹性压缩、张拉伸长值、构件孔道长度、张拉设备与施工方法等因素。

（二）预应力筋下料与编束

1. 钢丝的下料与编束

预应力筋下料应在平台、结晶的场地上进行。矫直回火钢丝开盘后伸直性很好，可以直接下料。钢丝下料时，若发现钢丝有点接头或表面机械损伤，应随时剔除。当钢丝束两端采用墩头锚具是，钢丝的登场要求比较严。同束钢丝下料长度的极差值不应大于 L/5000（L 为钢丝下料计算长度），且不得大于 5mm。为保证钢丝束两端钢丝的排列顺序一致，每束钢丝都必须进行编束。编束方法根据所用锚具形式的不同而有差异。

2. 钢绞线下料和编束

钢绞线下料场应平坦，下垫方木或彩条布。下料时，将钢绞线盘卷装在放线盘内，从盘卷中央逐步抽出。钢绞线的下料宜用砂轮切割机切割，不得采用电弧切割。编束是应先将钢绞线理顺，并尽量使各根钢绞线松紧一致。若单根穿入孔道，则不需编束。

（三）固定端制作

1. 钢丝墩头的头形与质量要求

墩头锚具适用于钢丝预应力筋，可用于固定端或张拉端钢丝端头的头形，通常有磨菇形和平面形两种。对冷墩头的质量要求为：头形尺寸要符合有关要求；头形圆整、不偏斜，颈部母材不受损伤；钢丝墩头的强度不得低于母材强度标准值的 98%。

2. 挤压机与挤压锚具

挤压机与挤压锚具适用于钢绞线预应力筋，可用于钢绞线固定端。

3. 压花锚具成型

压花锚具适用于钢绞线预应力筋。压花设备采用压花机，有液压千斤顶、机架和夹具组成。

4. 固定端支座技术和安全交底

预应力筋固定端制作是极为重要的一道工序，因为制作完成的固定端锚具一般都埋在混凝土结构内部，无法更换，因而不允许失效。在施工中应有详细的技术交底和质量验收方法来保证。

（四）预应力筋孔道布置设计

预应力筋的孔道形状有直线、曲线和折线等。孔道的直径与布置主要根据预应力混凝土构件或结构的受力性能，并参考预应力筋张拉锚固体系特点与尺寸来确定。

（1）预应力筋孔道直径的内径宜比预应力筋和需穿过孔道的连接器外径大 10 ~ 15mm。孔道截面面积宜取预应力筋净面积的 3.5 ~ 4.0 倍。

（2）在现浇框架梁中，预留孔道在竖直方向的净间距不应小于孔道外径，水平方向的净间距不宜小于孔道外径的 1.5 倍。从孔壁算起的混凝土保护层厚度：梁底不应小于 50mm，梁侧不应小于 40mm，板底不应小于 30mm。

（3）预应力筋孔道端头连接承压钢垫板或铸铁喇叭管，预留孔道端部排列间距往往与构建内部排列间距不同。此外，由于成束预应力筋的锚固工艺要求，构建孔道端常常需扩大空间，形成喇叭形孔道。

（五）孔道成型方法

预应力筋的孔道可采用钢管抽芯、胶管抽芯和预埋管等方法成型。工程中常用预埋波纹管成型孔道。

金属螺旋管是用冷轧钢带或镀锌钢带在卷管机上压波后螺旋咬合而成的。按照相邻咬口之间的凸出部（即波纹）的数量分为单波纹和双波纹，按照截面积星族航分为圆形和扁形。对孔道成型的基本要求是：孔道的尺寸与位置应正确，孔道应平顺，接头不漏浆，端部预埋钢板应垂直于孔道中心线等。孔道成型的质量对孔道摩阻损失的已更新较大，应严格把关。

（六）预应力筋穿束

根据穿束与浇筑混凝土之间的先后关系，可分为先穿束和后穿束两种。根据一次穿入数目，可分为整束穿和单根穿两种。一般情况下，钢丝束应整束穿；钢绞线优先采用整束穿，也可用单根穿。穿束工作可采用人工、卷扬机或穿束机进行。

1. 人工穿束

人工穿束可利用起重设备将预应力筋吊起，人工站在脚手架上逐步穿入孔内。对多波曲线束，宜采用特制的牵引头，工人在前头牵引，后头推送。

2. 卷扬机穿束

卷扬机穿束主要用于超长束、特重束、多波曲线束等整束穿的情况。束的前端应装有穿束网套或特制的牵引头。

3. 穿束机穿束

穿束机穿束适用于大型桥梁或构筑物单根穿钢绞线的情况。

（七）预应力筋张拉

1. 张拉施工准备

预应力筋张拉施工是预应力混凝土结构施工的关键工序，之间关系到结构安全。张拉施工前应精心组织，做好各项施工准备工作，以保证张拉施工的顺利进行。

（1）锚具进场验收。预应力筋锚具进场时应按验收规范验收，合格后方可使用。

（2）张拉设备的选用及标定。预应力筋的张拉力一般为设备额定张拉力的50%~80%。预应力筋的一次张拉伸长值不应超过设备的最大张拉行程。当一次张拉不足时，可采取分级重复张拉的方法。施加预应力用的机具设备及仪表应有专人使用和管理。

（3）混凝土强度检验。施加预应力时截稿的混凝土强度应在设计图纸上标明，当设计无要求时，不应低于混凝土立方体抗压强度标准值的75%。

（4）预应力筋张拉力值计算。预应力筋张拉力值应通过千斤顶、油压表配套标定的油压值——张拉力关系曲线换算成乡音的张拉油压表数值，油压表的精度不宜低于1.5级。

（5）张拉施工前的其他准备工作。包括张拉操作平台的搭设；构件端头清理及钢绞线清理；动力电源及照明电源的布置；张拉班组布置及安全技术交底；工具锚、限位板、顶器等配套设备及配套工具准备等；穿筋时成束的预应力筋将一头对齐，按顺序编号套在穿束器上。

2. 预应力筋张拉施工工艺

预应力筋的张拉顺序，应使构件及构件受力均匀、同步。不应使其他构件纯水泥过大的附加内力及变形等。

（1）一端张拉工艺。一端张拉工艺就是将张拉设备放置在预应力筋的一端的张拉形式。主要用于一端埋入式固定端、分段施工采用固定式连接器连接的预应力筋和其他可以满足一端张拉要求的预应力筋。

（2）两端张拉工艺。两端张拉工艺是将张拉设备同时布置在预应力两端同时同步张拉的施工工艺，适用于较长的预应力筋束。

（3）其他张拉工艺。针对不同结构形式和不同的结构设计要求，预应力筋张拉工艺还可分为分批张拉工艺、分段张拉工艺、分期张拉工艺、补偿张拉工艺等。

四、后张法无黏结预应力混凝土的施工

（一）后张法无黏结预应力施工技术的优点

先浇混凝土，待混凝土达到设计强度 75% 以上，再张拉钢筋（钢筋束）。其主要张拉程序为：埋管制孔→浇混凝土→抽管→养护穿筋张拉→锚固→灌浆（防止钢筋生锈）。其传力途径是依靠锚具阻止钢筋的弹性回弹，使截面混凝土获得预压应力，这种做法使钢筋与混凝土结为整体，称为有黏结预应力混凝土。

（1）在施工的过程中提供了使用灵活的空间，为发展大跨度、大柱网、大开间的楼盖体系发展创造了条件。

（2）在高层或者超高层楼盖建筑施工的过程中采用后张法无黏结预应力施工技术可以保证净空间的条件下显著的降低层高，从而降低总建筑的高度，节省材料和造价。

（3）在多层大面积楼盖施工中，采用后张法无黏结预应力施工技术，能够提高结构的整体性能和刚度，简化梁板施工的工艺，加快施工速度，降低建筑造价。

（4）无黏结筋可曲线配置，其形状与外荷载弯矩图相适应，可充分地发挥其预应力筋的强度。

（5）设备管道及其电气管线在楼板下通行无阻，减少了建筑结构和设备的布局矛盾。

（6）无黏结筋的成型采用基础成型工艺，产品质量稳定，摩阻损失小，便于工程化生产。

（二）材料选择

后张法根据其施工性质的不同其在施工的过程中所使用的锚固原理和设备也不尽相同，其构造形式分为螺杆锚具、夹片锚具、锥销锚具和墩头锚具等四个种类。

单根预应力钢筋根据构件的长度其在施工的过程中要严格地控制其长度和张拉工艺，可以同股沟在一段或者两端张拉相同的锚具与预应力筋的配套使用其基本情况：即是通过两端张拉时候，在两端的头部都是采用螺丝端杆锚具，一段张拉的时候，张拉端要使用螺栓端杆锚具，另外一段可以使用帮条锚具。

镦头锚固锚头部位的外径比较大，因此，预应力筋两端应在构件上预留有一定长度的孔道，其直径略大于锚具的外径。预应力筋张拉锚固之后，其端部便留下孔道，并且该部分钢筋没有涂层，为此应加以处理保护预应力筋。

目前常采用两种方法进行锚头端部处理：第一种方法系在孔道中注入油脂并加以封闭。第二种方法系在两端留设的孔道内注入环氧树脂水泥砂浆，其抗压强度不低于 35MPa。灌浆同时将锚头封闭，防止预应力筋锈蚀，同时也起一定的锚固作用。预留孔道中注入油脂

或环氧树脂水泥砂浆后，用 C50 级细石混凝土封闭锚头部位。

（三）施工工序

后张法无黏结预应力施工工序主要工艺流程是：施工准备、无黏结预应力筋下料与组装、无黏结预应力筋铺放、混凝土浇筑与养护、无黏结筋张拉、锚具封闭。

1. 无黏结预应力筋下料与组装

对无黏结筋护套应当逐根进行外观检查，对于在工程施工中出现轻微破损的地方需要进行严格的分析和处理，一般都是采用胶带进行缠绕维修，缠绕的过程中需要搭接一半，缠绕层不能少于 2 层，缠绕的长度应当超过破损处的 30mm，无黏结预应力筋下料的过程中下料长度应当综合考虑其弯率、锚固段保护层厚度、张拉伸长值以及混凝土压缩变形等因素，并应当根据不同的张拉方法和锚固形式预留张拉长度。

2. 工艺原理

无黏结预应力筋在施工过程中不需要留孔、穿束、灌浆等，而是把预先组装好的无黏结预应力筋和锚头按设计要求铺放在模板内，然后浇筑混凝土。待混凝土强度达到设计要求之后，利用预应力筋与其周围混凝土不黏结、可在结构内滑动的特性，进行张拉锚固，借助端头锚具对结构产生预压应力。

3. 无黏结预应力筋的铺放

在铺放的过程中，应当仔细检查无黏结预应力筋的规格尺寸，端部模板预留孔编号及其端部配件，无黏结预应力筋的铺放应当按照设计图纸的规定进行，铺设的时候其要求有：

（1）无黏结预应力筋的铺放分为单向配置和双向配置两种，铺放无黏结预应力筋之前需要预设铁马凳支撑，以控制无黏结筋的设计曲线尺寸。

（2）对于双曲线配置的无黏结预应力筋出去考虑到以上的要求之外还要注意铺放的顺序，应当对每一个纵横无黏结预应力筋的交叉点相应的连个标高进行比较，若一个方向某一筋的个点标高均低于其他橡胶的各筋相应的标高，则此筋可以先铺放，标高较高的地方紧随其后，应避免两个方向的无黏结预应力筋相互穿插铺放。

（3）要尽量避免铺设的各种管线将无黏结预应力筋的标高太高或者降低。

（4）铺设双向筋的过程中无黏结预应力筋的时候，应当按照先铺设标高的高低钢丝束，应在铺设标高较高的钢丝束，以免两个方向的钢丝束相互穿插。无黏结预应力筋应当在绑扎完成之后进行铺放。

（四）无黏结预应力筋束张拉

1. 张拉伸长值的测量

无黏结预应力筋的实际伸长值是在初应力为张拉控制应力的 10% 左右的时候开始测量，分级记录的过程。

2. 施加预应力的时候混凝土强度

预应力钢筋锚具下的混凝土受到很大的计划总理，因此在混凝土达到一定强度的过程中要是加预应力，除了满足承载力和裂缝控制的技术要求之外，还需要做施工阶段的验算，构建在施工的时候加预应力，也要求混凝土具有足够的强度，为了减少收缩的变换损失，也是不宜在混凝土强度还很低的时候施加预应力。

3. 张拉工艺

曲线预应力筋张拉所建立的预应力值能否满足设计者的要求，主要是锚具变形和钢筋内缩值、孔道摩擦系数的大小及其曲线束弯曲指的大小因素有关，是可以通过计算确定的。

第六章　结构安装工程

第一节　结构吊装机械

一、自行杆式起重机

自行式起重机是指自带动力并依靠自身的运行机构沿有轨或无轨通道运移的臂架型起重机。分为汽车起重机、轮胎起重机、履带起重机、铁路起重机和随车起重机等几种。

（一）结构

自行式起重机分上下两大部分：上部为起重作业部分，称为上车；下部为支承底盘，称为下车。动力装置采用内燃机，传动方式有机械、液力 - 机械、电力和液压等几种。自行式起重机具有起升、变幅、回转和行走等主要机构，有的还有臂架伸缩机构。臂架有桁架式和箱形两种。有的自行式起重机除采用吊钩外，还可换用抓斗和起重吸盘。表征其起重能力的主要参数是最小幅度时的额定起重量。

（二）类型

1. 汽车起重机

起重作业部分安装在汽车底盘上，一般利用汽车原有的发动机作动力，大型汽车起重机常采用两台发动机，分别驱动各个工作机构和行走机构。汽车起重机大多有两个司机室，分别操纵上车和下车。汽车起重机装有外伸支腿，以提高其工作时的稳定性。汽车起重机的行驶速度在 50 公里 / 小时以上，它可迅速转移到较远的作业场地，但一般不能吊重行驶，行驶性能必须符合公路法则的要求。桁架式臂架的汽车起重机的最大额定起重量已达 1000 吨，液压传动伸缩臂架式的可达 300 吨。主桁架臂加副臂的最大长度已达 200 米，伸缩臂的最大长度达 50 多米。

2. 轮胎起重机

起重作业部分安装在特别的轮胎底盘上，一般只有一台发动机和一个司机室，有外伸支腿。其特点是：当起重量小于额定起重量时可在平坦地面上吊重行驶，并可回转 360°作业。行驶速度一般在 30 公里 / 小时以下，它适合在比较固定的场所作业。桁架式臂架的轮胎起重机，最大额定起重量达 500 吨。20 世纪 70 年代以来，在轮胎起重机的基础上又发展了轮胎越野起重机。它的特点是：结构紧凑，机动性好，兼有汽车起重机和轮胎起重机两者的优点，但制造成本较高。它适合于在野外崎岖不平或无路的地区工作，行驶速度可达 77km/h。随着现代轮式起重机的发展，轮胎起重机与汽车起重机的区别有时并不明显。

3. 履带起重机

行走装置为履带式的臂架起重，常用于建筑安装工地和石油钻探现场。最初，履带起重机是在单斗挖掘机上装设起重机臂架而形成的，后来逐渐发展成为独立的机种。它的特点是：

①履带的接地压强低，可在松软、泥泞和崎岖不平的场地行走。

②稳定性好，不需装设外伸支腿，一般情况下可短距离吊重行走。有的履带起重机可利用底架下方的液压伸缩装置扩大起重作业时两侧履带的间距。

③行走速度低，一般为 1 ~ 4 公里 / 时；行走时履带可能损坏地面，转移作业场地时必须用平板车装运。

4. 铁路起重机

在铁路轨道上行驶的臂架型起重机。早先的铁路起重机由蒸汽机驱动，以后大多采用内燃机。它一般都装有夹轨器和外伸支腿，以提高起升重物时的稳定性。作业范围受铁路轨道的限制。铁路起重机分装卸用和救援用两种类型。装卸用铁路起重机用于车站装卸钢材、木材等货物，配备抓斗可装卸散状物料。救援用铁路起重机在出现铁路事故或修建铁路线时使用，也可作为牵引车，用来拖动其他车辆，远距离调动时由机车拖带。

5. 随车起重机

是安装在货运汽车上的臂架型起重机。它可为自身货运汽车装卸货物，也可为其他车辆装卸货物。随车起重机由臂架、回转机构和支腿等部分组成，可装在汽车驾驶室与车厢之间，也可装在车厢的后部，车厢较长时，可装在车厢的中部。随车起重机以汽车发动机为动力源，一般采用液压传动。常见的随车起重机是曲臂式的，即臂架的前臂能相对后臂曲折，也可以一起相对于转柱回转和俯仰，动作比较灵活。前臂又可制成 2 ~ 3 节，并可伸缩、曲折、俯仰和伸缩等动作分别由液压缸实现。工作时放下支腿。转移场地时臂架可折叠，以便运输。最大额定起重量为 9500 公斤，最大幅度达 18.3 米。起重机可配备各种吊具，以适应不同的工作对象。

二、塔式起重机

塔式起重机（tower crane）简称塔机，亦称塔吊，起源于西欧。动臂装在高耸塔身上部的旋转起重机。作业空间大，主要用于房屋建筑施工中物料的垂直和水平输送及建筑构件的安装。由金属结构、工作机构和电气系统三部分组成。金属结构包括塔身、动臂和底座等。工作机构有起升、变幅、回转和行走四部分。电气系统包括电动机、控制器、配电柜、连接线路、信号及照明装置等。

（一）分类

塔式起重机分上旋转式和下旋转式两类：

（1）上旋转式塔式起重机：塔身不转动，回转支承以上的动臂、平衡臂等，通过回转机构绕塔身中心线作全回转。根据使用要求，又分运行式、固定式、附着式和内爬式。运行式塔式起重机可沿轨道运行，工作范围大，应用广泛，宜用于多层建筑施工；如将起重机底座固定在轨道上或将塔身直接固定在基础上就成为固定式塔式起重机，其动臂较长；如在固定式塔式起重机塔身上每隔一定高度用附着杆与建筑物相连，即为附着式塔式起重机，它采用塔身接高装置使起重机上部回转部分可随建筑物增高而相应增高，用于高层建筑施工；将起重机安设在电梯井等井筒或连通的孔洞内，利用液压缸使起重机根据施工进程沿井筒向上爬升者称为内爬式塔式起重机，它节省了部分塔身、服务范围大、不占用施工场地，但对建筑物的结构有一定要求。

（2）下旋转式塔式起重机：回转支承装在底座与转台之间，除行走机构外，其他工作机构都布置在转台上一起回转。除轨道式外，还有以履带底盘和轮胎底盘为行走装置的履带式和轮胎式。它整机重心低，能整体拆装和转移，轻巧灵活，应用广泛，宜用于多层建筑施工。

（二）设备管理

1. 设备特点

塔式起重机的动臂形式分水平式和压杆式两种。动臂为水平式时，载重小车沿水平动臂运行变幅，变幅运动平衡，其动臂较长，但动臂自重较大。动臂为压杆式时，变幅机构曳引动臂仰俯变幅，变幅运动不如水平式平稳，但其自重较小。

塔式起重机的起重量随幅度而变化。起重量与幅度的乘积称为载荷力矩，是这种起重机的主要技术参数。通过回转机构和回转支承，塔式起重机的起升高度大，回转和行走的惯性质量大，故需要有良好的调速性能，特别起升机构要求能轻载快速、重载慢速、安装就位微动。一般除采用电阻调速外，还常采用涡流制动器、调频、变极、可控硅和机电联合等方式调速。

2. 资料管理

施工企业或塔机机主应将塔机的生产许可证、产品合格证、拆装许可证、使用说明书、电气原理图、液压系统图、司机操作证、塔机基础图、地质勘查资料、塔机拆装方案、安全技术交底、主要零部件质保书（钢丝绳、高强连接螺栓、地脚螺栓及主要电气元件等）报给塔机检测中心，经塔机检测中心检测合格后，获得安全使用证，以及安装好以后同项目经理部的交接记录，同时在日常使用中要加强对塔机的动态跟踪管理，做好台班记录、检查记录和维修保养记录（包括小修、中修、大修）并有相关责任人签字，在维修的过程中所更换的材料及易损件要有合格证或质量保证书，并将上述材料及时整理归档，建立一机一档台账。

3. 拆装管理

塔机的拆装是事故的多发阶段。因拆装不当和安装质量不合格而引起的安全事故占有很大的比重。塔机拆装必须要具有资质的拆装单位进行作业，而且要在资质范围内从事安装拆卸。拆装人员要经过专门的业务培训，有一定的拆装经验并持证上岗，同时要各工种人员齐全，岗位明确，各司其职，听从统一指挥，在调试的过程中，专业电工的技术水平和责任心很重要，电工要持电工证和起重工证，我们通过对大量的塔机检测资料进行统计，发现我市某拆装单位一共安装 54 台塔机，而首检不合格 47 台，首检合格率仅为 13%，其中大多是由于安装电工的安装技术水平较差，拆装单位疏于管理，安全意识尚有待进一步提高。因此，我们对该单位进行了加强业务培训的专项治理，并取得了良好的效果。另外还由于拆装市场拆装费用不按照预算价格，甚至出现 400 ~ 500 元安装一台塔机，这也导致安装质量下降的一个重要原因。拆装要编制专项的拆装方案，方案要有安装单位技术负责人审核签字，并向拆装单位参与拆装的警戒区和警戒线，安排专人指挥，无关人员禁止入场，严格按照拆装程序和说明书的要求进行作业，当遇风力超过 4 级要停止拆装，风力超过 6 级塔机要停止起重作业。特殊情况确实需要在夜间作业的要有足够的照明，特殊情况确实需要在夜间作业的要与汽车吊司机就有关拆装的程序和注意事项进行充分的协商并达成共识。

4. 塔机基础

塔机基础是塔机的根本，实践证明有不少重大安全事故都是由于塔吊基础存在问题而引起的，它是影响塔吊整体稳定性的一个重要因素。有的事故是由于工地为了抢工期，在混凝土强度不够的情况下而草率安装，有的事故是由于地耐力不够，有的是由于在基础附近开挖而导致甚至滑坡产生位移，或是由于积水而产生不均匀的沉降等等，诸如此类，都会造成严重的安全事故。必须引起我们的高度重视，来不得半点含糊，塔吊的稳定性就是塔吊抗倾覆的能力，塔吊最大的事故就是倾翻倒塌。做塔吊基础的时候，一定要确保地耐力符合设计要求，钢筋混凝土的强度至少达到设计值的 80%。有地下室工程的塔吊基础要采取特别的处理措施：有的要在基础下打桩，并将桩端的钢筋与基础地脚螺栓牢固的焊接在一起。混凝土基础底面要平整夯实，基础底部不能做成锅底状。基础的地脚螺栓尺寸误差必须严格按照基础图的要求施工，地脚螺栓要保持足够的露出地面的长度，每个地脚螺栓要双螺帽预紧。在安装前要对基础表面进行处理，保证基础的水平度不能超过 1/1000。同时塔吊基础不得积水，积水会造成塔吊基础的不均匀沉降。在塔吊基础附近内不得随意挖坑或开沟。

5. 安全距离

塔吊在平面布置的时候要绘制平面图，尤其是房地产开发小区，住宅楼多，塔吊如林，更要考虑相邻塔吊的安全距离，在水平和垂直两个方向上都要保证不少于 2m 的安全距离，相邻塔机的塔身和起重臂不能发生干涉，尽量保证塔机在风力过大时能自由旋转。塔机后臂与相邻建筑物之间的安全距离不少于 50cm。塔机与输电线之间的安全距离符合要求。

塔机与输电线的安全距离不达规定要求的要塔设防护架，防护架搭设原则上要停电搭设，不得使用金属材料，可使用竹竿等材料。竹竿与输电线的距离不得小于 1m 还要有一定的稳定性的强度，防止大风吹倒。

6. 安全装置

为了保证塔机的正常与安全使用，我们必须强制性要求塔机在安装时必须具备规定的安全装置，主要有：起重力矩限制器、起重量限制器、高度限位装置、幅度限位器、回转限位器、吊钩保险装置、卷筒保险装置、风向风速仪、钢丝绳脱槽保险、小车防断绳装置、小车防断轴装置和缓冲器等。这些安全装置要确保它的完好与灵敏可靠。在使用中如发现损坏应及时维修更换，不得私自解除或任意调节。

7. 稳定性

塔式起重机高度与底部支承尺寸比值较大，且塔身的重心高、扭矩大、起制动频繁、冲击力大，为了增加它的稳定性，我们就要分析塔机倾翻的主要原因有以下几条：

（1）超载。不同型号的起重机通常采用起重力矩为主控制，当工作幅度加大或重物超过相应的额定荷载时，重物的倾覆力矩超过它的稳定力矩，就有可能造成塔机倒塌。

（2）斜吊。斜吊重物时会加大它的倾覆力矩，在起吊点处会产生水平分力和垂直分力，在塔吊底部支承点会产生一个附加的倾覆力矩，从而减少了稳定系数，造成塔吊倒塌。

（3）塔吊基础不平，地耐力不够，垂直度误差过大也会造成塔吊的倾覆力矩增大，使塔吊稳定性减少。因此，我们要从这些关键性的因素出发来严格检查检测把关，预防重大的设备人身安全事故。

8. 电气安全

按照《建筑施工安全检查标准》（JGJ59-99）要求，塔吊的专用开关箱也要满足“一机一闸一漏一箱”的要求，漏电保护器的脱扣额定动作电流应不大于 30mA，额定动作时间不超过 0.1s。司机室里的配电盘不得裸露在外。电气柜应完好，关闭严密、门锁齐全，柜内电气元件应完好，线路清晰，操作控制机构灵敏可靠，各限位开关性能良好，定期安排专业电工进行检查维修。

9. **附墙装置**

当塔机超过它的独立高度的时候要架设附墙装置，以增加塔机的稳定性。附墙装置要按照塔机说明书的要求架设，附墙间距和附墙点以上的自由高度不能任意超长，超长的附墙支撑应另外设计并有计算书，进行强度和稳定性的验算。附着框架保持水平、固定牢靠与附着杆在同一水平面上，与建筑物之间连接牢固，附着后附着点以下塔身的垂直度不大于2/1000，附着点以上垂直度不大于3/1000。与建筑物的连接点应选在混凝土柱上或混凝土圈梁上。用预埋件或过墙螺栓与建筑物结构有效连接。有些施工企业用膨胀螺栓代替预埋件，还有用缆风绳代替附着支撑，这些都是十分危险的。

10. **安全操作**

塔式起重机管理的关键还是对司机的管理。操作人员必须身体健康，了解机械构造和工作原理，熟悉机械原理、保养规则，持证上岗。司机必须按规定做好对起重机的保养工作，有高度的责任心，认真做好清洁、润滑、紧固、调整、防腐等工作，不得酒后作业，不得带病或疲劳作业，严格按照塔吊机械操作规程和塔吊“十不准、十不吊”进行操作，不得违章作业、野蛮操作，有权拒绝违章指挥，夜间作业要有足够的照明。塔机平时的安全使用关键在操作工的技术水平和责任心，检查维修关键在机械和电气维修工。我们要牢固树立以人为本的思想。

11. **安全检查**

塔式起重机在安装前后和日常使用中都要对它进行检查。金属结构焊缝不得开裂，金属结构不得塑性变形，连接螺栓、销轴质量符合要求，在止退、防松的措施，连接螺栓要定期安排人员预紧，钢丝绳润滑保养良好，断丝数不得超标，绝不允许断股，不得塑性变形，绳卡接头符合标准，减速箱和油缸不得漏油，液压系统压力正常，刹车制动和限位保险灵敏可靠，传动机构润滑良好，安全装置齐全可靠，电气控制线路绝缘良好。尤其要督促塔机司机、维修电工和机械维修工要经常进行检查，要着重检查钢丝绳、吊钩、各传动件、限位保险装置等易损件，发现问题立即处理，做到定人、定时间、定措施，杜绝机械带病作业。

12. **退出机制**

国家明令淘汰机型要坚决禁止使用，年久失修塔机在鉴定修复后要限制荷载使用，对于塔机的使用年限没有统一标准，众说纷纭，各地有不同的规定。

有些使用单位过度追求利润效益，不注重安全，小马拉大车，超载严重，是塔机事故高发的主要根源之一。有些生产厂家为了迎合施工企业的要求，扩大销售，占领市场，将独立高度加大，将起重臂加长以增加塔机覆盖面，这样一来势必降低塔机稳定性，减少额定起重量，增加不安全的因素。还有一些私自改装的塔机及私人从事组装的塔机，这部分塔机年代较久，二手购进价格便宜，不愿意多投入资金维修，因而故障频出，这些都应引起我们的高度重视，我们应该实事求是、因地制宜，在广泛征求各方意见的基础上出台相关的配套政策解决这一问题。

通过加强对塔机以上几个方面的安全管理，能够有效地预防塔机使用过程中的各种事故的发生，起到防患于未然的目的。实践证明，只要各个施工企业、生产厂家、建设行政主管部门、塔机检测机构都能按照上述各个环节来做，加强塔机的安全专项治理，就能够有效控制重大塔机安全事故的发生。

13. 检验要点

（1）检查金属结构情况特别是高强度的螺栓，它的连接表面应清除灰尘、油漆、墨迹和锈蚀，并且使用力矩手或专用扳手，按装配技术要求拧紧。

（2）检查各机构传动系统，包括各工作传动机构的轴承间隙是否合适，齿轮啮合是不是良好及制动器是否灵敏。

（3）检查钢丝绳及滑轮的磨损情况，防脱装置以及绳端固定是否可靠。

（4）检查电气元件是否良好，名接触点的闭合程度，接续是否正确和可靠。

（5）检查行走轮与轨道接触是否良好，夹轨钳是否可靠。装设附着装置、内爬装置时，各连接螺栓及夹块是否牢固可靠。

（6）防雷接地是否安全可靠。

（7）基部排水是否畅通。

（8）安全装置是否齐全、灵敏、可靠。

14. 事故应急

（1）塔吊基础下沉、倾斜：

①应立即停止作业，并将回转机构锁住，限制其转动。

②根据情况设置地锚，控制塔吊的倾斜。

（2）塔吊平衡臂、起重臂折臂：

①塔吊不能做任何动作。

②按照抢险方案，根据情况采用焊接等手段，将塔吊结构加固，或用连接方法将塔吊结构与其他物体连接，防止塔吊倾翻和在拆除过程中发生意外。

③用 2 ~ 3 台适量吨位起重机，一台锁起重臂，一台锁平衡臂。其中一台在拆臂时起平衡力矩作用，防止因力的突然变化而造成倾翻。

④按抢险方案规定的顺序，将起重臂或平衡臂连接件中变形的连接件取下，用气焊割开，用起重机将臂杆取下；

⑤按正常的拆塔程序将塔吊拆除，遇变形结构用气焊割开。

（3）塔吊倾翻：

①采取焊接、连接方法，在不破坏失稳受力情况下增加平衡力矩，控制险情发展。

②选用适量吨位起重机按照抢险方案将塔吊拆除，变形部件用气焊割开或调整。

（4）锚固系统险情：

①将塔式平衡臂对应到建筑物，转臂过程要平稳并锁住。

②将塔吊锚固系统加固。

③如需更换锚固系统部件，先将塔机降至规定高度后，再行更换部件。

（5）塔身结构变形、断裂、开焊：

①将塔式平衡臂对应到变形部位，转臂过程要平稳并锁住。

②根据情况采用焊接等手段，将塔吊结构变形或断裂、开焊部位加固。

③落塔更换损坏结构。

15. 塔机保养

（1）经常保持整机清洁，及时清扫。

（2）检查各减速器的油量，及时加油。

（3）注意检查各部位钢丝绳有无松动、断丝、磨损等现象，如超过有关规定必须及时更换。

（4）检查制动器的效能、间隙，必须保证可靠的灵敏度。

（5）检查各安全装置的灵敏可靠性。

（6）检查各螺栓连接处，尤其塔身标准节连接螺栓，当每使用一段时间后，必须重新进行紧固。

（7）检查各钢丝绳头压板、卡子等是否松动，应及时紧固。

钢丝绳、卷筒、滑轮、吊钩等的报废，应严格执行 GB5144，和 GB5972 的规定。

（8）检查各金属构件的杆件，腹杆及焊缝有无裂纹， 特别应注意油漆剥落的地方和部位，尤以油漆呈 45° 的斜条纹剥离最危险，必须迅速查明原因并及时处理。

（9）塔身各处（包括基础节与底架的连接）的连接螺栓螺母，各处连接直径大于 Φ20 的销轴等均为专用特制件，任何情况下，绝对不准代用，而塔身安装时每一个螺栓必须有两个螺母拧紧。

（10）标准节螺栓性能等级为 10.9 级，螺母性能等级为 10 级（双螺母防松），螺栓头部顶面和螺母头部顶面必须有性能等级标志，否则一律不准使用。

（11）整机及金融机构每使用一个工程后，应进行除锈和喷刷油漆一次。

（12）检查吊具的自动换倍率装置以及吊钩的防脱绳装置是否安全可靠。

（13）观察各电器触头是否氧化或烧损，若有接触不良应修复或更换。

（14）各限位开关和按钮不得失灵，零件若有生锈或损坏应及时更换。

（15）各电器开关，与开关板等的绝缘必须良好，其绝缘电阻不应小于 0.5MΩ。

（16）检查各电器元件之紧固螺栓是否松动，电缆及其他导线是否破裂，若有应及时排除。

第二节　钢结构安装工程

一、钢结构构件的连接

钢结构具有强度高、抗震性能好、施工速度快等优点，因而广泛用于高层和超高层建筑，其缺点是用钢量大、造价高、防火要求高。用于高层建筑的钢结构体系一般有框架体系、框架剪力墙体系、交错钢桁架体系等。

（一）钢结构安装前的准备工作

1. 施工组织设计

钢结构安装前应编制钢结构工程的施工组织设计，其内容包括：计算钢结构构件和连接件数量；选择安装机械；确定安装流水程序及构件吊装方法；制订进度计划；确定劳动组织；规划钢构件堆场；确定质量标准、安全措施和特殊施工技术等。

2. 基础准备

（1）基础轴线和标高检查

柱子基础轴线和标高是否正确是确保钢结构安装质量的基础，应根据基础的验收资料复核各项数据，并标注在基础表面上。基础上柱的定位轴线偏差不得超过 1.0mm，柱底标高偏差不得超过 ±2mm。

（2）基础支承面的准备

为保证基础顶面标高的准确，基础支承面的施工有一次浇筑、二次浇筑两种方法。基础支承面允许偏差应符合要求：支撑面标高允许偏差 ±3.0mm，支撑面水平度允许偏差 l/1000mm。

3. 构件的检查与弹线

（1）构件的检查

应对构件的质量检查记录及产品合格证进行验收检查，安装前对柱、梁、支撑等主要构件应进行复查，主要是对外形尺寸、接件位置及角度、焊缝、栓钉焊、高强度螺栓接头摩擦面加工质量、构件表面油漆等进行全面检查，在符合设计文件或有关标准要求后，方能进行安装。

（2）构件的弹线

在钢柱的底部和上部标出两个方向的轴线，在钢柱底部适当高度处标出标高准线，以便于校正钢柱的平面位置和垂直度、桁架、吊车梁及屋架的标高等；同时吊点亦应做出标记，以便于吊装时按规定吊点绑扎。

4. 构件的运输与堆放

钢构件的运输应根据施工组织设计要求的流水施工顺序，分单元成套供应。钢构件应保证构件不产生变形，不损伤涂层。钢构件的堆放场地应平整坚实，无积水。堆放时应按构件的种类、型号、分区存放。钢结构底层应设有垫枕，并且应有足够的支承面，以防支点下沉。构件叠放时，各层钢构件的支点应在同一垂直线上，并应防止钢构件被压坏和变形。

（二）钢结构构件的安装工艺

1. 单层工业厂房钢结构安装

单层工业厂房钢结构构件主要包括柱、吊车梁、桁架或屋架等，其安装方法应根据构件的形式、尺寸、重量、安装标高等合理确定。

（1）钢柱的安装

①钢柱的吊升。钢柱通常采用自行式起重机或塔式起重机吊装，对重型钢柱可采用双机抬吊的方法进行吊装。

②钢柱的校正与固定，钢柱的校正包括平面位置、标高、垂直度等。标高控制可通过在基础顶面安放标高控制块完成；平面位置和垂直度可采用经纬仪检验，如超过允许偏差，采用螺旋千斤顶或油压千斤顶进行校正。

（2）吊车梁的安装

吊车梁的吊升。钢吊车梁一般为简支梁，梁端之间留有 10mm 左右的空隙，梁的搁置处与牛腿面之间也留有空隙，设钢垫板。吊车梁的吊装常采用自行式起重机，对重量很大的吊车梁，可用双机抬吊。吊车梁的轴线可采用通线法和平移轴线法检验；跨距的检验可用钢尺测量，跨度大的车间用弹簧秤拉测检验。如超过允许偏差，可采用千斤顶、撬棍、钢楔等进行校正。吊车梁安装经检验校正后，梁与牛腿用螺栓连接，梁与制动架之间用高强度螺栓连接。

（3）钢桁架（钢屋架）的安装

①钢桁架（钢屋架）的吊升。钢桁架吊装可采用自行式起重机或塔式起重机进行安装。工程中桁架多用悬空吊装，为使桁架在吊升后不致发生摇摆和其他构件碰撞，安装时在离支座的节间附近应用溜绳控制，以此保持其位置的正确性。钢桁架的侧向稳定性较差，如果吊装机械的起重量和起重臂长度允许时，最好经扩大拼装后进行组合吊装，即在地面上将两榀桁架及其上的天窗架、檩条、支撑等拼装成整体，一次进行吊装，这样不但可提高吊装效率，也有利于保证其吊装的稳定性。

②钢桁架（钢屋架）的校正与固定。钢桁架要检验校正主要包括垂直度和弦杆的正直度。桁架的垂直度可用挂线锤球检验，而弦杆的正直度则可用拉紧的测绳进行检验。

2. 高层建筑钢结构安装

高层建筑钢结构的安装，必须按照建筑物的平面形状、结构、安装机械的数量和位置等，合理划分安装施工流水区段，确定安装顺序。

（1）钢柱的安装

①钢柱的吊升。高层建筑钢结构柱一般 3 ～ 4 层一节，在起吊点位置含有吊耳。钢柱的吊装应根据其重量和起重机的性能，采用单机吊装或双机抬吊，单机吊装时需在柱子根部垫以垫木，以旋转法起吊，严禁柱根拖地。

②钢柱的安装与校正，为了控制安装误差，对高层钢结构先确定标准柱（即能控制框架平面轮廓的少数柱子），一般是选择平面转角柱为标准柱。钢柱就位后，先校正标高，再校正位移，最后校正垂直度；校正后采用焊接或拴接固定。标高校正。钢柱标高的调整，每安装一节钢柱后，对柱顶进行一次标高实测，标高误差超过 6mm 时，需进行调整；如误差大于 20mm 时不宜一次调整，可先调整一部分，待下一次再调整。钢柱标高的调整多用低碳钢板垫到规定要求。

轴线位移校正。一般以下节钢柱顶部的实际柱中心线为准，安装钢柱的底部对准下节钢柱的中心线即可。校正位移时应注意防止钢柱发生扭转。

（2）钢梁的安装

①钢梁的吊升。钢梁在吊装前，应于柱子牛腿处检查标高和柱子间距，主梁吊装前，应在梁上装好轻便走道，以保证施工人员的安全。钢梁一般在梁端上翼缘 500mm 处开孔作为吊点，采用两点平吊。为加快吊装速度，对重量梁，可利用多头吊索一次吊装数根。

②钢梁的安装与校正。钢梁安装顺序一般为：同一列柱，应先从中间跨开始对称地向两端扩展；同一跨钢梁，先安上层梁再安中、下层梁。当一节柱的各层梁安装完毕后，应立即安装本节柱范围内的各层楼梯，并铺设各层楼面的压型钢板。安装楼层压型钢板时，应先在梁上画出压型钢板铺放的位置线；铺放时要对正相邻两排压型钢板的端头波形槽口，以便使现浇层中的钢筋能顺利通过。

在每一节柱内的全部构件安装、焊接、拴接完成并验收合格后才能从地面引测上一节柱子的定位轴线。

（三）钢结构构件的连接施工

钢结构构件的现场连接是钢结构施工中的重要问题，目前钢结构的现场连接主要有高强度螺栓和电焊连接。钢柱多为坡口电焊连接；梁与柱、梁与梁的连接视约束要求而定，有的用高强度螺栓，有的则坡口焊和高强度螺栓共用。

1. 焊接施工

钢结构安装中柱与柱、柱与梁之间的连接多采用坡口焊，其工艺流程为：焊接设备、材料、安全设施准备→定位焊接衬垫板、引弧板→坡口检查与清理→预热→焊接→焊缝检查→焊接验收。对构件焊接顺序的正确确定，能减少焊接变形，保证焊接质量。一般情况下应从焊件的中心向四周扩展，采用结构对称、节点对称的焊接顺序。先焊收缩量大的焊缝，后悍收缩量小的焊缝；焊缝相交时，先焊纵向焊缝，待冷却至常温后，再焊横向焊缝；

钢板较厚时分层施焊。

对钢结构焊缝质量检验一般分为三级，高层建筑钢结构的焊缝质量属于 2 级检验。要求对全部焊缝进行外观检查，50% 的焊缝长度进行超声波检查；经检查发现焊缝不合格，必须按同样的焊接工艺进行补焊、返修和检查；同一条焊缝，修理不宜超过 2 次，否则应更换母材。

2. 高强度螺栓连接施工

高强度螺栓连接施工方便、可拆可换、传力均匀、接头刚性好、承载能力大、疲劳强度高、螺母不易松动、结构安全可靠，近年来在高层建筑钢结构施工中应用愈来愈多，已成为主要的连接形式之一。

高强度螺栓可分为扭矩形高强度螺栓（大六角头高强度螺栓）和扭剪型高强度螺栓两种。高强度螺栓和与之配套的螺母、垫圈总称为高强度螺栓连接。

高强度螺栓连接可分为摩擦型连接和承压型连接两种，前者在荷载设计值下，以连接件之间产生相对滑移，作为其承载能力极限状态；后者在荷载设计值下，以螺栓或连接件达到最大承载能力，作为承载能力极限状态；高层建筑钢结构中常用摩擦型连接。

高强度螺栓拧紧一般分为初拧和终拧；对于大型节点可分为初拧、复拧和终拧。初拧扭矩值一般为终拧扭矩的 60% ~ 80%，复拧扭矩应等于初拧扭矩。扭剪型高强度螺栓紧固采用带有两个套筒的专用扳手紧固。紧固时专用扳手的两个套筒分别套住螺母和螺栓尾部的梅花头，两个套筒按反向旋转，拧断螺栓尾部的梅花头即达到相应的扭矩值。一般初拧用定扭矩扳手，终拧用专用电动扳手。扭矩形高强度螺栓终拧检查，先用小锤敲击法进行普查，以防漏拧。

二、钢结构多层、高层建筑的安装

（一）钢结构安装前的准备

1. 钢构件预检和配套

钢结构在安装前，首先要进行钢构件预检和配套。对钢构件预检主要是检查以下几个方面：构建外形的几何尺寸是否符合，螺孔的大小和间距是否正常，构建数量是否足够等。构件在选择上，也要选择质量符合标准的构建，以免日后发生安全隐患。对于构建预检的数量，一般来说，主要指的是关键性的部件，对于其他一般性的部件进行百分之十的抽查，在预检的同时，做好预检记录。

钢构件的配套中，要注意构件配套是按照安装的流水顺序来进行的，其单位为结构安装流水段。一般来说，高层的钢结构安装的流水段，是按照一节钢柱框架作为安装流水段的。在预检过程中，要将所有的钢构件按照单元归类整理，并且集中在配套场地。之后在一切都完整后，再对构建进行预检和处理修复。进行预检后的合格的构建再按照其安装的顺序输送到工地现场。其中要特别注意的是附件的配套，如果附件出现了问题，哪怕是一个很小的部件那也会直接影响到整个工程的安装进度。

2. 钢柱基础检查

对钢柱进行基础性检查是钢结构安装前准备措施的重要方面。一般来说，第一节的钢柱是直接打在基础底板上的。钢结构的安装质量，与工效与柱基的定位轴线、基准标高直接挂钩。因此，安装单位在对钢柱进行基础检查时，应当重点检查定位轴线之间的间距以及柱基标高以及单独柱基中心线的位置。只有位置准确，钢柱才能安装准确。

（1）定位轴线检查。在对钢柱进行预检时，从定位轴线开始就应该引起高度重视。对定位轴线检查，首先要做好控制桩。在浇筑了混凝土后，再根据控制桩来确定定位轴线。将定位轴线定在柱基钢筋混凝土地板之上。随后确定引测完毕的定位轴线是否与原定位线吻合，同时预检每一根定位轴线产生的误差值是否超标以及纵横定位轴线是否达到标准。

（2）柱间距检查。在对柱间距离进行检查的时候，必须是以定位轴线确定为前提。在检查时，要注意使用标准尺进行测量。柱距偏差值有严格的要求，不能超过 ±3cm。如果柱间距离偏差过大，不论过大或者过小，都会直接影响到整个竖向框架的安装。这样还会给后面的安装造成不小的误差，直接影响安装的精确度。

（3）单独柱基中心线检查。在检查单独柱基中心线的时候，同样要注意其余定位轴线会出现的偏差，要及时调整使之与定位轴线相吻合。同时根据柱基中心线来调整地脚螺栓的位置，看是否准确。

（4）柱基地脚螺栓检查。在对柱基的底料螺栓进行预检的时候，应当从以下三个方面进行检查：首先是螺栓的长度是否合格；其次是螺栓的垂直度是否达标；最后是螺栓的间距是否合理。

（5）确定基准标高。考虑到施工可行性方面的因素，一般来说，要求在柱基的中心面与钢柱地面之间有一定的间隙。这个间隙是为了方便调整钢柱安装时的高度，留有一定的余地。

3. 标高控制块设置及柱底灌浆

为了精确控制钢结构上部的标高，在钢柱吊装置现，要根据钢柱预检（实际长度、牛腿间距离、钢柱底板平整度等）结构，在柱子基础表面浇筑标高控制块标高块用无收缩砂浆，立模浇筑，其强度不宜小于 $30N/mm^2$，标高块面须埋设厚度为 16 ~ 20mm 的钢板。浇筑标高之前应凿毛基础表面，以增强黏结。待第一节钢柱吊装、校正和锚固螺栓固定后，要进行地层钢柱的柱底灌浆。灌浆前应在钢柱底板四周立模板，用水清洗基础表面，排除多余及时后灌注。灌注从一边进行，连续灌注，灌浆后用湿草包或麻袋等遮盖养护。

4. 安装机械的选择

高层钢结构安装均用塔式起重机，要求塔式起重机的臂杆长度具有足够覆盖面，要有足够的起重能力，满足不同部位构件起吊要求：多机作业时臂杆要有足够的高差，达到不碰撞的安全转运。各塔式起重机之间应有足够的安全距离，确保臂杆不与塔身碰撞。如用附着式塔式起重机，锚固点应选择钢结构，以便于加固，有利于形成框架整体结构和便于玻璃幕墙的安装，但需对锚固点进行计算。

5. 安装流水段的划分

高层钢结构安装需按照建筑物平面形状、结构形式、安装机械数量和位置等划分流水段。平面流水段划分应考虑钢结构安装过程中的整体稳定性和对称性、安装顺序一般由中央向四周扩展，以减少焊接误差。立面流水段划分，以一介钢柱高度内所有构件作为一个流水段，一个立面流水段内的安装顺序为：第 N 节钢框架安装准备→安装登高爬梯→安装操作平台、通道→安装柱、梁支撑等形成钢框架→及诶单螺栓临时固定→检查标高、垂直度、位移→拉好校正用缆索→整体校正→中间验收签证→高强度螺栓终拧紧固→接柱焊接→梁焊接→超声波探伤→拆除校正用缆索→塔式起重机爬升→第 N+1 节钢框架安装准备。

（二）钢柱的安装

1. 绑扎与起吊

钢柱的吊点在吊耳处（柱子在制作时于吊点部位焊有吊耳，吊装完毕再割去）。根据钢柱的质量和起重机的起重量，钢柱的吊装可用双机抬吊或单机吊装。单机吊装时需在柱子跟步垫以垫木，以回转法起吊，严禁柱根拖地。双击抬吊时，钢柱吊离地面后在空中进行回直。

2. 安装与校正

钢结构高层建筑的柱子，多为 3 ~ 4 层一节，节与节之间用坡口焊连接。在吊装第一节钢柱时，应在预埋的地脚螺栓上架设保护套，以免钢柱就位时碰坏地脚螺栓的丝牙。钢柱吊装前，应预先在地面上操作挂篮、爬梯等固定在施工需要的柱子部位上。钢柱就位后，先调整标高，再调整位移，最后调整垂直度。

如今随着社会的飞速发展，城市化进程脚步的不断加快，高层建筑越来越被人们需要。高层建筑能够在寸土寸金的城市，提供给人们更多的生存空间，节约土地资源。如今在现代建筑工程施工中，复杂的钢结构体系因其显著的优势成了高层建筑在选择结构材料时的首选。其良好的抗震、抗渗、安全以及刚度而备受青睐。相信通过人们的施工过程中不断的探索、改进，钢结构体系将会越来越完善，发挥其更大的功效。

第七章 建筑防水工程

第一节 屋面防水工程

一、卷材防水屋面

（一）卷材防水屋面渗漏的影响因素

1. 防水材料质量因素

施工材料的质量很难保证，部分施工单位过于追求经济利益，在采购原材料时，没有进行严加管理，导致很多防水原材料出现没有质量合格证，也没有出厂日期的现象，在具体的使用过程中，由于材料为不合格产品较为劣质，造成工程项目质量不达标，屋面经常出现渗漏的情况，必须进行返工，浪费了人力、物力、财力。另外，缺乏对原材料的监管手段，在采购原材料时，没有设置专门的材料选购人员，原材料管理不足，进场前不按规范要求进行抽检复检，将无法保证工程的质量，给工程单位造成了一定的损失，在原材料的使用过程中，材料的浪费比较严重，降低了材料的使用率。

2. 板型缺陷引发的漏水

（1）在激烈的市场竞争中，施工方为节省原料，在结构设计时，减少屋面板的理论搭接量，甚至人为减小房屋坡度、龙骨截面，导致挠度变形不满足规范要求，极易产生积水而发生渗漏。

（2）由于造价因素，目前屋面所采用的压型板大多为波高较低的板型，而且搭接宽度不足，屋面积水容易漫过板型搭接部位而产生漏水。

（3）不当的施工、随意改变金属板设计造型造成金属板间缝隙的加宽变形，施工中外自攻钉橡胶垫圈受损，导致屋面很快就失去了防水功效。

（4）由于天窗处各种交接缝的防水卷材没有处理好，压型金属板面缝隙翘曲过量，导致缺陷处里外通风，强风或室内外的气压差将雨水引入室内，形成倒流水现象。

3. 设计因素

在施工中一般采取通用的屋面设计，没有按照房屋当地的天气环境与地理环境进行设计；屋面排水坡度设计不合理，排水坡度太小无法有效的排水，导致水大量集聚，严重破坏了防水层，还因冬天较冷，防水层被冻裂；在施工设计阶段没有对房屋的面积进行分析，导致排水口设计不合理，排水口之间的距离较远，就会产生积水的情况；房屋保温面没有安置排气孔或者设计不规范，保温层的水分就会迅速蒸发，防水层就会突出来，无法实现防水的功能而极易造成渗漏。

4. 维护方面的因素

在屋面工程中常用到的养护工作体现在两个方面：

（1）在施工过程中对于施工材料方面的管理以及养护，在施工过程中如果对于材料管理方面的工作做得不好，会让混凝土硬化，从而会导致浪费材料，让工程的成本增多；

（2）在工程结束后需要进行的养护工作，屋面是一种比较重要用于外围防护的结构，在使用过程中肯定会要经受长时间的来自自然环境等一些的侵蚀，所以需要对其采取一些必要的养护措施，一旦缺少相关的养护，会导致屋面很容易出现排水障碍或者是老化的现象，减少屋面的使用时间。

（二）卷材防水屋面渗漏问题的防治措施

1. 建筑屋面防水设计及技术措施落实

建筑屋面是建筑围护结构重要组成部分，承载着立面造型、设备安装等诸多工程技术，平屋面的女儿墙、变形缝、设备基础周边檐口；坡屋面的天沟、檐口、出屋面管道；斜屋面天窗等部位，这些节点的防水构造相对要复杂得多，一旦处理疏忽，容易造成渗漏，也是屋面防水施工最容易出现渗漏的薄弱环节。通过多年来相关部门对工程案例的调查，初步统计出 70% 屋面防水措施处理不当，是有以上细部构造没有处理好引起的，也说明了细部构造设防布控难度较大，为屋面工程防渗漏的关键所在。

2. 加强新型防水材料的使用

现代信息技术和科学技术的进步为建筑行业的发展创造了良好的技术条件，目前，房屋建筑工程屋面防水施工中所能应用的防水材料和工艺技术规模在不断扩大，在屋面防水工程实际施工中，需根据防水工程实际特点及防水材料自身特性，选择适宜的建筑防水材料，以保证屋面防水层的防水功能。PCC 水泥基渗透结晶型防水涂料、JSA 聚合物水泥防水涂料等因具有较高的抗拉强度、变形适应能力被广泛应用于建筑屋面防水施工中，防水效果显著。

3. 引导设计人员全面认知防渗漏系统

建筑设计人员的设计会直接影响建筑工程的防渗质量，因此，作为建筑的设计人员要做好系统的工程分析，对于由于设计环节的欠缺而导致的房屋质量问题，要做到科学的分析，并进行合理的修正。对于工程设计而言，当设计图完成之后要与实际的工程施工人员探讨,并采纳他们的意见,从而对设计图纸不断的修正,使得设计能够符合实际的施工需要。

4. 规范操作使根除渗漏成为可能

在建筑施工中发现，水泥砂浆抹灰的墙面产生裂缝空鼓和龟裂的问题已很普遍；柔性防水屋面也出现了剥落、起鼓、开裂等；究其原因，是由于对防水材料的耐候性、兼容性、施工环境等不熟悉而造成选材不当所致；操作工采用喷灯温度均匀不一而导致卷材搭接脱开、卷材反翘、剥离等亦是原因之一。诚然国内也可使用类似国外聚合物改性砂浆，用于混凝土砂浆修补材料。总之，施工的规范操作是根除渗漏的主要方面，尤其体现在建筑加层修缮中。

二、涂膜防水屋面

（一）涂膜防水的流程

建筑物屋面涂膜防水的施工流程：屋面基层处理→配置涂料→确定喷刷防水涂料的遍数→喷刷防水涂料→验收→保护层施工。

（二）建筑物屋面的基层处理

屋面基层是防水层赖以存在的基础，涂膜防水对屋面基层的要求比卷材防水层更为严格，具体表现在对基层平整度、坡度、表面质量及含水率等要求方面。

1. 基层平整度的要求

要保证屋面涂膜防水层质量，关键是处理好基层的平整度。基层表面一般表现为凸凹不平或局部隆起，在进行涂膜防水层前没有处理好，容易出现：

（1）涂膜厚薄不均匀或基层凸起的现象，会导致涂膜厚度减薄，从而影响防水层的耐久性；

（2）基层的凹陷部位，则导致涂膜厚度增加，容易出现皱纹。所以，涂膜防水规范标明：选用 2m 长直尺来检查基层的平整度，缝隙要小于 0.5cm。

2. 基层坡度的要求

屋面基层的坡度不能太小或出现倒坡，否则会出现屋面排水不畅，甚至长期积水的现象，导致涂膜防水层长期浸泡在积水中，涂膜特别是水乳型的如果长期浸泡，可能会出现“再乳化”现象，从而降低了涂膜防水层的性能。

3. 基层表面质量要求

如果屋面基层表面出现酥松、强度过低或裂缝过大现象，涂膜与基层往往黏结不牢，致使涂膜与基层容易剥离，屋面就会出现雨水渗漏。因此，规范中规定屋面基层需压实平整，避免基层表面有酥松、起砂或起皮等现象。

4. 基层含水率要求

对于不同类型的涂膜防水层来说，其基层含水率不同，影响的程度也不同，一般来说，基层要求干燥。溶剂型防水涂料对基层含水率的要求大大高于水乳型防水涂料，因为溶剂型涂料必须在干燥的基层上进行防水施工，否则会产生涂膜鼓泡的质量问题。

（三）涂膜防水层的施工技术

1. 施工前涂刷基层处理剂

在屋面基层表面涂刷施工前，必须清扫干净基层表面的尘土杂物，并要铲平、扫净、抹灰或压实表面的残留杂物，确保基层表面保持干燥、平整及牢固，避免留有空鼓、开裂或起砂等缺陷。在基层涂膜防水层施工前，首先进行基层处理剂的涂刷，涂刷处理剂的目的：

（1）将基层表面的毛细孔堵塞，不让基层的潮湿水蒸气向上渗透到防水层，避免防水层起鼓；

（2）涂刷处理剂，可以使基层与防水层间的黏结力大大增加；

（3）清扫干净基层表面的尘土杂物，有利于处理剂的黏结，可选用防水涂料稀释后的处理剂涂刷基层；

（4）应用力薄涂涂刷基层处理剂，确保处理剂能更好地渗入基层毛细孔中。

2. 涂料配合比与搅拌

涂刷施工时，若防水涂料是由多组分混合而成，应按一定标准比例的配合比准确计量，并进行充分、均匀的搅拌；个别的防水涂料，鉴于其稠度和凝固时间的需要，需添加稀释剂、促凝剂或缓凝剂。各种的防水涂料加入后必须充分搅拌，才能确保防水涂料达到要求的技术性能。特别对于内部含有较多纤维状或粉粒状填充料的水乳型涂料，如果搅拌不均匀，会导致涂布难度加大，涂层中会残留下未拌匀的颗粒杂质，影响防水涂料的防水性能。

3. 涂刷的厚度要求

涂膜防水屋面最主要的技术要求是确保涂膜防水层的厚度，原因：

（1）防水层太薄，屋面的整体防水性能会大大降低，使用寿命会缩短；

（2）发防水层太厚，又会造成一定的涂料浪费。以往为确保涂膜防水层的质量，一般要求涂刷一定的遍数，也有按照每平方米涂料用量来进行涂刷，但这种做法会增加用料成本，为减低成本往往减少防水涂料中的固含量，即使涂刷达到规定的遍数或用量要求，但最后成膜的厚度并不达到规范要求，因此，新规范中规定：防水层质量的技术指标要用涂膜厚度来进行评定。

在进行涂刷过程中，防水涂料不管厚质或薄质，都需分开多次涂刷，不得一次涂成。若一次涂成，厚质涂料其涂膜一旦收缩或水分蒸发，容易出现开裂；而薄质涂料则较难达到规定的涂刷厚度。

4. 胎体增强材料铺设要求

胎体增强材料的铺设，可选择在涂料第二遍涂刷时进行，或第三遍涂刷前进行。胎体增强材料的铺贴方向，根据建筑物屋面的不同坡度具有不同的规定：

（1）若建筑物屋面坡度< 15%，铺设方向应平行于屋脊；

（2）若屋面坡度> 15%，铺设方向应垂直于屋脊。胎体搭接时，其长边宽度要≥5cm，短边宽度要≥7cm。如果选用二层胎体增强材料进行铺设，铺设时上下层不得互相垂直，且应错开胎体的搭接缝，搭接缝的间距≥幅度的1/3。

5. 涂刷方向与接茬

屋面涂膜防水层质量保证的关键是防水涂层涂刷致密。涂膜防水层的涂刷时方向要求相互垂直，以达到上下遍涂层互相覆盖严密，这样可以防止产生直通的针眼气孔，大大增强涂膜防水层的均匀性及整体技术性能。涂膜防水涂层之间的接茬，在每遍涂布时，退茬和接茬均应在 5cm ~ 10cm，可以减少接茬处因涂层薄弱而发生渗漏现象。

6. 防水层的收头处与泛水处

涂膜防水层的收头处应使用密封材料加以封严，或者用防水涂料进行多遍涂刷。防水层收头处的胎体增强材料，应进行整齐裁剪以及牢固黏结处理，涂封前避免出现翘边、皱折或露白等现象。防水层泛水处的涂膜，直接涂布至女儿墙的压顶下最为适宜，并在压顶上部加设防水处理，防止泛水处或压顶的抹灰层产生开裂而出现雨水渗漏。

7. 屋面涂布原则

进行屋面涂布时，应遵循规范原则：先高后低、先远后近。若大面积屋面处于相同高度，施工段应合理划分并尽可能安排在屋面变形缝处，先后次序参照施工和运输方便合理安排，先涂布较远的屋面施工段，后涂布较近屋面施工段；先涂布屋面排水较集中的水落口、天沟或檐沟，再向上涂布到屋面的屋脊或天窗。

（四）涂膜防水层的养护与保护层

整个建筑物屋面的防水涂膜施工完成后，便进入自然养护的时段。养护阶段涂膜防水层的厚度还不能承受较大的穿刺力或受压力，为确保防水涂膜的完整性及防水效果，避免人为因素破坏，在涂膜防水层实干前，禁止在防水层上进行任何施工作业，并禁止在涂膜防水屋面上直接堆放物品。涂膜防水层上还应加设保护层，它有利于避免阳光直接照射防水层，致使防水涂膜过早老化；加设刚性保护层，可以保护涂膜防水层免受外力或外物造成穿刺或损伤，更有利于涂膜防水层的实用性和耐用性。

保护层选用的材料可以有多种：

（1）选用浅颜色的保护涂料等柔性材料；

（2）选用砂、云母或者蛭石等细材；

（3）选用水泥砂浆等刚性材料；

（4）选用大介砖等刚性块材。

在保护层施工中，需要注意如下两个方面：其一，当选用刚性材料时，为防止刚性材料伸缩而产生形变从而导致防水层开裂，因此需要在两种材料之间增加隔离层。其二，刚性材料与女儿墙之间需预留缝隙，并在缝隙中填入油膏等材料，防止刚性保护层受热膨胀拉裂女儿墙。

第二节 地下建筑防水工程

一、地下建筑防水工程施工技术

（一）柔性防水的施工技术

运用 APP 和 SBS 等防水卷材开展防水卷材施工，可将卷材按照一定方法采取冷底子油和热熔法，于在垫层、砖模或结构层上进行相互搭接粘贴，使之有一个密闭不透水的整体形成，然后以土工布、砂浆、细石砼或保护板对卷材进行保护，确保其不遭到破坏，包裹起建筑工程的地下部分，来实现有效防水。在此期间，必须确保防水卷材不能损坏和产生漏铺问题，这就需要把卷材的搭接和粘贴一定处理好，并将管道口、钢筋等穿透卷材细部也处理好。

（二）刚性防水施工技术

作为防水主体结构的防水砼，工程防水的基本保证就在于其能够不裂不渗，所以，地下工程防水应关注的重点就是防水砼施工。当施工过程中，必须对影响防水砼自防水效果的相关因素做细致的分析，并把相应的预防措施运用好，使砼自身的防裂和抗渗能力得到有效改善。

1. 防水砼的质量必须符合要求

由水泥、砂、石子、膨胀剂、粉煤灰、水等构成了防水砼的主要原材料。要求 ≥32.5# 的水泥品种强度等级；应有 5 ~ 40mm 的石子粒径和 5 ~ 32mm 的泵送、≤1% 的含泥量；应采用中砂，≤3% 的含泥量，≤1% 的泥块含量。若将 10% ~ 12%U 型膨胀剂掺入砼中，可提高 1 ~ 2 倍的砼抗渗能力。通常泵送砼应将粉煤灰掺入，其质量应达到一级，掺量 ≤20%。要采用不含有害物质的洁净水。对所有材料必须先检后用，先把现场抽样检验工作做好，必须确保达标才可使用，其重点就是对砂石含泥量及级配进行控制。

2. 做好砼配合比设计

（1）配合比设计工

作需要的实验室应具备相应资质和能力，按 ≥300 kg/m^3 的水泥用量、35 ~ 45% 的砂

率和 ≤0.55 水灰比和不应＞ 180 mm 的入泵坍落度。

（2）搅拌计量要准确。若现场进行砼的搅拌，在使用前应做好校验配料系统工作。经过交底和培训操作人员后再进行人工添加膨胀剂及粉煤灰，要确保准确率，达到 ≤0.5% 的误差。在加入粉煤灰和膨胀剂之后的砼搅拌时间要比普通砼延长 30s，拌和均匀各种材料使之作用得到发挥。若当搅拌站不能按配合比将足够的 U 型膨胀剂掺入，导致砼的膨胀和防水效应不高，就不能发挥应有作用使工程需要得到满足。所以，必须使各种材料特别是 U 型膨胀剂的准确计量得到保证。

（3）必须处理好施工质量及细部结构必须做好施工缝、后浇带、钢筋撑角、穿墙管道和螺栓、桩头等细部结构问题，确保工程的施工质量。在砼振捣过程中，必须保证有专人负责，振捣时间应保持在 10 ～ 30s 之间为宜，标准必须控制在混凝土泛浆和不冒气泡为准，使不漏振、不欠振和不超振有可靠保证，同时后，还要严格依据预先设计好的浇筑方法开展浇筑工作。

（4）砼的拆模及养护、保护工作要做好。养护防水砼必须按照严格标准进行，使砼的表面湿润得到保持。最好要延长防水砼的带模养护时间，具体施工过程中，存在一些工地为了使施工赶进度，刚达到 1 ～ 2d 就拆模，由于这个时间的砼处于水化热温升最高的阶段，拆模过早就容易导致散热快，墙内外温差就增加了，就很容易导致成温差裂缝的出现。应于第 5d 对墙体宜进行拆模，养护应带模慢淋水进行，当拆模之后必须以麻布贴墙同时淋水保湿养护 10 ～ 14d。由于建筑物的底板通常则同时为大体积砼，这就需要依据施工季节及现场的施工的条件，将合理的养护方案制订出来，以确保硷中心温度与表面温度的差值、砼表面温度与大气温度的差值均处于 ≤25℃；在夏季就应采取蓄水或湿麻布养护措施，而冬季则需要以塑料薄膜和保温材料做好保温保湿的养护工作。

二、地下建筑工程防水施工质量控制

地下建筑工程开展防水质量控制的方面包括多方面，影响的因素也非常多，在进行防水施工的各个阶段，包括防水材料的质量、设计的合理性、把握施工技术要点和监督、审查力度在各个阶段的工作开展。每一个细小的施工环节掌握不好，都有可能造成地下建筑工程防水质量控制的失败，最终导致防水质量问题出现，影响建筑工程质量。

（一）加强防水设计阶段的质量控制措施

设计工作是任何工作开展的先期工作，要想提高防水施工质量，进行合理的设计方案是一个前提条件。建筑工程的业主要事先向设计单位提供工程的防水要求及抗渗等级，以便于设计单位开展设计工作，提供足以应对工程需要的防水方案。设计单位进行防水设计是既要考虑防水方案，又要兼顾考虑排水方案的制定，也可以实行多层设防的设计思路，实现防水的基本功能要求，坚决杜绝出现防水薄弱点。设计方案必须兼顾灵活性，施工过程中可能因为各种原因对原有设计方案进行修改，这就要求设计方案能随机应变，适应施工的具体要求，保障防水施工的顺利进行。

（二）控制施工阶段的质量标准

1. 确保防水材料的质量达标

施工阶段是实现防水工程的重要步骤，再好的设计也离不开高水平的施工，而且在进行施工时主要是依据良好的施工材料，防水混凝土作为最重要的施工材料，决定了防水工程的质量基础，必须保证防水材料的质量，无论在进行材料采购环节、进入工地进行抽检环节，还是在工地的存储阶段，都要做好全方位的质量控制工作，材料进入工地后的复核工作是对采购工作的监督，这样可以有效保证材料符合采购要求和工程的质量要求。同时，在进行施工过程中，必须杜绝偷工减料的行为，这种严重损害防水工程质量的行为必须进行严肃处理，以保障防水工程质量实现有效控制。

2. 严格工程结构施工的质量

防水混凝土是防水工程结构的主体材料，其粗细料的配比要求非常严格，根据其防水性能进行确认配比的搅拌作业对于实现防水材料性能达到最佳有重要作用，在进行实际施工前进行试验性施工是展开正式施工的前提，这样可以确认防水混凝土是否达到标准，一旦符合要求，就可以开展进一步的主体结构施工作业。在进行混凝土浇筑过程中很容易出现一些裂缝，为了防止裂缝出现，可以采取设置施工缝的方法来避免裂缝出现，也可以对混凝土入模温度进行控制，防止裂缝的出现。在进行施工过程中，振捣工作是非常重要的，高质量的振捣有利于混凝土浇筑出高密度的密实度，在利用分层浇筑方式来确保二次振捣工作的开展，通过振捣棒直至深入下层混凝土最终实现浇筑主体混凝土不会出现离析情况，密实度也达到了相应的标准。一旦主体结构完成浇筑，保温保湿工作必须做好，高质量的防护工作有利于混凝土结构的强度达到最优，延长模具拆卸时间和养护也有利于混凝土强度的达标，从而保障混凝土主体结构防水质量的最终控制。

3. 地下防水施工细节构造的处理问题

一般地下防水工程的问题都出在一些细节问题上，很多的特殊部位由于在施工过程中难度相对大，而且施工时不易注意，导致漏水和渗水的情况时有发生，所以处理好地下防水施工细部构造非常关键，细部施工环节有以下几个地方。

（1）处理施工缝。地下建筑工程的底板必须进行连续浇筑施工，不可以留施工缝，一旦留有施工缝，很容易从底部渗入地下水和潮湿的水汽，这样就无法保证工程的防水质量控制。假如工程要求必须留有施工缝，则必须留置在一些变形和受力较小的部位，而且只有在完成两侧混凝土的浇筑后，才可以利用防水膨胀剂进行施工。在对地下工程的外墙进行施工时，施工缝必须留置在墙高两米以上的部位，而且必须是水平的施工缝，如果施工缝的留置是竖向则需要把施工缝留在后浇地带和沉降缝处，必须避免将施工缝留在剪力最大的侧壁与底部交接地带，而且必须在留置施工缝的地方用膨胀橡胶止水带和钢板止水带来进行设置，在浇筑实施时，要先进行施工缝两侧混凝土拉毛的处理工作，而后再进行浇筑作业，将浇筑墙体进行清水洗涤后，用水泥浆进行涂刷，而后再刷防水混凝土，因为混凝土具有一定的收缩性，微膨防水混凝土的采用必须合理利用。

（2）处理好穿墙螺栓的止水问题。地下建筑工程完成整个施工后，穿墙螺栓极易成为整个工程防水的薄弱之处，必须加强对螺栓处的防水处理，防止其影响整个工程的防水质量。一般的措施是先在螺栓处凿一个两厘米左右大小的缺口，把螺栓从根部进行切除，经过冷却后，再利用防水砂浆将缺口进行填补，从根本上消除了墙体的防水薄弱部位，保障了整个地下建筑工程的防水质量控制。

（3）处理好穿墙管部位的防水。地下建筑工程不是一个独立的混凝土工程，其中包括给排水、电气工程在内的多个种类的设施设备在为业主提供服务。在墙体内大量埋藏管线及洞口，用于电线的铺设和供水排水管道的铺设，这些部位无疑也是地下工程防水的薄弱环节，所以必须采取一系列措施防止这些地方出现问题。通常在进行浇筑混凝土之前就在这些管道穿墙部位留有套管，在管道与墙体接触的地方设置止水环，而且在管道与套管内部也设置膨胀止水带，从而实现防水的功能，而且在后期混凝土浇筑过程中加大振捣力度，进一步确保这些部位的混凝土浇筑密实度增强，防止水汽的渗入。

第三节　室内防水工程

随着房地产市场的蓬勃发展，以商品住宅为主的多、高层建筑如雨后春笋般拔地而起，这就对建筑市场提出了一个更高的要求，要求建筑市场必须不断地提供完美的建筑精品，以满足人们日益增长的居住需求。优质的建筑防水工程就是人们对建筑产品追求的需求之一。为了满足人们对建筑产品居住条件的需求，建筑防水工程除了屋面防水，地下室防水和地面防潮工程之外，室内防水工程就显得尤为重要。我们知道，防水处理施工的质量合格与否是衡量室内装修质量的重要指标之一，但从现有的情况来看，目前住宅商品房交楼的工程质量通病问题明显的变化与特点就是涉及室内的建筑构造防水质量通病明显增多。

一、室内防水的必要性

室内防水处理得当，将使整个工程质量更加完美，使人们的居住环境更加适用。如果处理不当，不仅给工程质量留下缺陷，而且给人们的日常生活带来诸多不便。如此一来，做好室内防水是必要的。

二、室内防水工程的基本特征

（1）相对屋面、地下防水工程，由于室内防水工程不受自然气候的影响，温差变形及紫外线影响小，耐水压力小，因此，对防水材料的温度及厚度要求较小；

（2）室内防水工程较复杂，存在施工空间相对狭小、空气流通不畅、厕浴间和厨房等处穿楼板（墙）管道多、阴阳角多等不利因素，防水材料施工不易操作，防水效果不易保证，选择防水材料应充分考虑可操作性；

（3）受水的侵蚀具有长久性或干湿交替性，要求防水材料的耐水性、耐久性优良，不易水解、霉烂；

（4）从使用功能上考虑，室内防水工程选用的防水材料直接或间接与人接触，要求防水材料无毒、难燃、环保，满足施工和使用的安全要求。

三、室内防水工程的内容

室内防水工程主要包括厨卫防水、外墙防水和外窗防水三个方面。

（一）厨卫防水

厨房和卫生间是住宅的重要组成部分，随着社会进步和人们生活水平的提高，人们对厨房卫生间的舒适性和实用性也提出了更高的要求。但多年以来，在住宅楼厨、卫楼面工程中，经常看到渗透、漏水现象，严重影响住户正常使用及其美观，给住户带来诸多不便，这种现象经常在住户精装修完毕，入住后才会被发现。不仅维修起来费工、费力，且维修困难较大，很难找出渗漏点，经常出现维修几次都不能解决问题的情况，在质量信誉上也给建设单位造成了不良影响。目前，厨卫渗漏现象已成为工程质量通病，是一个亟待解决的质量问题。

（二）外墙防水

外墙防水首先应该是外墙结构防水，如果外墙自身不能防水，则往往容易出现雨水渗漏现象，从而大大降低了人们居住生活的品质。砌体墙身防水的关键在灰缝，灰缝的砂浆饱满度常常是引起墙身防水失败的主要原因。

（三）外窗防水

在现代建筑中采用先塞法的木窗安装越来越少，取而代之的是大量的后塞法安装的铝合金或塑钢窗，在窗框安装后。由于窗框边填塞不密实，常常成为雨水渗漏的主要通道。外墙防水做得再好，外窗防水不成功，仍然满足不了室内防水工程的要求。

四、防水措施和对策

（一）外墙防水措施和对策

（1）明确规定砌体竖向灰缝的砂浆饱满度要大于 80%。对于填充外墙，还必须注意墙顶斜砌部分的砂浆饱满度和新砌墙体沉降问题。如果填充墙顶斜砌砌体与墙身连续施工一次完成，往往会因墙身沉降而在墙顶出现水平空缝，成为外墙防水之大忌。因此斜砌砌体必须在墙身砌体砌筑 7d 后，待墙体完成沉降后方可施工，以确保填充墙的工程质量砌体工程和验收规范要求。

（2）外墙粉刷的砂浆配比应尽可能地达到或接近级配，以确保材料成型后的密实度。在粉刷施工时，应尽可能地将砂浆压实。外墙粉刷应确保平整、密实、不空鼓、无裂缝。在有贴面材料的外墙，施工中在确保贴面质量的前提下勾缝工序质量也非常重要。

（3）钢筋混凝土外墙的防水，除要求混凝土浇捣密实外，处理好对拉螺杆孔的防水至关重要。对拉螺杆孔的封堵，在不计较成本的情况下，可用遇水膨胀止水条封堵。若考虑施工成本，可采用 10mm 厚、50mm × 50mm 的木块，居中钻一对拉螺杆孔，穿在对拉螺杆两端并固定，固定后的两木块外侧距离为墙厚。施工时两木块夹在钢筋混凝土墙身的内外模板之间，施工完毕后拆模取出螺杆，并去掉已埋在混凝土墙体中的木块，在混凝土墙体对杆螺杆洞口留下一个个 50mm × 50mm × 10mm 的小坑，在外墙粉刷时，可增加对拉螺杆洞口的粉刷厚度，提高防水效果。

（二）外窗防水措施和对策

（1）按标准图集的要求，外窗台做大于 2% 排水坡度，并保证外窗台高度至少低于窗台高度 20mm，此外，为了确保外窗的防水效果，以确保窗框边缘能填实压实，应注意内外窗台不能同时施工，应先施工内窗台，间歇 3d 后再施工外窗台。

（2）对于保温外墙窗框边缘的发泡胶填塞，宜在窗洞留置后，用 1 ： 2 水泥砂浆修补洞口，以保证外窗的防水效果。修补洞口的砂浆应压实抹光。窗洞修补后，即可安装窗框，填充发泡胶。

（3）外窗安装后窗框和窗洞粉刷接缝处的密封胶施工，是外窗防水施工的最后一道防线，成功与否至关重要。另外为全面确保外窗的防水功能，窗扇上的玻璃施工也不能忽视。

（三）厨卫防水措施和对策

（1)在厨卫防水方案设计时结合选用的防水材料作总体构思，并与排水方案综合考虑，刚柔结合。对于重要部位，如管道预留孔洞、预埋件位置、防水层做法等做好工艺资料图反馈给相应的工作人员，为了尽量减少设计中的失误，在正式出图前同土建、水电、暖通等号业设计人员对图纸进行会审。

（2）在结构设计上，为了增加结构刚度和渗透的难度，可考虑将厨卫的现浇板设计成槽板式或周边反梁式，适当加大楼板厚度。在建筑设计上，增设防水层作法，做好防水找坡以达到防水效果。

（3）厨卫中使用的材料都应严格把关，监理人员要对进场的材料仔细检查验收，看材料是否有出厂合格证和产品说明书，同时还要对产品的型号、规格、外观等进行检查，如：管道搬运和装卸过程中是否柯残损、裂痕，管件偏丝、断丝、螺纹不规整，水龙头及各给水阀密封圈是有损伤、松懈等。一旦发现不符合要求的材料，立即停止使用。

（4）厨卫地面的排水坡度控制在3%左右，定出集中排水方向。用细石混凝土找坡，地漏安装要低于地坪20mm左右，存水弯和排水横管要安装支架或吊筋，排水横管坡度要明显。

（5）涂膜防水层操作过程中，操作人员要穿平底鞋作业，地面及墙面等处的管件和套管、地漏、固定卡子等不得碰损、变位。涂防水涂膜施工时，不得污染其他部位的墙、地面、门窗、电气线盒、暖卫管道、卫生器具等。

（6）卫生间浴缸下地坪用水泥砂浆抹面压光，定出排水方向，找出坡度，浴缸下单砖墙要留检查孔和出水孔，便于检查、清理及排水。

（7）现浇楼面、屋面板时，一定要预留空洞，该加套管的空洞最好在浇筑时固定好，在二次浇灌地漏和存水弯处的混凝土前，应先把洞口附近的杂物清理干净并凿毛清洗，洞口处的吊模要支牢，洞口四边抹上水泥浆用比原混凝土提高一级的细石混凝土浇筑，水灰比控制在0.7以内捣固密实，注意养护。

（8）洗面盆、洗菜池安装要平衡牢固，防止受力晃动，排水管接头松动漏水。

（9）厨卫防水层完工后，应做24h蓄水试验，蓄水高度在最高处为20 ~ 30mm，确认无渗漏时再做保护层或饰面层。设备与饰面层施工完毕还应在其上继续做第二次24h蓄水试验，达到最终无渗漏和排水畅通为合格，方可进行正式验收。

总之，随着房地产市场的蓬勃发展，为了满足人们对建筑产品居住条件的需求，室内防水工程将在建筑施工中提升到越来越重要的地位。因此，我们必须高度重视，不断总结、提高施工与维修技术水平，使室内防水工程的施工质量真正得到控制。

第八章 施工项目招投标与合同管理

第一节 施工项目招标和投标

一、建设项目招投标程序的研究

（一）招投标的一般程序

招投标的一般程序分为招标，投标，开标，评标和定标等。

1. 招标

招标分为邀请招标和公开招标。邀请招标指的是招标人选择的供应商或承包商，接受招标人发出的投标邀请，相互投标竞争，再由招标人从中选出中标者的招标方式。公开招标指的是招标人在公开媒介上发布招标公告邀请不特定的投标人或者潜在投标人参与投标，并从中择优选择中标人的一种方式。

2. 资格预审

资格预审是指在招标开始之前或者开始之时，由招标人或者招标代理机构对投标申请人的资质条件、信誉、业绩、装备等因素进行资格审查，只有经认定为合格的投标申请人才有资格参与投标。

3. 投标

建设工程投标是指投标人应招标人邀请，根据招标文件的条件和要求，在规定的时间内报价，争取中标的行为。

4. 开标

开标即招投标过程中，在招标主持人主持，所有被邀请的投标人参与，行政监督部门或公证机构人员监督下，在招标文件约定的地点和时间当众对投标文件进行开启。

5. 评标

评标即以招标文件中事先确定的评标标准和办法作为评标基准对各投标文件加以比较、分析、评价，并从参与投标人中选出中标人的流程。招投标环节中最重要的环节之一便是评标，评标的公平公正决定着整个招投标行为是否公正公平，评标的质量决定着能否从众多投标者中选出最优者。

6. 定标

定标是指按照评审结果选出中标人。

上述是招投标活动的重要环节，一般从开始制定招标文件的内容时，即在资格预审时，招投标权利寻租双方便人为设立歧视条款，排除潜在对手，降低入围单位的数量，给串标和围标等制造有利条件，极大加大了寻租企业的中标概率。由此可见，资格预审在招投标活动中占据着重要作用。

同时，评委会扮演的角色十分重要，是“暗箱”操作行为中的关键所在，必须对评委会的权利加以限制。在评标结束后，未宣布结果前，由专家管理委员会进行标后评价。为了治理招投标活动中的各种违规现象，招投标监管机制应改进，因此应引入招投标公正度评价制度。即宣布中标结果后，订立工程承发包合同前，由管理部门对招标人、投标人及评标专家发放公正度评价表。招投标活动一旦出现不公平，应该及时送交相关部门，督促其开展调查。

二、关于资格预审的研究

（一）外国的资格管理

先进国家实施的资格预审制度较完善，整体说来与我国相类似，但着眼于各细节中，有着更为审慎仔细的实行办法。

1. 美国资格预审制度

在美国，招标人负责整个招标过程，投标者虽然数量不受限制，但投标者的信誉、资质等因素却非常相关。一般说来成本超过 5 万美元，就必须开展资格预审。“假设下列任何一种情况出现，招标人即可禁止投标人通过资格预审或拒绝接收投标文件：招标人不满意投标企业以前或正进行的施工；投标者存在违约行为；投标者的道德有问题的。”

除此之外，针对政府投资项目，投标人参与投标必须提交担保保函，因此，该保函金额可用来衡量投标人资格，增加或减少保函金额表明更改投标人的资质要求。由此可见，对于美国的建设项目来说，资格预审阶段的作用尤为重要。投标人对此了然于心，清楚只有把资格预审做好，才能确保顺利开展后续工作。

2. 英国及其联邦地区资格预审制度

英国和它周边的联邦地区的招投标过程中，招标人一般通过以下途径来明确中标人。

第一种是招标人自行保留一份合格投标人名单。招标开始时，招标人从该名单中挑选合适的投标人。他们往往是过去便通过了招标人开展的资格预审，或者是长期与招标人保持着合作的关系，招标人主要负责监控，按时更新手中的名单，去掉综合实力低下的公司，并吸收各方面条件都较好的新企业。

第二种是替特定项目拟定一份一次性合格名单，仔细来说即，招标人就特定建设项目发布招标公告，对投标人进行资格预审。只有通过审查的投标人才能列入这份名单，进而提交投标报价。进行资格预审的企业必须按照有关规定提交材料，证明自身拥有相似经历，并提供财务状况的证明材料，以及组织和技术能力等。

3. 日本资格预审制度

20 世纪 90 年代初，日本建立了一套承包企业资格评审系统，该系统适用于公共项目，唯有顺利通过该系统评价的承包企业才有资格参与投标。

在这种评价系统下，承包企业按要求应提交下列资料：

（1）每年平均完成项目的总值；

（2）各个项目的平均价值；

（3）项目参与人数；

（4）财务状况；

（5）技术人员力量；

（6）从事项目的时间；

（7）履约情况；

（8）从事特殊项目经验；

（9）安全记录；

（10）工人福利。

承包企业的排名依据以上因素确定下来。因此，在招投标活动中仅仅需要简单地核查投标人的资格。同时，政府还提倡承包企业组成联合体投标，借此提高自身的实力。这种方法操作简便，但承包商每年需提交大量材料。

这套方法建立在对承包企业长时间的审查上，能够十分精确地了解到各企业的真正实力，这能够帮助政府在纷繁复杂的项目中较快地确定承包商。这种方法可以促使承包商时刻注意增强自身的实力，而非为了投标而投标。此外，小型企业受到支持、鼓励而形成联合体一起投标，有利于自身的发展。

4. 国际工程师联合会推荐的资格预审程序

不管是采用政府投资还是国际金融机构贷款的国际招标项目，必须按照机会平等，程序公开和激烈竞争的原则开展资格预审，几乎都采用 FIDIC 推荐的预审程序。该程序中资格预审文件通常由工程师协同招标人准备，投标人按需填写申请表。资格预审通告需经由官方或国际金融组织的网站、刊物公开刊载。

招标人只对通过预审的投标人发出投标邀请，不对没有通过预审的投标人解释原因，投标人也无权向招标人提出质疑。同时，投标人有权自主决定是否进行投标。针对国际上的大型项目，招标人不仅能够审查投标人的综合实力，而且能通过考察投标人过去完成的项目了解投标人的资质信用。

FIDIC 倡导的资格预审程序在当下国际项目上普遍采用，它规范了各国进行资格预审的方法，有利于各个国家开展横向对比。顺利通过资格预审工作是承包商综合实力的体现，对企业将来的发展有很大益处。

5. 发达国家的资格预审制度给我国的启示

综上，我们可以从中得到：

（1）首先必须高度重视资格预审工作。国内众多建设项目在招标时，资格预审工作通常形如虚设。美国的做法值得借鉴，他们清楚资格预审的重要。依照上述简介来看，美国对资格预审的要求很严苛，针对参与政府工程投标的投标人，美国要求其提交项目担保保函。所以，我们应该充分重视资格预审工作，使其发挥重要作用，而不是忽略其重要性。

（2）然后，平时的工作中应有资格预审的深入。在美国，投标人资质等级是由专业公司做资格审查，该类公司有非常强的独立性和公正性，可以使得潜在投标人进行真正的公平竞争，这十分有利于投标人。

利用专门的公司开展资格预审，可实现长年不间断审查投标方，以防一些企业做“面子工程”。从这点出发，以上三个国家都采取了非常类似的做法，足以见得发达国家十分重视长期审查企业，因此企业提交的资格预审材料也更加值得相信。由专业公司做审查还能够减小招标资格预审的工作强度。资格审查公司往往拥有较硬的专业素质，能够从专业的角度审查投标人，所以某些招标项目甚至可以直接依据审查公司的结果开展预审工作。

（3）最后，应重视投标方资料的真实性。不管是国际还是国内招标工程，都要求提供真实准确的资料。特别是针对比较复杂的国际项目，要求其提供详尽的资格预审文件。但我国往往不重视这一点，有些招标项目为了缩短工期，只简单审查投标人的资质等级，预审工作更是马马虎虎，实现不了预审工作的真正目的。

（二）资格预审工作的研究

国内资格预审制度经过长年实践和反复检验，虽然在各区域采用的形式不完全相同，但整体上已经形成了比较统一的程序：招标人或代理机构编制资格预审文件并在建设行政主管部门进行备案，发布招标公告，投标人按要求提交相关证件，并按规定确定拟出任的项目经理、管理人员和施工人员等，而且要提供过去践行合同的情况等，以便评委会进行资格预审。

应按照相关规定，从评标专家库中随机抽取成员组建评标委员会。评标专家进行资格预审后，将通知预审合格的投标者，他们将获悉领取招标文件的相关事宜；没有通过预审的投标人也将得到相应结果。从现下项目招标的情况看来，资格预审通过的单位宜控制在

8 ~ 12 家的范围内。

1. 现行资格预审制度存在的重要问题

（1）资格预审公告的发布缺乏立法性

竞标制度在实践过程中，资格预审是十分关键的一步。《招标投标法》中仅仅针对资格审查做出了清晰的规定，但对资格预审是否必须发布公告，却并没有明确的表述。资格预审公告的刊登媒介与招标项目的受众范围不对称。比如，有些项目要面向全国招标，但刊登公告的仅仅是一家地方报刊，这就使得许多满足条件具有相应资格的投标人因不清楚招标项目的详细情况而无法报名。

资格预审公告发布时间过短，使得潜在投标人无法参与竞争。

（2）信息透明度不够

据有关规定，资格预审应在封闭的环境中进行，这样能防止投标方与评委接触，发生寻租行为，对结果造成影响。但是，这样做也滋生了很多问题，比如招标人利用封闭式的资格预审，从中做手脚，给自己中意的潜在投标人打高分，使其轻易进入下一轮竞标。招标投标工作因资格预审的公开化程度不高很容易出现问题。

（3）投标人与招标人串通投标

一些预审文件明目张胆地具有倾向性，例如在招标文件中标明比较苛刻的规定与条件，带有非常明显的排斥性，然而招标人内定的投标人往往符合这些条件。进而阻止了一些具有一定实力的承包人参与竞争，把它们拒之门外，使得招标人中意的投标人顺利进入下一轮竞争。

（4）假借资质、业绩参与投标

针对普遍工程来讲，通常仅需符合一定条件即可投标，这导致报名的企业较多，因此招致过大的预审工作量。因而招标方对投标方的考量变得比较困难，结果可信度也大打折扣。比如说招标人只对投标人的资质等级、业绩状况等看表面现象，而忽视了对其人员配备、财务状况和技术状况等的了解。某些投标人便钻空子，利用虚假的业绩和资质参与竞争，给招标人招致损失。招标人对投标人的审查常常流于表面形式，极少核查预审材料的真实性，这样便使得投标人的不端行为更加猖狂。

2. 完善资格预审制度

（1）加强对招标人的监管，提高资格预审的透明度

腐败的根本在于信息不公开，公开的信息是监督的前提。因此，在开展预审工作时，应做到审查条件、程序、标准以及审查结果的公开透明，提高透明度。为确保招标投标的三公，应当不断提高资格预审阶段的透明度，让其在开放的环境中进行，让有关人员了解资格预审情况，实现有效监督。

制定适用于招标人、招标代理机构、投标人、评标委员会及其他相关人员的行为准则，规范他们的行为。行为准则要提供相应的工作纪律、程序以及违规处罚办法等。此外，还

应当强化监管，将相关的人员回避与事项保密放进制度的笼子里，谨防有关人员发生寻租行为。

（2）规范资格预审公告

目前，我国的法律和行政法规并没有对资格预审公告作较多要求，有的也只是简单要求和招标公告相类似，从而使得一些招标人擅自提高门槛，将某些具备实力通过资格预审的企业排斥在外。行政监督部门对采用资格预审的建设项目，最好订立有关预审公告的制度办法，强制规定招标人发布标准的预审公告，使得资格预审公告成为招标公告的重要成分并施以强制要求，以便从根本上防止招标人以不合理条件限制或排斥潜在投标人。

（3）规范资格预审主体

国内现存资格预审主体主要有下列三种：

一是依据不同的建设工程成立资格预审小组。我国现在运用这种做法，招标人组织评委开展预审工作。对于不同的建设工程，招标人随机抽取专家组建评委会对各投标人进行评价。采用此法应当随时更新专家库，以防不够资格的专家混入其中。还应明确预审阶段的专家和评标专家不同，借此确保招投标的公平和公正。

二是由行业协会组建专门的部门进行资格预审。行业协会的作用伴随我国加入 WTO 变得尤为重要。由行业协会组建专门的具有较大权威性的资格预审部门，这些预审部门去开展资格预审让人放心。当进行预审工作时，预审部门只需出具投标人特定时间段内的资格预审报告，招标人只需进行复核后便可开展下轮竞争，这使得费用和时间得到较大节省。

三是依托金融机构提供的担保额度。众所周知，金融机构在提供担保时非常谨慎，他们所提供的担保金额通常体现了投保人的资信等级和经济状况。在开展预审工作时，投标人提供的担保额度可根据项目体量确定，不同的金额代表不同的门槛。后三种方法全是依托对投标人长期审查，这对招标人来讲大有裨益。通常，一次性的审查并不能揭示根本问题，投标人只有通过长期审查才能体现真正实力。所以，宏观上来讲，后面几种方法都优于国内当前所采用的办法。

（4）在资格预审制度中加入企业经营业绩综合评价理论

综合上述，由于资格预审制度自身不健全，因此要靠其他理论加以完善。开展预审工作时，由于指标不全面，不能反映关键问题，因此需要更全面的参数来充分考察企业。因为企业经营业绩评价理论的指标体系十分完整规范，因此可以借鉴该指标体系来使资格预审制度更加完善。

招标投标制度的资格预审阶段引入企业经营业绩综合评价体系具有较强的现实意义。在过去进行资格预审时，招标人往往要求投标人提供近三年的财务报表，尽管这些报表已被审计过，但仍含有一定粉饰成分在里面，其真实性还有待考究。深入企业去了解是彻底解决这个问题的有效办法，然而该法有时会得不偿失。所以，在解决这个问题时可参照该评价体系。将投标人的财务报表交出去审计，再利用该体系检验，则结果可信度将大幅上升。

（5）利用社会诚信体系规范资格预审工作

进行资格预审时，招标人首要考虑的是企业的信誉，信誉的好坏对于自身的发展是非常重要的。在解决如何衡量企业的信誉好坏时，社会诚信体系可以发挥重要作用。

先进国家与区域创办可以在整个国家范围内查询的个体、法人及其他组织的信用情况，为促进社会诚信水平的大幅提升给予了制度上的保证，我国应该采纳此法。因此，资格预审主体的资信等级及排名和种类繁多的分析报告便被信用调查公司牢牢掌握，招标人可据此对投标人做出准确判断。调查公司可以拒绝信誉较差、有过不良记录的企业进入下一轮竞争。相反，创办该体系后，投标人会对自己的资信等级十分留意，避免产生欺诈行为，为后续工作埋下苦果。

（6）强化监督检查，加大惩处力度

国内对资格预审工作的监管不够严格，缺少效果显著的法规和机制，因此造成了资格预审工作状况频出，工程建设领域各主体经常出现违规行为，例如围标、串通投标、私下承诺等。所以，建设行政主管部门的作用可见一斑，应对出现问题的投标者进行严厉处罚，促使建筑行业步入正轨。

在资格预审阶段，投标人弄虚作假十分常见，他们提交的资料多少含点不真实的部分。因此，进行资格预审时，招标人要对投标人提供的资料的真实性进行核实。招标人可按下列方法行动：创建并完善招投标公证制度；创建投标人资质认定和市场准入制度；增大对所有类型的欺骗手段的处罚。

三、专家评标的后评价

（一）增强对项目评标专家的管理

设立专家库，对评委进行培训和年度考核；对不尽责任、弄虚作假且违反招标投标有关规定的取消专家资格；严禁投标人私下与专家评委接触，评标时屏蔽所有电子设备，确保评标的公正性；评标专家名单事前应保密，公布评委名单不能过早，开标前一小时随机抽取评标专家；增强对专家评委的监管，采用相应方法评估他们的工作质量。要把评委的不良工作状况和行为记录以及对其做出的惩处结果载入数据库，并强化监督。

（二）开展专家评标的后评价

招投标过程是否公正公平主要取决于专家评委评标是否公正公平，为方便统一管理，应由资深专家代表及政府建设行政主管部门共同合力成立建设项目管理委员会，由他们对评标专家进行管理。一旦评标完成，由该管理委员会决定是否开展标后评价，且由被抽中的委员对原评标意见是否公正以及评标进程是否合理，原专家评委行为是否合法等进行评价。

专家的责任意识和积极性能被标后评价机制充分调动起来，标后评价机制不仅创办了约束及监管机制，还使评标专家严格要求自己。对于在后评价机制中出现的评标不公平的评委，不仅要创建约谈机制还要运用一定处罚手段，借此使他们更负责任。

四、招投标公正度评价

建设领域中有些招标人怀揣强行进行垫资、赚取额外利润和故意压低价格等不良愿望，采用假招标或者串标；或在招投标过程中搞暗箱操作，采取造假行为。为使招标投标监督制度更完善，应加快推行建设项目招标投标公正度评价机制。针对公开招标的建设项目，依据一定比例及不一样的工程性质采取抽样调查，全部的政府投资项目都应开展公正度评价。招标方、投标方、代理机构及专家评委只要被调查，全部应领取公正度评价表。针对招投标没有达到三公原则的项目，纪检及监察部门要进行调查。经过全方位查实后，这些项目的各有关主体要得到相应的惩处。唯有把招投标过程放入社会监督的笼子里，让社会监督与行政监督相结合，才能使招标投标过程更加科学、公正、公平。

第二节　施工项目合同管理

一、建设工程合同管理

（一）建设工程合同管理的概念

工程合同管理是对工程项目中相关合同的策划、签订、履行、变更、索赔和争议的管理，是工程项目管理的重要组成部分，是合同管理的主体对工程合同的管理。根据合同管理的对象不同，可将合同管理分为两个层次：一是对单项合同的管理；二是对整个项目的合同管理，在工程项目中的角色不同，则有不同角度、不同性质、不同内容和侧重点的合同管理工作。

（二）建设工程合同关系

建筑工程中签订合同的双方主要是业主和承包商，其次监理也是一个非常重要的参与方，工程合同中的关系也就主要指他们之间在合同中的相互关系。

1. 业主的主要合同关系

业主作为工程（或服务）的买方，必须与有关单位签订各种合同。

2. 承包商的主要合同关系

承包商是工程施工的具体实施者，同样必须将许多专业工作委托出去，相应的合同关系也比较复杂。

3. 监理的主要合同关系

总包招标阶段及洽谈合同阶段，监理一般不参与，待合同签订完成后参与合同执行管理；开工后的合同监理可以参与合同签订等一系列管理。监理合同的标的是服务，工程建设实施阶段所签订的其他合同，如勘察设计合同、施工承包合同、物资采购合同、加工承揽合同的标的物是产生新的物质或信息成果，而监理合同的标的是服务，监理参与合同管理应该站在中立的立场上，既要保证业主利益，也要保证施工单位利益，才能确保合同有效履行，偏袒任何一方都有可能产生纠纷，当然与监理的职业道德规范也是相违背的。监理合同主要规定监理工程师依据专业知识对工程项目进行预控和阶段目标管理，监理项目施工质量是否达到合同目标，监督工程质量安全管理，管理项目工期和施工进度，对工期滞后进行分析，协助业主的成本控制和进度款支付。监理人向业主办理完竣工验收或工程移交，承包人和业主已签订工程保修责任书，监理人收到监理报酬尾款，监理合同即告终止。

（三）建设工程合同管理的特点

从事建设工程合同管理不仅要懂得与合同有关的法律知识，还要懂得工程技术、工程经济，特别是工程管理方面的知识，而且工程合同管理有很强的实践性，只懂得理论知识是远远不够的，还需要丰富的实践经验。只有具备这些素质，才能管理好工程合同，这主要是由以下几方面决定的：

（1）合同管理具有较强的国家管理性。由于建设工程的标的物为不动产，工程建设对国家和社会生活的方方面面影响较大，尤其是国家重点建设项目和基础设施建设，因此与其他民商事合同不同，建设工程合同的订立和履行上，就具有强烈的国家干预的色彩。

（2）合同管理具有较大的复杂性。由于现代工程项目的复杂性，使合同关系越来越复杂、合同条件越来越复杂、合同的权利和义务的定义异常复杂、合同实施过程愈加复杂，要完整地履行一个合同，必须完成几百个甚至几千个相关的合同事件。因此，复杂的合同关系，决定了工程合同管理的复杂性。

（3）合同管理具有多层次全方位的协作性。工程合同管理不是工程合同的管理者一个人的事，从上到下，每个管理组织，每个具体管理部门，甚至是每个岗位每个人的工作都与合同管理有关。所以在建设合同管理过程中的各个管理部门相互沟通与协调，分工合作就显得尤为重要，这也体现了合同管理需各部门全员分工协作的协作性特点。

（4）合同管理的风险性。

（5）合同管理的动态性。

（四）建设工程合同管理在建设工程管理体系中的地位和作用

在工程管理体系中，做好管理工作的前提条件是要合同全面，正确地履行，圆满完成了项目建设任务。一般建设项目，包括了很多管理内容，如投资管理、进度管理和质量管理、合同管理。从管理过程来看，一个建设项目始于合同管理，同时也终于合同管理。可见，合同管理是工程建设的核心，起着总量控制和总保证作用，是建设整个项目实施和管理的指引。因此，在现代工程项目管理中合同管理具有非常重要的地位，已成为与质量管理，成本（投资）管理，进度管理具有同等重要的地位和作用。项目进度管理，质量管理，成本管理和合同管理承担了工程项目控制和项目管理的总体协调作用，是心脏和灵魂：

（1）合同确定项目实施和项目管理的目标。

（2）合同规定了双方经济责任，权利和合同利益。

（3）合同在工程建设过程中是合同双方的最高准则。

由此可以看出合同管理的地位和作用是不容忽视的。

二、索赔管理

（一）工期索赔管理策略

在项目建设过程中，经常因不可预见的干扰影响事件导致工程延期。工期延长对合同双方都不利，工期延误造成不能正常交付业主使用，同样业主的资金投入，不能按计划实现投资目的，不但是业主错失盈利机会，而且会相应增加开支；承对于承包方来说工期延长增加支付人工费、机械停置费用、管理费等，最终还可能要支付违约金，如果是非承包方原因所致工期延误，还需要去进行索赔，因此加强工期索赔非常重要。

（1）承包方在工程施工过程中，加强工程项目管理，严格控制工程进度，避免大量索赔事件。一旦出现工期索赔事件后，应认真分析影响工期事件，根据法律规定索赔应在索赔事件发生 28 日内提出，所以要把握好索赔时机，做好索赔的准备，特别是单项索赔，实践表明单项索赔的成功率远大于一揽子索赔，索赔值积累得越大，其解决对承包商越不利，因此应争取做好单项索赔。

（2）工期索赔管理必须注意安排专业人员进行系统的管理，从合同的签订到合同的履约完成，这个周期内都要把工期索赔纳入合同管理的范畴，积极做好对方索赔的应对措施，和自己向对方索赔的工作，作为合同管理人员通过对合同条件逐条分析，识别索赔机会，根据潜在的索赔落实到具体负责人，建立项目索赔程序，积极准备基础材料，索赔理由遵循合同条件，做到有理有据．包括有针对性的基础材料齐备并参考国际通用的计算方法进行计价，做到数据准确、材料齐全，一旦出现索赔机会，立即启动索赔程序，进行索赔。

（3）搞好与业主代表、监理工程师的关系，利用这些关系，争取各方面的同情、合作和支持，造成有利于承包商的氛围，从各方面向业主施加影响。这往往比直接与业主谈判更为有效。

（二）费用索赔管理策略

承包商对待不同的干扰事件和费用项目可以采用不同策略：

（1）如果一些费用项目如工程量有固定计算基础或标准的，尽量不要把费用的计算值扩大，防止对方察觉到。

（2）有些干扰事件如果将按实际费用支出计算索赔值可以扩大，如加速施工提出的索赔值。因为发包方对承包方实际费用开支进行鉴别的工作量比较大。

（3）对于合同范围外的工程量提出的索赔，承包方可以提高报价以增加利润。

（三）工期签证的策略

工程工期签证在工程实施过程中主要有延期开工、暂停开工、工期延误的签证，签证非常重要，看似简单，往往把关不严，要么没有办理工程进度签证或没有如实办理，结果在结算时往往容易发生纠纷。做好工期签证要注意一下这个几个问题：

（1）工期签证是工期纠纷案件中承包人主张权利或对抗发包人最有效的证据之一，因此必须有各方主体代表签字。

（2）工期签证中的事项一定要明确，尤其是在数量、日期、结算方式、结算单价等方面不能存在疏忽和遗漏。

（3）签证一定要及时，不得拖延到结算时才补签。

另外，签证人员要加强自律意识，对施工过程中涉及合同价之外的责任事件做出符合客观实际的签认证明，确保施工承包商的既有利益，也不损害投资建设项目业主的利益。

（4）履约抗辩权是实施工程签证和索赔的依据

建设工程合同是承包人以约定的期限和质量等级标准完成工程建设，发包人支付价款的合同。我国法律、法规对工程签证和索赔均没有相应规定，与此相关的法律是我国《合同法》有关履约抗辩权的规定。建设工程合同的履约顺序有先后，承包人作为先履行义务一方依法享有后合同义务抗辩权即不安抗辩权，《合同法》第283条对此有明确的规定。履约抗辩权理论是实施工程签证和索赔的法律依据，结合建设工程合同特点，履约抗辩权包括催告权即签证权、中止权、解约权、索赔权四项权项。

（5）防止索赔过期作废的合同管理策略

2013版施工合同和FIDIC合同条件把承发包双方的索赔期限都规定在28天内，逾期不提出视为放弃索赔，这就是索赔过期作废的合同管理制度。为防止索赔过期作废，提出一下建议：

①签证和索赔逾期提出可能会被认为放弃确认或索赔，凡是应该在施工过程中提出的均应按合同约定期限及时提出。

②加强专业的和有针对性的签证和索赔管理，提高和强化及时签证、依约索赔的意识和自觉性。

③做好履约管理，进行合同资料专管，合同管理过程检查。

（四）争议处理

第一、建设工程争议评审机构的组建模式：不宜采用依托各省、自治区、直辖市已经设立的经济仲裁委员会，在其内部设立建设工程争议评审中心的模式。推荐依靠民间力量，由优秀的建设工程专业律师，法学专家和具有丰富的工程实践经验的合约工程师组建单独的建设工程争议评审委员会，保证其民间性，独立性，专业性，权威性。

第二、评审意见的约束力需要重大突破，否则建设工程争议评审制度的规定就是一纸空文，制度的生命在于执行。

有的专家建议签署附加协议，在使用《标准文本》合同时，合同双方必须承认并签署该项目采用争议评审制度的附加协议，以便于将该模式确定为合同约定内容而具有法律约束力。这一制度设计过于烦琐，那么附加协议又该怎么规定的，其内容，以及效力问题有什么来规定呢？也有专家建议，借鉴国际上常用的做法，推荐采用评审意见对于双方均具有约束力的规定，且双方可约定其具有终局性。为了最大限度地发挥评审意见的效力，程序规则可采纳争议评审组在评审意见做出后一定时间内可以对意见中的错误和歧义部分予以修改的规定。同时，争议双方可以对评审意见进行部分接受，或者可以协商改动后接受，只对完全无法接受部分提交后续争议解决程序。这种制度设计也容易抵消建设工程争议评审的专业性、快捷性、经济性等优势，如果经过评审后仍然有非专业的诉讼机构解决，并且两种解决机制叠加造成解决的期限拖延，费用上升，那这样其不违背了我们这种制度的初衷。

因此，本书认为要在约束力的问题上有所突破，实现其约束力的终局性效力，应由法律和评审规则直接规定其效力，贯彻“一事不再理”原则，不在经过争议评审制度之后仍给适用其他争端解决方式留有选择余地。这种制度设计并不违背争议双方的自由选择权，争议双方的自由选择权应该在签订合同时行使，而不应在经过争议评审后的效力执行期间行使。评审结果做出后，应通过立法增设建设工程争议评审意见的非诉强制执行制度，使其具有终局性的法律约束力和执行力，并能有效借助公权力执行，这样不但保证了评审制度的有效性、快捷性、权威性，还可以为争端解决机构在解决我国建设工程纠纷中相互协调配合提供新的路径。

第九章　施工项目进度控制

第一节　概　述

所谓施工项目进度控制是指在既定的工期内，编制出最优的施工进度计划，在执行该计划的施工中，经常检查施工实际进度情况，并将其与计划进度相比较，若出现偏差，便分析产生的原因和对工期的影响程度，找出必要的调整措施，修改原计划，不断地如此循环，直至工程竣工验收。施工项目进度控制的总目标是确保施工项目的既定目标工期的实现，或者在保证施工质量和不因此而增加施工实际成本的条件下，适当缩短施工工期。

施工项目主要施工进度控制原理主要有：动态控制原理、系统原理、信息反馈原理、弹性原理、封闭循环原理、网络计划原理。西安曲江国际会议中心项目应用的施工进度控制原理主要有：动态控制原理、系统原理、信息反馈原理、网络技术原理。

一、动弹性控制原理

所谓动弹性控制原理就是弹性控制原理与动态控制原理的结合，因为施工项目进度控制是一个动态控制、循环进行、弹性管理相结合的过程。实际进度与计划进度进行一致时，目标实现；在各种干扰因素的影响，实际进度与计划进度不一致时，需要分析原因，拟定采取的措施，并调整原计划使计划与现场实际相吻合，现场施工继续按照计划进度进行，并且继续发挥对现场施工的指导和管理作用。若是在新的干扰因素作用下，又会产生新的不一致，施工进度计划需要按照上述方法进行动弹性控制，施工进度计划的控制过程就是一个动弹性控制的过程。另外，在施工进度计划编制要留有余地，使施工进度计划具有弹性，保证进度控制灵活性。

二、系统原理

（1）施工项目计划编制目的是对施工项目进度进行系统性的控制。首先必须编制总控性计划，即施工项目总进度计划，然后在将总计划细化为季度、月、周计划，甚至某些大型项目需要细化至日计划，这些施工进度计划将组成一个进度控制网络系统。进度计划细化的过程也是进度计划控制目标分解的过程，通过进度计划的逐层分解，从而保证施工项目整体进度目标的控制，实现施工现场施工任务、劳动力及材料的统筹。

（2）由施工项目各级管理人员组成项目施工进度计划控制责任体系和实施体系。不同层次的责任对施工项目的进度控制责任不一样，实施内容也是不一样的。例如，项目经理作为施工项目进度管理第一责任人，需要统筹安排进度，明确各部门进度管理责任，确定进度控制目标；生产经理则作为进度管理目标的实施的管理者，指导现场管理人员和作业班组落实进度管理目标的实现，工长或施工员作为进度管理的实施者，监督按照施工进度计划进行作业面、施工任务、材料及劳动力的安排。

（3）确保项目进度管理目标的实现还需建立一个可靠的进度检查控制体系。从不同的职能层面，具有不同的责任和义务，各部门、各管理人员分工协作，共同组成纵横连接的进度管理检查体系。必要时通过激励制度的建立，激励相关人员落实施工进度计划。

三、信息反馈原理

信息反馈是施工项目进度管理的关键环节，施工的实际进度通过怎样的渠道反馈至进度管理人员的层面，这就是在分工协作的基础上，需要对反馈的进度信息通过整理、分析，然后逐级向上汇报或者报告，并需进行初级措施的制定，直至反馈至项目领导层面。项目领导在比较分析的基础上，做出决策，制定合理措施抢工或者调整原有施工进度计划，使之与现场实际施工进度相一致。只有在这样不断的信息反馈下，才能形成进度控制强有力的控制体系。否则，施工项目的进度控制将永远是口头上的，或者是凌乱的控制，达不到预期目标。信息反馈原理应用的重点是做到进度分析信息的及时性、保证适宜分析频率和进度滞后措施全面性。这三者的关系统一的，缺任何一个，都可能形成进度控制的漏洞，进度控制形成“死角”。

第二节　进度控制技术

一、施工项目进度控制方法

施工项目进度控制方法主要是规划、控制和协调。规划是指：确定项目总进度控制目标和里程碑节点（分进度控制目标），编制符合节点要求的进度计划。控制是指：在项目施工全过程中，分析实际进度与计划进度的出入，分析偏差原因，制定有效措施。协调是指：主要是协调相关方的关系，形成有利于进度落实的各方关系。

本书的侧重点针对边设计、边施工工程进度管理。在工期履约策划的基础上，首先，通过科学合理的分析，梳理出该工程的关键工期风险点以及影响工期履约的关键因素；然后，针对风险点和关键影响因素制定详尽的措施，明确相关责任人的责任；最后，制度是实施的保障，建立有效的进度管理制度，保证各工期关键节点的顺利履约，以制度约束相关责任的行为，并将奖罚机制引入进度管理过程中，起到激励作用。

二、施工项目进度控制的关键措施

施工项目进度控制采取的关键措施有组织、技术、合同、经济和信息管理措施等。

（1）组织措施主要是指建立健全进度控制制度与机制，明确各层次管理人员的责任与控制要点，分工明确，并通过项目管理层次逐级分解控制目标，明确奖罚措施；同时完善进度控制体系的信息反馈制度，分析和预测进度管理过程中的影响因素，建立进度管理的工作制度，可以通过协调会、信息报告机制形式监控进度落实情况。

（2）技术措施主要是采取加快施工进度的技术方法，落实施工方案的部署，尽可能选用“十大新技术”或通过施工工序之间的逻辑关系的调整，以达到工艺最合理，工序最优。另外，优化施工方案，缩短持续时间，加快施工进度。

（3）合同措施指的是以合同的有效形式提供履约保证、推动工期进度的达成，在分包施工合同明确工期要求及有关进度计划目标，约定工期延误、延长索赔要求。

（4）经济措施是指实现进度计划的资金保证措施以及为保证施工进度计划顺利实施采取的层层签订目标责任状的方法，明确奖罚手段。

（5）信息管理措施是在监控、预警、分析、调整机制下，通过实际进度情况与计划进度的分析比对，实行对进度的动弹性管理，同时保证信息反馈的畅通，能够保证项目进度控制信息第一时间反馈至项目领导处，以保证动弹性信息管理。

三、项目进度控制的方法与原则

（1）依据施工合同和施工图，分析合同中的风险点和施工图中的施工难点，针对合同中的风险点展开项目商务策划，以便风险点的化解；针对施工难点开展项目施工策划，将施工难点的施工方案和施工部署明确。结合项目边设计边施工的特点，在策划的过程中遵循“阶段性策划、阶段性交底、阶段性检查、阶段性总结”的原则，在策划的过程中总结、检查，不断完善现场施工管理思路和管理措施。

（2）明确关键线路和关键控制节点。以系统控制原理为控制依据，明确以关键线路和次关键线路为线索，以里程碑节点为关键控制点，将施工总进度计划细化至季、月、周，由粗到细、将进度控制确定为一个系统，进行系统的控制，明确相关责任人的责任，明确相关单位的职责，以保证施工进度计划的落实。西安曲江国际会议中心在结构施工阶段，把地下室与上部主体结构施工作为重点控制对象，在装修阶段以室内精装修为重点控制，在施工过程中针对不同施工阶段的关键路线和施工作业条件，制定具有针对性的施工进度控制措施，达到保证控制节点的实现。

（3）进度管理过程以动弹性管理为主，不断优化进度安排。所谓动弹性控制原理就是弹性控制原理与动态控制原理的结合，因为施工项目进度控制是一个动态控制，循环进行、弹性控制相结合的过程。实际进度与计划进度同步时，进度状况正常：当因种种干扰因素的影响，实际进度与计划进度不同步时，即实际进度计划存在滞后，分析滞后的原因，制动针对性措施，并严格执行，合理调整原来计划，使实际进度与计划进度在新的起点上重合。西安曲江国际会议中心项目在工期考核的基础，对滞后工期进行合理分析，找出可以通过合理投入或者增加作业人员追赶的工期和其他无法追赶的工期，对进度计划进行弹性管理，适时的进行赶工或工序优化，保证关键时间节点工期。

（4）主动参与设计。针对边设计、边施工工程图纸设计滞后，项目管理工作重心也是设计图纸的解决。因此留给项目管理人员图纸审查、会审时间不足，不足以及早解决图纸问题；因此，边设计边施工工程进度管理的一个重要方面就是施工人员及时主动参与设计，在设计初期就理解设计思路，以设计思路指导现场施工准备，缩短施工准备时间。

（5）定期组织方案策划。边设计边施工工程设计变更多，各分包、各部门之间在沟通交流的基础上，对方案施工工艺、施工部署进行策划，方案阶段策划注重方案经济性的分析对比，要针对不同的设计对方案的经济性进行优化，即将方案优化贯穿在施工管理全过程中，有针对性地进行与设计的沟通，并将方案优化和成本优化相结合，以沟通交流的方式，实现方案优化。

（6）确定专业控制与分部分项工程控制节点目标；不同工种间的穿插是否及时将是影响施工进度的重要因素之一。同一专业、工种的任务之间，需要进行综合平衡分析，合理安排。在不同专业和不同工种的任务之间，要强调相互之间穿插、衔接，确定相互间穿插时间，以便为下道工序顺利实施创造条件。若因上道工序耽误而造成的下道工序窝工及总工期或者关键线工期损失，需要全面分析，找出穿插过程或者衔接过程中存在的问题，以便及时调整。另外，还需结合项目质量管理目标，掌握达到既定要求的质量目标，考虑投入的劳动力、材料、成本等问题，以便做到质量目标与进度目标的统一，完成对各道工序完成的质量与时间的控制，保证各分部工程进度计划的实现。

（7）根据项目编制并下发班组及现场管理人员的施工进度计划，完善工期考核制度，以周或是里程碑节点作为考核周期，若发现工期滞后分析滞后原因，并对相关劳务及主管工长进行处罚。工期超前，对相关劳务及主管工长进行奖励。该措施以“信息反馈原理”为基础，保证第一时间将进度情况反馈至项目领导，经比较分析做出决策，调整进度计划或采取其他措施，使其符合预定工期目标。

四、施工进度计划的调整

为保证施工进度计划的顺利实施，当技术部门发现进度滞后，除编制进度控制报告外，还要按照例会分析成果进行施工进度计划的调整。正如封闭式循环原理所定义的：项目进度计划的控制就是计划、实施、检查、比较分析、确定调整措施、再计划的全过程。进度计划的调整通常有两种方法：

（1）改变某些工作的逻辑关系。若检查发现的实际进度产生偏差时，在工作逻辑关系允许改变的条件下，通过改变关键线路上各项工作的先后顺序及逻辑关系来实现缩短工期的目的。

（2）缩短某些工作的持续时间。这种方法不改变工作之间的逻辑关系，而是缩短后续某些工作的持续时间，加快施工进度，以保证计划工期的实现。通常压缩引起总工期拖延的关键线路的工作项目的持续时间，需要考虑以下几个方面的问题：

①研究后续各项工作持续时间压缩的可能性及其极限工作持续时间。

②确定因计划变动，采取措施后而引起的各项工作的费用变化。选择费用变化最小的工作进行优先压缩，以追求最小代价，满足既定工期要求。

五、施工进度延误采取措施

根据施工项目进度延误分析，以“综合平衡、消除影响”为采取措施的原则，可以采取如下几个方面的措施：

（1）对造成进度延误的因素采取有效控制措施，将它的影响消除或降低，并防止它继续造成新的延误或者影响。

（2）对存在的延误或者拖延，采取措施有效措施。可以通过调整工序穿插时间、调整进度计划，增加投入等措施进行抢工。

（3）对关键线路上的施工任务进行特别关注，进行时刻监控。压缩或者缩短后续施工任务的工期，常常会引起投入增加、质量控制等一系列问题，在实际中可以采取如下措施：

①增加投入，如增加劳动力、材料和设备的投入量。当然这需要在合理的范围内进行增加，并不是增加投入就可以取得工期方面的效果。

②调配资源，如可以采取加班或者轮班，将原计划自我加工改为外购，或者由一家加工改为多家加工，或者就近加工。

③调整前后工序的穿插时间和平行关系。

④将关键线路上的工作进行必要的合并，通过局部地调整实施顺序和劳动力、材料的分配，以达到压缩或者缩短工期的目的。

六、施工进度计划过程管理

（一）三级计划管理体系建设

针对项目施工分包单位多，施工人员多等特点，对三级计划的编制运用动弹性控制原理，项目形成了三级进度计划管理的制度，明确进度管理中各分包职责与某阶段需要达到的关键施工节点。

1. 三级计划进度管理体系的人员构架

所有施工各级承包单位，必须设立明确的进度管理架构，技术部门作为施工进度计划监督管理部门，根据图纸、施工方案、施工组织设计、规范等技术文件，提前做出施工进度的预测。

2. 三级计划进度管理体系实施

（1）建立例会制度

①每周召开各分包负责人参加的生产例会；

②每周各分包至少举行一次生产例会和安全教育；

③根据需要时举行有关进度、设计、生产协调例会；

④以生产例会的形式总结分析进度管理情况以及上一阶段进度完成情况，安排部署下一阶段的施工进度，明确关键施工节点工期和奖罚措施。

（2）建立沟通渠道

①各单位生产负责人定期要对本单位进度情况进行分析总结，努力将进度安排走在施工生产之前，以便有效指导施工生产；

②各单位进度管理体系架构，明确相关人员的职责与义务；

③各相关单位之间，需建立纵横向联系。并针对现场进度管理情况进行及时的沟通协调。

3. 三级计划进度管理体系的工作流程

按照进度控制原理中系统控制原理，项目对进度实行三级管理，将进度管理作为一个系统控制的过程。

（1）总进度计划

一级计划通常表明施工项目最终进度目标，并为各分部分项工程开始完成时间，并表示出相互之间的逻辑关系，以及关键线路。一级计划制定过程中专业分包、总包管理人员都要参与到该进度计划的编制过程中，一旦该进度计划审核完成，各分包必须严格按照该进度计划进行落实执行。

（2）阶段性或分部分项工程计划

编制的二级计划是一级计划的分解。只是对某一时间阶段、某一项施工任务的生产安排。二级计划的编制，是依据一级进度计划编制，各工期节点必须符合一级进度计划中的要求。各专业分包公司在进场初期必须上报本单位负责施工部分的施工计划；同时，要上报总承包项目经理部和监理审核；也可以由总承包项目经理部对专业分包下发施工进度计划，专业分包按照该计划进行执行。

（3）周计划

周计划是二级计划进一步细化，需要在施工任务中进行具体落实的进度要求。应该具有针对性、可操作性和合理性。周计划的编制需要严格按照施工现场实际情况进行，但是关键时间节点必须与二级计划一致。可以作为对总计划、阶段性计划的补充，用于施工具体操作。

（二）规避风险因素的技术措施

项目为保证目标总工期的实现，就必须采取各种措施预防和克服影响进度的诸多因素，其中从技术措施方面采取以下措施：

（1）设计变更因素：是进度执行中最大干扰因素，其中包括在项目实施中改变部分工程的功能，引起大量变更施工工作量，以及设计图纸本身变更或补充，造成增量、返工，打乱施工流水节奏，致使施工减速、延期甚至停顿。针对这些现象，项目经理部要通过分析设计意图与业主管理要求，在图纸预审的基础上，主动与设计交流，变被动为主动交流，以便最大限度地实现策划，并实现效益最大化。

（2）创优要求的影响：项目施工若无详细创优策划，创优要求将对施工进度形成严重干扰。因此，项目要结合自身创优目标，编制详细可操作的创优策划，制定详细措施。例如装饰装修阶段，天花、墙面、地面排布、卫生间排布及风井、管道井、设备基础、地沟等细部做法需要进行事先约定，以便施工的顺利进行。另外，创优策划的内容还需延伸至装饰装修图纸深化阶段，并将相关要求落实至施工图中，保证装饰效果的统一协调。

（3）按照先进的进度管理理念实行施工进度管理，是施工企业现代化管理技术进步的新特点，对适应施工变化有明显优势。要使施工项目施工节点顺利履约，就需要从关键工序和关键路线着手，这将是进度控制的关键。因此，需要严格按照第二章所属的基本原理进行项目进度监控，保证各个阶段工期节点的顺利完成。

（4）编制有针对性的施工组织设计、施工方案和技术交底，并及时进行技术复核，“方案先行，交底在前，复核监督，样板引路”的原则始终贯穿在进度管理的始末。本工程按照方案编制计划，制定详细的、有针对性和操作性的施工方案，从而是实现管理层和操作层对施工工艺、质量标准的熟悉和掌握，使工程施工有条不紊地按期保质完成。

（5）加强图纸深化。钢结构和精装修施工是本工程的关键技术，根据以往外方设计工程的施工经验，设计往往不能满足现场施工的要求。需要总包和专业分包进行进一步的详图设计，以保证图纸能够及时、准确到位、满足施工进度要求。

（6）优化平衡资源配置：材料供应既需要满足现场的施工要求，及时采购、及时组织入场，又要从材料的优化平衡管理角度出发，减少材料挤压，优化现场场地安排，达到施工现场文明施工的要求。

（7）保证劳动力的配置：劳动力的配置首先要满足关键线路各工序的要求，其次满足相关线路工序的劳动力要求，需要分清主次，协调一致，保证施工现场的流水施工。

（8）发挥技术力量优势，大力应用和推广新技术、新工艺、新材料，达到保证质优、加快速度的目的。针对工程的特点和难点采用先进的施工技术和材料，可以提高施工速度，缩短施工工期，从而保证各项里程碑节点工期目标和总工期目标的实现。

（9）保证合理充足机械配置：为保证施工项目进度控制目标的完成，从成本管理和保证进度两个方面进行分析，保证机械设备的使用率，避免出现闲置的情况。另外，需要加强对机械设备日常巡查、保养工作，保证各机械设备均能按照要求正常运转。

第十章 施工项目质量控制

第一节 概 述

一、施工质量管理的基本概念

（一）质量

在 2000 版 GB / T19000—ISO9000 族标准中，质量的定义是：一组固有特性满足需要的程度。它不仅包括有形的产品，还包括无形的服务，它不仅指结果的质量，而且包括过程质量、工序质量和工作质量。

（二）工程质量

工程质量是指承建工程的使用价值，是工程满足社会需要所必须具备的质量特征。它体现在工程的性能、寿命、可靠性、安全性和经济性 5 个方面。

（三）工序质量

工序质量也称施工过程质量，指施工过程中劳动力、机械设备、原材料、操作方法和施工环境等五大要素对工程质量的综合作用过程，也称生产过程中五大要素的综合质量。

（四）工作质量

工作质量是指参与工程的建设者，为了保证工程的质量所从事工作的水平和完善程度。

（五）质量体系

质量体系是指“为实施质量管理所需的组织结构、程序、过程和资源”。

（六）质量控制

质量控制是指为达到质量目标，通过监视质量形成过程，消除质量形成过程中不合格或不满意效果的因素而采取的一系列技术方法和活动。

（七）质量管理

质量管理，就是在一定技术经济条件下，为保证和提高产品质量而进行的一系列管理工作。

二、质量管理理论发展历程

近代以来随着科学技术的飞速发展质量管理不断得到完善。从系统研究质量管理开始到现在，质量管理的发展经历了以下三个阶段。

（一）质量检验阶段（Testing Quality，1920 ~ 1940）

真正意义上的质量管理始于20世纪初，被称为“科学管理之父”的美国人泰勒（Frederick W. Taylor）创立了系统的科学管理理论。其主要观点是制造和检验分离他主张在企业中设置专职的质检验部门，从事产品的质量检验，而不像手工业生产方式中那样将计划、制造、检验等集于生产者一身。

（二）统计质量阶段（Statistical Quality Control，1940 ~ 1960）

为保证军需产品的质量，在第二次世界大战期间，美国国防部召集休哈特等统计学家研究制定了一套美国战时质量管理方法，强制生产企业执行。这套方法的精髓在于采用了休哈特的“预防缺陷”的理论。利用他发明的控制图法及其他学者提出的数理统计方法，整理分析生产过程中收集到的数据，发现质量变动的兆头，就采取控制措施，预防不合格品的发生，体现了“预防为主”的质量管理思想，较纯粹的质量检验进了一大步。

（三）全面质量管理阶段（Total Quality Management，1960 以后）

60 年代以后，随着科学技术的发展，人们生活水平的日益提高，对质量的认识也更加深刻，意识到质量不单纯包括产品本身的特性，还包括制造和使用过程中的工作质量。质量标准也随之发展为使用户满意的综合标准。美国人菲根堡姆和朱兰等人首先提出了全面质量管理的概念。其中心思想是，把数理统计方法和企业管理结合起来，形成完整的质量保证体系,方可保证生产出用户满意的产品。现在,全面质量管理已形成了国际性的活动。

三、工程项目质量管理的原则

在进行施工项目质量控制过程中，应遵循以下原则：

（1）“质量第一”。建设工程直接关系到人民生命财产的安全。要树立强烈的质量意识，始终围绕工程项目质量进行项目管理。

（2）“预防为主”。由于工程项目质量是由多种因素综合决定的，应预先把影响工程质量的所有因素都消灭在萌芽状态，对每道工序严加控制，从而保证最终的产品质量。

（3）“以人为本”。为了达到以人的工作质量保证工序、工程质量的目的，必须坚持"以人为本"，因为人是质量的创造者。另外，"人本"思想也包含为用户服务的观点。

（4）"一切用数据说话"。数据能准确地反映产品质量状况，对施工过程中收集到的数据运用数理统计方法进行分析和整理，找出隐藏在数据背后的影响质量的原因和规律，才能有的放矢的制定有效措施，提高产品质量。必须通过严格检查，用数据说话。

（5）贯彻科学、公正、守法的职业规范原则。

第二节　施工项目质量控制具体措施

工程项目施工阶段质量控制是工程项目全过程质量控制的关键环节。工程质量很大程度取决于施工质量，因为施工阶段是工程实体最终形成的阶段，也是工程项目质量和工程使用价值最终形成的阶段，所以必须狠抓施工阶段的质量控制，以提高工程项目的质量。

一、影响施工项目质量因素的控制

影响施工项目质量的因素主要有五大方面，即4M1E，指：人（Man）、机械（Machine）、材料（Material）、方法（Method）、环境（Environment）。事前对这五方面的因素严加控制，是保证施工项目质量的关键。

（一）人的控制

人是指直接参与施工的组织者、指挥者和操作者，项目质量控制的关键就是做好人的管理。人作为控制动力，是充分调动人的积极性，发挥人的主导作用；作为控制对象，是避免产生失误。为此，除了加强政治思想、劳动纪律、职业道德教育及专业技术培训外，必须健全岗位责任制，公平合理地激励人的劳动热情，改善劳动条件。而且要根据施工项目的特点，合理选择人力资源。在工程施工质量控制中，应重点考虑人的技术水平、心理行为、生理缺陷、错误行为等素质。施工现场对人的控制，主要措施和途径是：

（1）合理组建项目管理机构，贯彻因事设岗，配备合适的管理人员。

（2）加强对现场管理和作业人员的质量意识教育。提高全体人员的质量意识，落实质量体系各项要求，明确质量责任制。

（3）提高项目成员的素质培训工作，做好项目质量管理的基础性工作，对全体项目组成员进行质量教育，标准化教育，统一法定计量单位，做好量值传递，保证量值的统一，对质量信息做好记录。

（4）进场人员必须经过三级教育方可上岗，特种作业人员必须经过专业培训并且考试合核才能上岗。

（5）严格现场管理制度和生产纪律，规范人的行为。

（6）建立公平合理的激励机制和良好的沟通交流渠道，充分调动人的积极性。

（二）机械设备的控制

施工机械设备是实施工程项目施工的物质基础，在现代化施工中必不可少。机械设备的选择和使用是否适用、先进和合理，将直接影响工程项目的施工进度和质量。施工中，要根据不同工艺特点和技术要求，选用合适机械设备，正确使用、管理和保养好机械设备。为此要健全“人机固定”“操作证”“技术保养”岗位责任、交接班、“安全使用”和机械设备检查制度，并严格执行。

（1）按照技术先进、经济合理、生产适用、性能可靠、使用安全的原则选择施工机械设备。

（2）从施工需要和保证质量的要求出发，正确确定机械的相应类型和主要性能参数。

（3）在施工过程中，应定期对施工机械设备进行检查和校正。

（三）材料的控制

材料是工程项目的物质基础，也是工程项目实体的重要组成部分。项目质量控制的基础就是做好材料的管理。材料质量不合格或选择、使用不当，均会影响工程质量甚至造成事故。因此，加强材料质量控制，是提高工程质量的重要保证。材料控制主要是严格检查验收，正确合理使用，建立管理台账，进行收、发、储、运等各环节的技术管理，避免将不合格的材料使用到工程上。材料控制应抓好以下环节：

1. 材料采购

根据工程特点、施工要求、施工合同及材料的适用范围、性能、价格综合考虑选购材料。收集和掌握材料的信息，通过分析论证优选供应商。合理组织材料供应，确保工程正常施工。

2. 材料检验

检验方法有书面检验、外观检验、理化检验和无损检验四种，材料的质量检验程序分免检、抽检和全部检查三种。严格按规范、标准进行材料检验，确保材料质量。

3. 材料的仓储和使用

应重视材料的仓储和使用管理，以避免因材料变质或误用造成质量问题，应合理调度，避免材料大量积压，对材料按不同类别排放、挂牌标志，并在使用材料时现场监督。

（四）施工方法的控制

方法控制主要包括施工方案、施工艺、施工组织设计、施工技术措施等。施工方法的管理要点：

（1）施工方案应随工程进展而不断细化和深化。

（2）应制定几个可行的方案，分析各方案的主要优、缺点，经对比讨论研究后选择最佳方案。

（3）对主要项目、关键部位和难度较大的项目，应充分估计到可能发生的施工质量问题并制定应急预案。

（五）施工环境的控制

良好的施工环境，对于保证工程质量和施工安全，实现文明施工，树立企业良好社会形象，都有重要作用。应根据工程特点和具体条件采取有效的措施对影响质量的环境因素严加控制。

影响工程质量的环境因素主要包括工程技术环境和工程管理环境。

1. 自然环境的控制

制定主要方案时充分考虑施工现场水文、地质和气象情况，建立文明施工和文明生产环境，保持材料工件堆放有序，道路畅通，工作场所清洁整齐，施工程序井井有条。

2. 管理环境的控制

根据合同结构，理顺各参建单位之间的管理关系，建立现场施工组织系统和质量管理的综合运行机制。此外还应创造和谐且有归属感的工作环境，加强项目团队文化建设，创造良好的人文环境。

二、施工项目质量控制三阶段原理

由于施工项目质量具有影响因素多、质量波动大、质量隐蔽性和终检的局限性等特点，所以必须进行全面质量管理（TQM）。全面质量管理强调全过程的质量管理，为了加强对施工项目的质量控制，明确各施工阶段质量控制的重点，只有严格对施工全过程进行质量控制，即包括各项施工准备阶段的控制（事前控制），施工过程中的质量控制（事中控制）和竣工阶段的控制（事后控制），才能实现项目质量目标。

（一）事前质量控制

事前控制是指正式施工活动开始前，对各项准备工作及影响质量的各种因素进行控制，这是确保施工质量的先决条件。事前控制体现了“质量第一、预防为主”的思想，其内涵包括两层意思：一是强调质量目标的计划预控；二是按质量计划进行质量活动前的准备工作。

（二）事中质量控制

事中控制是指在施工过程中对实际投入的生要素质量及作业技术活动的实施状态和结果所进行的控制。事中质量控制的策略是：全面控制施工过程，重点控制工序质量。

（三）事后质量控制

事后控制是指对于通过施工过程所完成的具有独立功能和使用价值的最终产品及有关方面的质量进行控制。该阶段质量控制包括对质量活动结果的评价认定和对质量偏差的纠正。由于施工质量受多种因素的综合影响，施工过程中质量目标值与实际值出现偏差在所难免，这时必须分析原因，采取纠偏措施，保持质量受控状态。

以上三大环节的质量控制系统，实质上是 PDCA 循环的具体化，在每一次滚动循环中不断提高，达到质量控制的持续改进。

三、施工工序的质量控制

工序质量又称施工过程质量，指施工过程中劳动力、机械设备、材料、方法、和施工环境五大要素对工程质量的综合作用过程，亦即施工过程中五大要素的综合质量。工序的质量控制，就是对工序活动条件和工序活动效果的质量控制。在整个施工过程中，任何一个工序的质量存在问题，都不可避免的波及整个工程质量，所以必须严格控制工序的质量。

（一）工序质量控制的内容

1. 控制工序活动条件的质量

工序活动条件的内容主要是指影响质量的 4M1E 因素（即人、机、料、法和环）等。只要将这些因素切实有效地控制起来，使它们处于被控制状态，确保工序投入品的质量，避免系统性因素变异发生，就能保证每道工序质量正常、稳定。

2. 检验工序活动效果的质量

来判断整道工序的质量是否稳定、正常；若不稳定，产生异常情况，必须及时采取对策和措施予以改善，从而实现对工序质量的控制。

工序活动效果是评价工序质量是否符合标准的尺度。为此，必须加强质量检验工作，采用数理统计方法进行分析，掌握质量动态。如果工序质量产生异常，及时研究并采取相关措施予以改善，以保证工序活动效果的质量始终满足相关要求。

3. 设置工序质量控制点

质量控制点是为了保证施工质量，将施工中的关键部位与薄弱环节作为重点控制对象。凡对施工质量影响大的特殊工序、操作、施工顺序、技术、材料、机械设备、自然条件和施工环境等均可作为质量控制点。确定质量控制点的原则是：

（1）采用“四新”（新技术、新方法、新工艺、新材料）的部位或环节。

（2）对后续施工、后续质量或安全生产有重大影响的工序、部位或对象。

（3）施工条件困难、施工中无足够把握技术难度大的工序或环节。

（4）质量不稳定的或技术标准要求高工序、部位。

（5）施工过程中的关键工序或环节以及隐蔽工程

（二）工序质量的检验

为了保证工序质量，在操作人员上岗前，现场管理技术的施工人员必须做好交底记录，建立三级检查制度：即操作人员自检，组员间互检，质量员专检。工序质量检验也是对工序活动的效果进行评价。工序质量检验工作主要包括六项内容：标准具体化；度量；比较；判定；处理；记录。

工序质量检验常用的方法有三种：

（1）目测法，其手段可归纳为看、摸、敲、照四个字。

（2）实测法，就是通过实测数据与施工规范及质量标准所规定的允许偏差对照，来判别质量是否合格。实测检查法的手段，也可归纳为靠、吊、量、套四个字。

（3）试验检查，是指必须通过试验手段，才能对质量进行判断的检查方法。

第三节　施工项目质量验收与持续改进

一、建筑工程施工质量的形成过程与验收

建筑工程的实施严格按照相关文件和设计图纸的要求来进行施工，进而完成生产。建筑施工是把设计图纸上的内容付诸实践，在建设场地上进行生产，形成实体工程，完成建筑产品的一项活动。从某种程度上来说，施工过程决定了建筑工程的质量，是十分重要的环节。然而，建筑工程的施工质量是由施工过程中各层次、各环节、各工种、各工序的操作质量决定的，因此要想保证建筑实体的质量就要保证施工过程的质量。

验收过程是指在施工过程中进行自身检测评定的条件下，有关建设施工单位一起对单位、分部、分项、检验批工程质量实施抽样验收，并且按照国家统一标准对实体工程质量是否达标做出书面形式的确认。作为建筑施工过程中的重要环节，质量验收包含各个阶段的中间验收以及工程完工验收这两个方面。经过施工中不同阶段产生的产品以及完工时最终产品的质量验收，从阶段控制以及最终质量把关两个方面对建筑工程质量进行控制，以此实现建筑实体所要达到的功能和价值，同时实现了建设投资的社会效益以及经济效益。

建筑工程的施工质量关系到社会公众利益、人民生命财产安全和结构安全。国家相关部门对建筑工程施工质量非常关心，放弃了“管不好”“不该管”的管理政策，不再“大包大揽”，全面重视质量管理以及验收工作，严格控制验收过程，严禁不合格的建筑实体进入社会，确保建筑施工的质量，保证人民的财产和生命安全。

二、建筑工程施工质量验收统一标准

《建筑工程施工质量验收统一标准》是在针对之前工程质量标准中一管到底，全过程贯彻，责任不明，共同搞好工程质量，管理政企不分的指导思想不能满足现阶段建筑施工管理的基础上，同时结合国家对于建筑施工管理的政策和方针，根据建筑施工质量验收的经验教训，提出了“过程控制、完善手段、强化验收、验评分离，”新施工质量验收的指

导思想。

强化验收是指将评定标准中的质量评定内容与原施工中的验收环节合并起来，形成科学的、完整的施工质量规范，作为国家统一标准，是施工过程中必须达到的最低要求，是建设工程的最低标准，同时也是建筑施工质量验收的最低标准。

验评分离是指将原验收规范及施工中的质量验收和原验评标准的质量评定结合，将原验收规范及施工中的施工质量和工艺验收的内容分开，将原验评标准的质量评定与质量检验的内容分开，完成工程施工质量验收规范。

完善手段主要由以下三方面构成：

①加强对建筑实体的质量监控，检验实体结构；

②补充完善验收规范的内容，摆脱观感的影响和人为因素的干扰；

③完善施工工艺的检测方法。

过程控制是依据施工过程质量的特点进行质量的管理。在控制施工过程的基础上进行施工质量的验收，检验批、分部、分项、单位工程各环节的验收即为过程控制。统一标准的验收不只是施工单位工程完工时的最后的验收，还应当是多层次、全过程的验收。《建筑工程施工质量验收统一标准》（GB50300-2013）只给出了一个质量是否合格的标准，不合格不被验收，合格即进行验收。建筑施工质量的验收是由工程施工中能够影响施工质量的各个单位，包括监理单位、施工单位、设计单位、勘察单位、建设单位共同进行验收，同时由质量监督站实施监督管理。

三、验收程序和组织的标准化

（一）分项工程及检验批的验收程序与组织的标准化

分项工程验收：项目专业技术负责人 + 专业监理工程师验收。检验批验收：项目专业质检员 + 专业监理工程师验收。所有分项工程和检验批都应该由建设单位项目技术负责人或监理工程师组织验收。在验收之前，建筑施工单位先填好“分项工程和检验批的验收记录”（结论和有关监理记录无需填写），并由项目专业技术负责人和项目专业质量检验员分别在分项工程和检验批质量检验记录的相关部分签字，最后由监理工程师领导，严格遵守相关规定流程进行验收。

（二）单位（子单位）工程的验收程序与组织标准化

总监理工程师要领导各专业监理对各环节工程质量情况及完工资料进行全方位的检查，对于检查得出的问题，要及时督促建筑施工单位合理、科学的整改。经项目监管部门对建筑实体及完工资料全面评定、验收达标后，由总监理工程师在工程完工验收单中签字，并且向建设单位提交质量评估的报告。

（三）分部工程的验收程序与组织标准化

分部工程验收：施工单位项目负责人＋建设单位项目负责人（总监理工程师）＋项目技术、质量负责人验收。施工单位质量、技术部门负责人和与主体结构、地基基础分部工程相关的设计、勘察单位工程项目负责人也需要参与到相关分部工程的验收过程中。

（四）建设工程竣工验收标准化

建设工程竣工验收条件标准化。参加者：设计、施工（含分包单位）、监理等单位。组织者：建设单位。

（1）有施工单位签署的工程保修书；

（2）有工程监理、施工、设计、勘察等单位分别签署质量达标的文件；

（3）有工程所需的主要建筑构设备和配件、建筑材料的进场试验报告；

（4）有完整的施工管理资料和技术档案；

（5）完成合同约定和建设工程设计的各项内容。

验收质量出现的问题的处理手段标准化。如果参与验收的各方面代表对施工质量的验收评价不一致时，需要请当地的工程质量监督部门或建设行政主管单位进行协调处理。

（五）建筑工程竣工管理与验收备案的标准化

建筑工程质量验收达标后，建设单位必须在规定的时间内把工程竣工验收有关文件和验收报告，送到建设行政管理机构进行备案。国务院建设行政主管机构和其他相关专业单位担负着全国所有建筑工程施工质量验收的监督管理工作，而县级以上地方人民政府所建立的行政主管部门只负责该行政区域内工程的施工质量验收监督管理工作。所有在中华人民共和国境内改建、扩建、新建的市政基础设施工程和各种房屋建筑工程的完工质量验收，都应当依据有关规范进行备案。

四、施工项目质量持续改进

（一）施工项目质量改进

1. 改进的步骤

（1）分析和评价现状，以识别改进的区域。

（2）确定改进目标。

（3）寻找可能的解决办法以实现这些目标。

（4）评价这些解决办法并做出选择。

（5）实施选定的解决办法。

（6）测量、验证、分析和评价实施的结果以确定这些目标已经实现。

（7）正式采纳更正（即形成正式的规定）。

（8）必要时，对结果进行评审，以确定进一步改进的机会。

2. 改进的方法和内容

（1）持续改进的方法

①通过建立和实施质量目标，营造一个激励改进氛围和环境。

②确立质量目标以明确改进方向。

③通过数据分析、内部审核，不断寻求改进的机会，并作出适当的改进活动安排。

④通过纠正和预防措施及其他适用的措施实现改进。

⑤在管理评审中评价改进效果，确定新的改进目标和改进的决定。

（2）持续改进的范围及内容

持续改进的范围包括质量体系、过程和产品三个方面，改进的内容涉及产品质量、日常的工作和企业长远的目标，不仅不合格现象必须纠正、改进，目前合格但不符合发展需要的也要不断改进。

3. 不合格控制规定

为确保不合格的非预期使用或交付，必须对不合格进行控制。

（1）应按企业的不合格控制程序，控制不合格物资进入项目施工现场，严禁不合格工序未经处置而转入下道工序。

（2）对验证中发现的不合格产品和过程，应按规定进行鉴别、标识、记录、评价、隔离和处置。

（3）应进行不合格评审。

（4）不合格处置应根据不合格严重程度，按返工、返修或让步接收、降级使用、拒收或报废等情况进行处理。构成等级质量事故的不合格，应按国家法律、行政法规进行处置。

（5）对返修或返工后的产品，应按规定重新进行检验和试验，并应保存记录。

（6）进行不合格让步接收时，项目经理部应向发包人提出书面让步申请，记录不合格程度和返修的情况，双方签字确认让步接收协议和接收标准。

（7）对影响建筑主体结构安全和使用功能的不合格，应邀请发包人代表或监理工程师、设计人，共同确定处理方案，报建设主管部门批准。

（8）检验人员必须按规定保存不合格控制的记录。

4. 对不合格控制的预防措施

（1）项目经理部应定期召开质量分析会，对影响工程质量的潜在原因，采取预防措施。

（2）对可能出现的不合格，应制定防止再发生的措施并组织实施。

（3）对质量通病应采取预防措施。

（4）对潜在的严重不合格，应实施预防措施控制程序。

（5）项目经理部应定期评价预防措施的有效性。

5. 对不合格控制的纠正措施

纠正措施是针对不合格产品的原因或采取内审、外审、监测发现的不合格，采取消除原因，防止不合格再发生的措施。

（1）对发包人或监理工程师、设计人、质量监督部门提出的质量问题，应分析原因，制定纠正措施。

（2）对已发生或潜在的不合格信息，应分析并记录结果。

（3）对检查发现的工程质量问题或不合格报告提及的问题，应由项目技术负责人组织有关人员判定不合格程度，制定纠正措施。

（4）对严重不合格或重大质量事故，必须实施纠正措施。

（5）实施纠正措施的结果应由项目技术负责人验证并记录；对严重不合格或等级质量事故的纠正措施和实施效果应验证，并应报企业管理层。

（6）项目经理部或责任单位应定期评价纠正措施的有效性。

第十一章　施工项目成本控制

第一节　概　述

一、施工项目成本管理的意义

（一）成本管理是企业管理的第一要务

衡量一个项目的现实意义，不能只看项目提供的使用价值，还需考虑它的社会经济价值。在追求经济效益的现代社会，最合理成本自然成了重要目标，杜绝项目过程的浪费，实现企业利润最优化。为了实现建筑工程项目管理的经济最优化，首先应对建筑的全过程进行成本控制。建筑工程项目实现企业管理利润最大化的过程中，控制成本和降低成本是最重要管理工作。成本管理与控制决定了施工企业的直接经济利润，可以直接体现企业管理水平和管理工作的效率，更是对企业成本管理制度和规定的严格考验。

（二）成本管理是企业管理的核心

市场经济的发展是需要企业不断追求利润，如今，企业间竞争如此激烈，企业为了生存，必然急需提高企业的管理水平，管理水平通过企业成本控制水平体现出来。在行业水平一定的情况下，谁的成本控制的严格，谁的利润就更大一些。一个产品既定价格的情况下，如果没有以成本控制等企业核心的管理活动，那这个企业很难得到满意的利润。可见，成本管理是企业的管理的核心工作，必须认真严格的执行才行。

二、施工项目成本的定义、构成及特点

（一）施工项目成本定义

施工项目成本是指建筑企业以施工项目作为成本核算对象的施工过程中所耗费的生产资料转移价值和劳动者的必要劳动所创造的价值的货币形式。即某施工项目在施工中所发

生的全部生产费用的总和，包括所消耗的主、辅材料，构配件，周转材料的摊销费或租赁费，施工机械的台班费或租赁费，支付给生产工人的工资、奖金以及项目经理部（或分公司、工程处）一级为组织和管理工程施工所发生的全部费用支出。施工项目成本不包括劳动者为社会所创造的价值（如税金和计划利润），也不包括不构成施工项目价值的一切非生产性支出。明确这些，对研究施工项目成本的构成和进行施工项目成本管理是非常重要的。施工项目成本是建筑业企业的产品成本，亦称工程成本，一般以项目的单位工程作为成本核算对象，通过各单位工程成本核算的综合来反映施工项目成本。在施工项目管理中，最终是要使项目达到质量高、工期短、消耗低、安全好等目标，而成本是这四项目标经济效果的综合反映。因此，施工项目成本是施工项目管理的核心。

（二）施工项目成本的构成

施工项目成本由直接成本和间接成本的构成；建筑安装工程费用包括：直接费、间接费、利润和税金。其中直接费和间接费构成施工项目的成本。

1. 直接费

（1）直接工程费

1）人工费

2）材料费

3）施工机械使用费

（2）措施费

1）环境保护

2）文明施工

3）安全施工

4）临时设施

5）夜间施工

6）二次搬运

7）大型机械设备进出场及安拆

8）混凝土、钢筋混凝土模板及支架

9）脚手架

10）已完工程及设备保护

11）施工排水、降水

2. 间接费

（1）规费

（2）企业管理费

三、施工项目成本的分类

将施工项目成本划分为不同的形式。按施工项目成本费用目标，施工项目成本可分为生产成本、质量成本、工期成本和不可预见成本。

（1）生产成本。生产成本是指完成某工程项目所必须消耗的费用。施工项目部在进行施工生产中，必然要消耗各种材料和物资，使用的施工机械和生产设备也要发生磨损，以及支付必要的管理费用和工资支出，就是施工项目的生产成本。

（2）质量成本。质量成本是指施工项目部为保证和提高建筑产品质量而发生的一切必要费用，以及因未达到质量标准而蒙受的经济损失。一般情况下，质量成本分为以下四类：施工项目内部故障成本、外部故障成本、质量检验费用与质量预防费用。

（3）工期成本。工期成本是指施工项目部为实现工期目标或合同工期而采取相应措施所发生的一切必要费用以及工期索赔等费用的总和。

（4）不可预见成本。不可预见成本是指施工项目部在施工生产过程所发生的除生产成本、工期成本、质量成本之外的成本，诸如扰民费、人员伤亡等安全事故损失费、政府部门罚款等不可预见的费用。此项成本可发生，也可不发生。

四、建筑工程成本的特点

与一般的工农业产品不同，建筑工程成本有以下几个特点：

（一）唯一性

建筑工程是一项复杂性和特殊性极强的一项生产活动，它一般具有周期长，涉及范围广，消耗社会资源巨大，场地固定的，需要各部门配合完成的一项社会实践活动。建筑工程是由设计单位按照业主意图，利用其在地，结合地理位置，经过各部门审批，为其设计一个与众不同的唯一性产品。

（二）动态性

建筑工程的施工周期是一个时间长、规模大、消耗多、造价高的生产投资活动，必须按照规定的建设程序分阶段进行。由于材料、物力、施工时间、施工环境都是事先不能够完全确定的，因此建筑工程的成本呈现动态性的特点。

（三）复杂性

由于建筑工程涉及的范围巨大，成本支出既包括材料方面的物力支出，又包括员工工资等方面的人力支出，而物力成本又包括施工材料、施工工具、交通运输成本；人力成本也包括设计人员、施工人员、质量检验人员等的成本，建筑工程的成本还包括分包工程的成本，与世界环境发生业务所产生的成本等。加之施工周期长，施工周期不确定性高，建筑材料和人工成本不断变动，都导致建筑工程成本的计量复杂性。

（四）成本控制的定义及方法

所谓成本控制，是企业根据一定时期预先建立的成本管理目标，由成本控制主体在其职权范围内，在生产耗费发生以前和成本控制过程中，对各种影响成本的因素和条件采取的一系列预防和调节措施，以保证成本管理目标实现的管理行为。

运用控制理论指导成本控制实践，是成本控制管理的一个重要发展，也是现代成本管理的重要标志与内容。现代企业成本控制有三种控制方法：

（1）事前控制，也叫前馈控制；

（2）事中控制，又叫现场控制；

（3）事后控制，也叫反馈控制。

而对于生产部门来说是不可控的，但对于整个公司来说又是可控的，因而广义的成本控制的基本程序包括三个步骤：

（1）确定成本控制的标准；

（2）根据成本控制标准衡量执行情况与结果；

（3）纠正脱离成本标准的偏差；

此外，在成本控制活动中还首先应当明确成本控制的环节，从系统论的观点看，成本控制的环节应是企业的整个生产经营过程的各阶段。具体讲又包括材料供应、产品生产和产品销售三个阶段。即企业为了生产某种产品或者提供某种劳务，在供应、生产和销售过程中所发生的以货币形式表现的全部生产费用支出都就是成本控制的对象。由于时间因素以及部门权责范围的划分，成本有可控成本与不可控成本之分。它们只是相对而言，有时是可以互相转化的。例如：公司管理费本控制对象就应当包括所有能用货币形式表现的全部生产费用支出。

五、施工项目成本管理的对象与目标

项目成本管理对象是项目全过程相关的所有资金耗费支出。项目成本管理是对项目全过程中发生的资本消耗进行全员、全过程的科学管理，最终就是为了争取经济效益最优、节约费用、降低成本，具体来说，项目成本管理以保证、促进、监督、协调为四大目标。

六、建筑工程项目成本管理的重要性

（一）成本管理体现建筑工程项目管理的基本特征

项目成本是建筑施工企业在市场竞争能力的经济表现。建筑施工企业作为一个市场参与主体，其企业生命力和生存力在于其市场竞争力，而企业的竞争力在于企业的竞争优势，包括绝对竞争优势和相对竞争优势。项目成本管理是体现项目是否能够实现经济效益最大化的核心内容。建筑企业之所以要推行项目管理，就在于希望通过工程项目管理，彻底改变长期以来传统的管理模式，引进现代企业管理的观念并结合自身特点做好项目管理。将经营管理的全部活动转向以工程施工合同为依据，结合自身企业管理特性和技术施工水平，以满足建设单位对建筑产品的需求为目标，最大限度地创造企业经济效益，适应市场经济的发展需要，提高企业竞争力水平。建筑工程的项目管理包括以下几方面：项目的质量管理；项目的安全管理；项目的施工进度计划管理；项目的成本管理。其中最后直接反映企业竞争力的就是项目的成本管理。工程项目经理部作为企业最基本的管理组织，其管理行为的全部就是运用现代项目管理模式和各种科学的施工方法来降低工程成本，创造经济效益，使之成为企业效益的源泉，使之成为增强企业竞争力的动力。

（二）项目成本管理反映建筑工程项目管理的核心内容

项目成本管理是落实项目经济责任制，实现对项目经理部进行有效监督和控制的方法和手段。项目管理是否良好实际运作和落实与建筑企业的生存与发展息息相关。因此，建筑企业必然要对所属工程项目实施有效的监控，尤其要对项目成本管理要进行绩效评价和各种奖惩，由于项目成本管理体现了工程项目管理的本质特征，并代表着工程项目管理的核心内容。建筑企业对工程项目的业绩评价，首先是对成本管理绩效的评价。因此项目成本管理在项目绩效评价中受到特别的重视。只有重视项目的成本管理，才能保证企业的利益，提高企业的管理素质和社会声誉。

七、施工项目成本管理的原则

建设项目作为一类典型的项目，人们对它的研究已经十分深入，尤其是有关建设项目成本管理方面的研究更是如此。所以对于建设项目成本管理理论与方法的了解，也是我们学习全新的项目成本管理范式的基础之一。建设项目成本管理的理论和方法包括建设项目成本确定和控制两个方面的内容，以及各国家和地区所做的相关法律和规定（如我国建设部和国家质检总局最新发布的《建设工程工程量清单计价规范的标准（GB50500—2003）》等）。实际上，这些法律和法规对于我们认识新项目成本管理范式也是非常有用的。

（一）全面成本管理原则

全面成本管理是针对成本管理的内容和方法而言的。从全面性出发，需要对项目形成的全过程开展成本管理，对影响成本的全部要素开展成本管理，由项目全体团队成员参加爱成本管理。因此，全面成本管理就是全员、全过程和全要素的成本管理。

（二）成本管理有效化原则

成本管理的有效化包括两层含义。一是使项目经理以较少的投入获得最大的产出；二是以最少的人力和财力，完成较多的管理工作，提高工作效率。

（三）成本管理科学化原则

成本管理的科学化原则，即把有关自然科学和社会科学中的理论、技术和方法运用于成本管理，包括预测与决策方法、不确定性分析方法和价值工程等。

第二节　施工项目成本计划与成本控制

一、施工项目成本计划

施工项目成本计划是以货币形式预先规定施工项目进行中的施工生产耗费的水平，确定对比项目总投资（或中标额）应实现的计划成本降低额与降低率，提出保证成本计划实施的主要措施方案。施工项目成本计划一经确定，就应按成本管理层次、有关成本项目以及项目进展的逐阶段对成本计划加以分解，层层落实到部门、班组，并制定各级成本实施方案。

施工项目成本计划是施工项目成本管理的一个重要环节，许多施工单位仅单纯重视项目成本管理的事中控制及事后考核，却忽视甚至省略了至关重要的事前计划，使得成本管理从一开始就缺乏目标。成本计划是对生产耗费进行事前预计、事中检查控制和事后考核评价的重要依据。经常将实际生产耗费与成本计划指标进行对比分析，揭露执行过程中存在的问题，及时采取措施，可以改进和完善成本管理工作，保证施工项目成本计划各项指标得以实现。

（一）施工项目成本计划编制的原则

1. 从实际出发的原则

编制成本计划必须从企业的实际情况出发，充分挖掘企业内部潜力，正确选择施工方案，合理组织施工；提高劳动生产率；改善材料供应，降低材料消耗，提高机械利用率；节约施工管理费用等。使降低成本指标既积极可靠，又切实可行。

2. 与其他计划结合的原则

一方面成本计划要根据施工项目的生产、技术组织措施、劳动工资、材料供应等计划来编制，另一方面编制其他各种计划都应考虑适应降低成本的要求，因此，编制成本计划，必须与施工项目的其他各项计划如施工方案、生产进度、财务计划、材料供应及耗费计划等密切结合，保持平衡。

3. 采用先进的技术经济定额的原则

编制成本计划，必须以各种先进的技术经济定额为依据，并针对工程的具体特点，采取切实第二节施工项目成本计划可行的技术组织措施作保证：只有这样，才能编制出既有科学根据，又有实现的可能，起到促进和激励作用的成本计划。

4. 统一领导、分级管理的原则

编制成本计划，应实行统一领导、分级管理的原则，应在项目经理的领导下，以财务、计划部门为中心，发动全体职工共同进行，总结降低成本的经验，找出降低成本的正确途径，使成本计划的制订和执行具有广泛的群众基础。

4. 弹性原则

在项目施工过程中很可能发生一些在编制计划时所未预料的变化，尤其是材料供应，市场价格千变万化，因此，在编制计划时应充分考虑各种变化因素，留有余地，使计划保持一定的适应能力。

（二）施工项目成本计划编制的程序

编制成本计划的程序，因项目的规模大小、管理要求不同而不同，大中型项目一般采用分级编制的方式，即先由各部门提出部门成本计划，再由项目经理部汇总编制全项目的成本计划；小型项目一般采用集中编制方式，即由项目经理部先编制各部门成本计划，再汇总编制全项目的成本计划：无论采用哪种方式，其编制的基本程序如下：

1. 收集和整理资料

广泛收集资料并进行归纳整理是编制成本计划的必要步骤。所需收集的资料也即是编制成本计划的依据。这些资料主要包括：

（1）项目经理部与企业签订的承包合同及企业下达的成本降低额，降低率和其他有关技术经济指标。

（2）有关成本预测、决策的资料。

（3）施工项目的施工图预算、施上预算。

（4）施工项目管理规划。

（5）施工项目使用的机械设备生产能力及其利用情况。

（6）施工项目的材料消耗、物资供应、劳动工资及劳动效率等计划资料。

（7）计划期内的物资消耗定额、劳动定额、费用定额等资料。

（8）以往同类项目成本计划的实际执行情况及有关技术经济指标完成情况的分析资料。

（9）同行业同类项目的成本、定额，技术经济指标资料及增产节约的经验和有效措施。

此外，还应深入分析当前情况和未来的发展趋势，了解影响成本升降的各种有利和不利因素，研究如何克服不利因素和降低成本的具体措施，为编制成本计划提供丰富，具体和可靠的资料

2. 估算计划成本，确定目标成本

对所收集到的各种资料进行整理分析，根据有关的设计、施工等计划，按照工程项目

应投入的物资、材料、劳动力、机械、能源及各种设施等，结合计划期内各种因素的变化和准备采取的各种增产节约措施，进行反复测算、修订、平衡后，占算生产费用支出的总水平，进而提出全项目的成本计划控制指标，最终确定目标成本。

所谓目标成本即是项目（或企业）对未来的产品成本规定的奋斗目标。目标成本有很多形式，在制定目标成本作为编制施工项目成本计划和预算的依据时，可能以计划成本或标准成本为目标成本，这将随成本计划编制方法的不同而变化。

一般而言，目标成本的计算公式如下：

项目目标成本＝预计结算收入流着泪－税金－项目目标利润

目标成本降低额 / 项目的预算成本 / 项目的目标成本 ×100%

3. 编制成本计划草案

对大中型项目，各职能部门根据项目经理下达的成本计划指标，结合计划期的实际情况，挖掘潜力，提出降低成本的具体措施，编制各部门的成本计划和费用预算。

4. 综合平衡，编制正式的成本计划

在各职能部门上报了部门成本计划和费用预算后，项目经理部首先应结合各项技术组织措施，检查各计划和费用预算是否合理可行，并进行综合平衡，使各部门计划和费用预算之间相互协调、衔接；其次，要从全局出发，在保证企业下达的成本降低任务或本项目目标成本实现的情况下，分析研究成本计划与生产计划、劳动力计划、材料成本与物资供应计划、工资成本与工资基金计划、资金计划等的相互协调平衡。经反复讨论多次综合平衡，最后确定的成本计划指标，即可作为编制成本计划的依据，项目经理部正式编制的成本计划，上报企业有关部门后即可正式下达至各职能部门执行。

二、施工成本控制的依据

施工成本控制的依据包括如下内容：

（一）工程承包合同

施工成本控制首先以施工合同为主要依据，项目部要以降本节约为首要目标，从预算收入和实际成本两方面，努力挖掘各项潜力，以使项目获得最大的经济效益和最好的目标成本。

（二）施工成本计划

施工成本计划是施工成本控制的指导性文件，它是根据实际具体情况，依据施工合同和企业施工水平编制的施工成本控制方案，它既包括预算的成本控制目标，又包括实现控制目标的措施和规划，是施工成本控制的指导性文件。

（三）工程进度报告

工程进度报告是项目在既定时间节点完成的实际完成工程量，是项目工程成本的实际反应和支付情况的重要信息。而施工成本的控制，就是通过计划成本与实际成本的对比来分析比对，找出差别，分析原因，通过合理的方法分析出现偏差产生的原因，进而采取科学合理的改进措施和方法，以便改正偏差进行纠错，从而使成本控制沿着既定目标进行。另外，进度报告还是能反映实际工程中存在的问题，如进度偏差和成本偏差，以使管理者及时采取有效措施进行纠偏，为成本管理和控制打下良好的基础。

三、工程变更及签证

在具体工程施工过程中，由于种种原因和不可预见性，工程变更和签证在所难免。工程变更主要包括设计变更、工程数量变更、施工材料变更、进度计划变更、施工工序变更等。一旦出现变更、签证，势必会是工期、成本、工程量、施工条件、施工方法都会发生变化，进而影响成本控制。因此，项目施工成本管理人员应当通过对变更中各类数据的计算、分析，随时掌握变更情况。对变更中产生的已发生工程量、以后要发生工程量、支付情况、施工方法是否改变等重要信息，判断工程变更和签证所带来的变化，以及可能发生的索赔情况等。

除了上述几种施工成本控制工作的主要内容以外，还有施工方案、劳务分包合同、机械分包合同和材料采购合同等也都是施工成本控制的主要内容。

四、项目实施阶段成本控制

项目实施阶段成本控制可从以下几方面进行控制。

（一）项目成本控制形成的过程作为控制对象

对建筑工程成本的形成进行全过程、全方位的控制，具体的控制内容包括：

（1）工程策划阶段即工程投标阶段，根据工程具体情况和招标文件，结合本企业施工水平，做出项目成本预测，给决策者提出意见和建议。

（2）在施工准备阶段，结合图纸和规范标准，编制使用、科学合理的施工组织设计，通过多个方案的技术经济比较，从中选择先进可行、经济效益合理的施工方案，编制具体可行的成本计划，对项目成本风险进行分析，做到对项目成本进行事前控制。

（3）在施工阶段，做好施工图预算，以施工定额、施工劳动定额和实际费用开支等实施发生的成本费用进行控制。

（4）在竣工交验及使用保修期阶段，对在竣工验收过程所发生的费用和维修保护等费用进行控制。

（二）以建筑工程的职能部门和班组作为成本控制的对象

成本控制是全员全工程的控制，它是日常所发生各种费用的总和。因此在工程中各个部门和班组都会有关联，各个部门和班组也是成本控制的对象之一。将项目工程的成本责任进行目标分解，形成成本目标责任制和系统管理，使每个成员做到心中有数，增强责任感，并据此进行成本目标的控制和考核。

（三）以分部分项工程作为成本控制的对象

分部分项工程的成本控制是成本控制的基础，因此把成本控制工作做得是否扎实、细致，应以分部分项工程作为成本控制的主要对象。根据分部分项工程编制施工预算，参照施工预算定额和实物量分析成本计划，按分部分项工程分别计算人工、材料、机械的单价及数量，以此作为项目成本控制的标准，对分部分项工程进行成本控制。

（四）以对外经济合同作为成本控制的对象

施工项目的对外经济来往，都是以双方签订的施工合同为依据，明确各自双方的权利和义务。工程施工中签订各种经济合同时，应将合同中涉及的单价、数量、总金额等控制在预算以内。

五、施工项目成本的控制方法

施工项目成本的控制方法主要有：时间进度费用法及成本控制图法。 但在项目施工的成本控制中，根据项目经理部制定的目标成本控制成本支出，实行“以收定支”是最有效的方法之一。

（一）基本思路

首先通过四算（中标合同概算、项目目标预算、计划成本、实际消耗成本）对比对项目的成本进行管理和分析，并通过WBS（工作结构分解）、OBS（组织结构分解）、CBS（成本结构分解），将成本计划与进度计划分解到具体的实施者并将责任同时分解

项目的管理人员应编制资金使用计划，确定、分解施工计划成本管理目标。对施工计划成本管理目标进行风险分析，并制定防范性的对策。通过偏差原因的分析和未完工程施工成本预测，可发现一些潜在的问题将引起未完工程施工成本的增加，对这些问题应以主动控制为出发点，及时采取预防措施。

（二）计划成本编制的基本原则

工程中标后，承包商应根据工程的实际情况和投标报价的价格，来详细的制订成本计划手册。手册应具有实用性，在工程施工过程中能合理的指导施工、优化资源配置，控制成本的支出，获得预期的利润。通常，企业在投标中与业主签订的合同中的成本称为预算

成本，它是企业的营业性收入：企业和项目部所签订的成本计划则称为目标成本，作为企业对施工项目部的投资控制指标。而项目部在施工中所做的成本计划称为计划成本，项目部应该在工作中控制计划成本小于目标成本，获得的利润作为项目部工作人员的工资外收入，是一种控制成本的激励机制。

1. 计划成本的编制原则如下

（1）计划应符合实际，体现企业先进的施工技术水平和管理水平，能够形成可执行的目标文件。

（2）计划应有利于成本控制、成本核算和员工绩效考核。

（3）计划应具有弹性。施工项目施工有很多不确定性风险因素（如工程重大变更、物价暴涨、政策变化、自然灾害等），成本计划不可能完全反映工程未来的实际情况，因此计划必须留有余地，安排一定量的备用金（应急成本），一旦不确定因素明确以后，应及时调整计划追加成本，使之成为新的计划组成部分。

（4）计划的详细程度要适中，既要能达到指导和控制的要求，又要能使下属不丧失创造力。

（5）系统性和全面性原则。成本计划并不是单独的费用支出计划，而是项目参加者在工程建设过程中随工程建设时间而消耗各种资源的计划，因此它应和 WBS（工作结构分解）、OBS（组织结构分解）、CBS（成本结构分解）结合。不仅仅是管理人员，所有项目参加者都应制订自己工作范围内的成本计划。

2. 施工项目成本控制组织措施

所谓成本控制的组织措施，就是针对项目成本控制的全过程阶段中，项目管理组织的设置、各人员的分工、管理职能的分工以及项目管理班子的人员情况等。而实际工程成本管理工作存在失控现象的主要因素之一，就是组织缺位的问题。既然组织措施在解决工程成本控制问题当中，有非常重要的作用，我们首先应具体的对施工企业，如何划分组织的层次和职责进行分析。

3. 项目成本管理的层次和职责划分

施工项目成本管理是一个系统工程，它是企业全员、全过程的管理。根据目前施工企业管理体系的现状，施工项目成本管理可分为公司管理、项目管理和岗位管理三个层次，对应有相应的职责内容。

（1）公司管理层次

这里所称的公司指的是直接参与经营管理的一级机构。并不一定是公司法所指的法人公司。这一级机构可以在上级公司的领导和授权下独立开展经营和施工管理活动。它是工程施工项目的直接组织者和领导者，对施工项目成本管理负领导、组织、监督和考核的责任。各企业可以根据自己的管理体制，决定它的名称。公司管理层次是施工项目成本管理的最高层次，负责全公司的施工项目成本管理工作，对施工项目成本管理工作负领导和管理责任。其主要职责为：

①负责制定施工项目成本管理的总目标及各项目（工程）的成本管理。

②负责本单位成本管理体系的建立及运行情况考核，评定工作。

③负责对施工项目成本管理工作进行监督、考核及奖罚兑现工作。

④负责制定本单位有关施工项目成本管理的政策、制度、办法等。

（2）项目管理层次

项目管理层次是公司根据承接施工项目的需要，组织起来的针对该项目的一次性管理班子，也称“项目经理部”。由公司授权在现场直接管理项目施工。根据公司管理层的要求，结合本项目的实际情况和特点确定本项目管理部成本管理的组织及人员，在公司管理层的领导和指导下，负责本项目部所承担工程的施工项目成本管理，对本项目的施工成本及成本降低率负责。其主要职责为：

①遵守公司管理层次制定的各项制度、办法，接受公司管理层次的监督和指导。

②在公司施工项目成本管理体系中，建立本项目的施工成本管理体系，并保证其正常运行。

③根据公司制定的施工项目成本目标制定本项目的目标成本和保证措施、实施办法。

④分解成本指标，落实到岗位人员身上，并监督和指导岗位成本的管理工作。

（3）岗位管理层次

岗位管理层次是指项目经理部内部的各管理岗位。它在项目经理部的领导和组织下，执行公司及项目部制定的各项成本管理制度和成本管理程序，在实际管理过程中，完成本岗位的成本责任指标，对岗位成本责任负责。其主要职责为：

①遵守公司及项目部制定的各项成本管理制度、办法，自觉接受公司和项目部的监督、指导。

②根据岗位成本目标，制定具体的落实措施和相应的成本降低措施。

③按施工部位或按月对岗位成本责任的完成情况及时总结并上报，发现问题要及时汇报。

④按时报送有关报表和资料。

⑤施工项目成本管理划分为公司管理、项目管理、岗位管理三个层次，是施工项目成本管理的客观要求，有利于分清责任、更有效地发挥各级、各类人员参与施工项目成本管理的积极性。同时，将施工项目成本管理划分三个层次，也是建立施工项目成本管理体系的依据。

（三）项目经理部组织的再设计

项目经理部是施工项目施工的现场管理者，代表公司完成公司所制定的各项目标，是项目成本目标控制的关键部门，并使客户满意。其机构设置应本着“事前准备、事中控制、事后纠偏”的动态管理控制原则而设置，就成本管理而言，应落实“先算后干、边干边算、干完再算”的三算管理办法。

成本管理经理岗位的设置。作为现场项目部，应设置成本管理经理岗位，全面控制施工项目成本。成本管理经理应具有工程经济知识，财务知识和工程施工经验，具有分析和解决问题的能力。具体的工作内容为：分析、预测工程总成本及阶段性成本，确保施工项目资金的合理循环；负责项目的统计工作，核发工资、奖金及分包单位的工程款；分管合同部、成本核算部等。

合同管理部门的设置。合同是参与工程建设各方联系的纽带，很多的施工项目参与方对矛盾的争执，就是产生于对合同条文的不完全理解所造成，“先算后干”就是要在开工前要对合同有个准确的了解，每道工序施工都应事先依据合同中所规定的费用和工程技术指标进行。因此，合同管理在工程中的地位尤显重要。工程开工前，应由合同管理部门进行合同的交底,施工过程中,监督合同的执行情况,及时办理工程变更签证或工程索赔工作。

工程造价的 70% 左右为材料费用，因此应严格控制材料的领用。以往，工程施工中材料的领用由工程部或材料部负责，但从成本管理的角度来看这不利于成本控制，因此，作为材料的领用分发，应由合同管理部门统一核定，由材料部门分发，由成本核算部门根据使用情况事后做好核算。

作为合同管理部门组成人员，要有良好的沟通能力、协调能力，人员组成应包括预算员、成本计划员和合同分析员。

成本核算部的设置。成本核算部主要职责是核定施工中的成本、收集已完工程的成本数据作为成本分析考核的依据，同时为成本预测和决策提供根据。成本核算不同于财务核算，因为财务核算是严格按照会计科目进行的费用归结。而成本核算是按目标成本分解的方式进行的费用归结，是针对施工项目施工特点的核算办法，它反映工程实体的实际消耗。

通过财务核算和工程成本核算两种方法，有利于发现工程施工过程中的问题，及时采取纠偏措施，减少损失。

材料部的岗位设置。材料部负责材料的采购、保管和分发工作，其采购员和保管员不能由一个人来担任。材料的采购价格在采购前应由合同管理部进行审核，材料的质量由工程部质量人员负责验收，材料的数量由计量员和保管员统一验收。严把材料关，避免施工中材料的浪费和使用不合格材料导致返工的损失。

工程部的职责。工程部除做好质量控制和进度控制以外，还要对方案进行审查和优化，进行施工前的技术交底，避免因过程中的质量事故造成的费用支出。施工中工程部对分包工程和临时用工的工程签证必须经合同管理部和成本管理部审核。工程部应配备各专业的工程师，工程师应具有丰富的工程施工经验。

（四）项目管理人员的成本责任分析

施工项目管理是一个多目标的综合管理，团队中的每个成员都应明确自己的工作目标，是典型的目标驱动和导向型的工作方式。项目经理在团队组织中具有核心领导作用，除应具有工程管理专业技术知识外，还要具有协调沟通的能力，良好的职业道德和勇于承担责任的品质。

项目的成本管理，应将成本目标分解到每个团队成员，让每个参与项目管理的人员都明确自己在成本控制中要完成的任务。

组建高效的项目管理团队，对于项目的成本控制有决定性的意义。更重要的是项目经理部中的每个成员，要明确自己的成本管理责任。这对于每个成员在工程实施过程中，能更好地明确自己的责、权、利，有效地完成本岗位的成本控制目标具有重要的作用。

以下阐述的内容为，项目经理部的各管理岗位所承担的成本责任：

（1）项目经理成本责任划分

对工程成本控制全面负责。监督各部门、各系统的运行情况，使其正常运行，出现偏差时，及时进行纠正；主持制定各种管理制度及其监督机制；审批施工组织设计、进度计划、材料计划等；组织成本分析，决定成本改进对策。

（2）工程技术人员的成本责任划分

根据工程实际情况，编制施工组织设计，合理选择施工方案，做好成本控制的第一步。根据施工现场的实际情况，合理规划施工现场平面布置，为文明施工，减少浪费创造条件。严格执行工程技术规范和以预防为主的方针，降低质量成本，及安全成本，积极开展技术攻关，不断改进，积极推广新技术的使用，节约成本。

（3）计划、预算人员成本责任划分

依据施工组织设计编制施工进度计划；做好成本预算工作，确保合理使用工程定额；在施工进度计划的基础上，与财务人员一起，建立计划 / 成本控制系统，并保证系统的正常运行。与财务人员一起，做好成本分析工作。

（4）材料人员的成本责任划分

做好材料采购工作，降低材料采购成本；根据施工进度计划，编制材料供应计划；按照定额要求，控制材料的领用、发放、回收；合理安排材料的储备，减少资金占用，提高资金利用率；和技术人员一道，做好材料的节约工作。

（5）机械管理人员的成本责任划分

与技术人员一道，合理选用机械设备；根据施工需要，合理安排施工机械，提高机械利用率，减少机械费成本；进行机械设备管理，做好机械设备的保养和维修工作，做好机械设备备用配件的管理工作。

（6）财务人员的成本责任划分

做好资金的使用计划，筹措资金，做好资金保证；与预算人员一起维护计划成本系统的正常运行，展开成本分析；协助项目经理检查、考核各部门、各单位、班组责任成本的执行情况，落实责权利相结合的有关规定；按照有关规定，监督各项开支。

（7）行政管理人员的成本责任划分

根据施工生产需要，合理安排项目管理人员和后勤服务人员，节约工资性支出；安排好后勤保障工作，满足施工人员需要，使其安心生产；做好项目团队管理工作，调动积极性，提高生产效率。

（8）生产班组、生产人员的成本责任划分

不断提高劳动技能，提高生产效率：按照操作规程，操作各种机械设备，提高机械利用率，减少机械故障；按要求使用各种材料，避免材料浪费。

（五）确保项目管理人员的稳定

施工项目管理人员的流动性大，是项目成本控制的一个较大的危害因素。其主要的原因在于，工作环境的不适合、没有充分的授权、缺乏必要的激励措施等原因。作为企业要想减少此情况的发生，首先在工程开始前的项目部组建过程前，要制定好项目部的各项管理措施和制度，在配备人员的过程中，要尽量地使用稳定的管理人员，开工前向项目的管理人员做好制度、措施的交底，明确每个人员的责、权、利，落实好每个人员的成本目标责任。这样，就可以避免管理人员在工作中难以开展工作，从而减少人员流动的概率。

（六）运用成本控制的组织措施

解决的问题运用组织措施可以有效地解决现阶段由于建设工程成本控制过程中的组织缺位问题，以及由于项目经理部现有的岗位人员分工不明确，无法执行成本目标而导致成本损失的问题。

1. 项目成本控制实施内容

（1）工程施工准备阶段

1）根据设计图纸和有关规范标准，对施工方法、技术组织措施、施工顺序、机械设备选型、作业组织形式、人员组织等进行认真的研究分析，并运用价值工程原理，制定出科学适用、经济合理的施工方案。

2）根据企业下达的成本目标，以分部分项工程为基础，综合技术组织措施的节约计划、劳动定额、材料消耗定额，在优化的施工方案的指导下，编制明细而具体的成本计划，为今后的成本控制做好准备。

3）间接费用预算的编制及落实。根据项目建设时间的长短和参加建设人数的多少，编制间接费用预算，并对上述预算进行明细分解。

（2）工程施工阶段

1）加强施工任务单和限额领料单的管理，施工任务单是成本核算的依据，它包括人工费、机械费和材料耗料的每项工作，因此，每张施工任务书必须准确及时，以便于成本控制。任务书的签发。任务书必须在施工作业前签发。签发必须规范，与施工日志同步，编号连续，签字齐全，存根分月归档保存，如因任务书签发不及时影响限额领料，责任由下达任务工长负责。

任务书的签分。由项目经济师或项目会计师每月 30 日组织各管理口验评，公开会签，计划、质量、安全、材料、场地必须经实测实量和实际验收后签分，签分要具真实性、可追溯性，严禁作业队持任务书追着职能人员签分。估包工应注明工作内容、工作量、作业人数、起止时限，材料用工应附有用工明细，任何性质的任务书必须经项目经理签字后生效，无项目经理签字的任务书一律无效。

2）将施工任务单和限额领料单的结算资料与施工预算进行核对，计算分部分项工程的成本差异，分析差异产生的原因，并采取有效的纠偏措施。

3）做好月度成本原始资料的收集和整理，正确计算月度成本，分析月度预算成本与实际成本的差异。对一般的成本差异在充分注意不利差异的基础上，认真分析有利差异产生的原因，以防对后续作业成本产生不利影响或因质量低劣而返工损失；对于盈亏比例异常的现象则要特别重视，即在查明原因的基础上采取果断措施，尽快加以纠正。

4）在月度成本核算的基础上，实行责任成本核算。也就是利用原有会计核算的资料，重新按责任部门或责任者归集成本费用，每月结算一次并与责任成本进行对比，由责任部门或责任者自行分析成本差异和产生差异的原因，自行采取措施纠正差异，为全面实行责任成本创造条件。

5）经常检查对外经济合同的履约情况，为顺利施工提供人员、物资、机械等的保障。

6）定期检查各责任部门和责任者的成本控制情况，并会同责任部门或责任者分析产生差异的原因并督促他们采取相应的对策来纠正差异使成本控制工作得以顺利进行。

（3）工程竣工验收阶段

1）竣工验收及时准备精心安排，在最短时间内完成资料准备和竣工收尾工作，把竣工收尾时间做到最短，扫除一切障碍，及早验收交工。

2）及时办理竣工结算，为防止遗漏，在办理结算前，要求项目预算人员和成本核算员进行一次认真全面的核对。

3）重视竣工验收工作，顺利交付使用。在验收以前，要准备好验收所需要的各种书面资料送甲方备查；对验收中甲方提出的意见，应根据设计要求和合同内容认真处理，如果涉及费用，应请甲方签证，列入工作决算。

（七）加强成本预测

项目成本的管理，首先必须抓好项目成本的预测预控。成本预测的对象是独立核算的单项或单位工程及经市场竞争而获得的投标报价工程承包前的经济效益预测。成本预测的内容包括施工所耗用的总成本预测，经济要素预测、管理费预测。公司和项目部同时编制施工预算、成本计划，另外编制工程的施工任务单和所需机械台班，然后根据上述数据进行对比、校正，再结合现行、当地人工、材料、机械的市场价，测算出工程总实际成本。在项目的各项成本测算出来后，公司与项目部签订承包合同。在承包合同中，对项目成本、成本降低率、质量、工期、安全、文明施工等翔实约定。通过合同的签订，确保项目部和公司总部责、权、利分明，双方按合同中的责任，自觉地履行各自的职责，以保证项目施工顺利完成。

1. 成本预测的基本方法

（1）顺序预测法，是根据市场和上级收取管理费用后预测降低成本可能的测算法。

（2）目标利润反算法，是以达到目标利润逆向推测的方法。

2. 成本预测的技术方法

（1）盈亏平衡点测算法（即保本点法），是依据量、本、利分析原理、测算现有的施工任务，预期能达到的利润水平和实现企业的目标利润要求达到的施工工程量的预测法。

（2）因素测算法，是在分析研究与成本变动有关的各项技术、经济因素、发展趋势和准备采取的相应措施对成本影响的基础上，预测成本水平的方法。

（3）差异比较法，是将几种不同的经营策略、施工方案、测算收入和成本的差异进行比较，从中选定最优实施方案。固定费用是指费用总额在一定时期和一定工作量范围内，不受完成工作量增减变化影响而固定不变。工作量完成愈多，单位工程应负担的固定费用就愈少，反之负担就愈多，和完成工作量的增减成反比例变动。

3. 盈亏临界点预测法

盈亏临界图即盈亏临界点预测的图示法，具有直观的特点：

（1）以横轴表示建安工作量。

（2）以纵轴表示工程预算收入成本支出。

（3）在图上画出反映工程预算收入，工程总成本递增情况的两条直线，这两条直线的交点就是盈亏临界点也称保本点。

盈亏临界图不仅可以看出盈亏临界点，而且可以看出完成任何工作量时，预计发生的盈亏情况。

（八）加强全过程成本控制

1. 项目管理人员成本的控制

对于分包工程成本的控制，应以收入来决定支出，以事先确定的责任成本为标底，由几家分包项目进行招标，一方面增加竞争，另一方面增加透明度，评定后确定最终分包单位。对于分包工程的结算，项目应严格按照分包合同执行；对于劳务分包单位，应选择实力强、信誉好、工人素质较高的队伍，以减少质量成本的支出。

（1）全体员工的参与

私人企业从每一张纸，每一滴水都有着严格的规定，很少存在浪费问题，每一项都有着严格的成本控制制度。当然私营企业也他的弊端，比如对人员的使用及压榨等等，本书不多加分析。但私人企业在成本的控制上，是值得我们学习的。我们施工企业，材料占了很大的比例，因此，加强材料的控制，就成为首要问题，这就要求需要全体员工提高成本意识，让大家认识到，成本的节约关系到每个成员的切身利益。在提高成本意识的同时，要有一项严格的考核制度，合理的奖惩体系。事实证明，奖励的支出要比浪费造成的损失小得多，当然，奖惩不是目的，要慢慢培养员工节约的意识。

（2）提高财务人员的素质

如果没有高素质的成本会计，成本核算与控制就成为一个口号，实际操作起来就会产生问题。第一；加强会计人员的培训。会计人员应当常去施工现场实地考察，有经验的带动经验不足的，在实践中发现问题，带着问题去实地学习。第二；鼓励会计人员加强学习，努力使得会计人员取得初级、中级、高级职称。在实际工作中，书本的知识能够真正运用的不多，但是，会计制度是相通的，只要真正的学习了，对我们施工企业的工作上的理解有极大的帮助，能够在遇到实际问题是，通过知识与经验的积累，很容易提出解决问题的方法，学习的目的就是为更好的工作服务。在成本控制方面，会计人员要根据每月发生的实际成本，做出合理的分析，出现亏损的原因是什么，究竟亏在什么地方，盈利的原因是什么，盈利在什么地方，通过和项目经理，生产调度沟通，分析原因，为下个月在成本方面做好准备。

2. 机械、材料成本及外围加工的控制

机械费占工程成本的10%左右，根据施工组织设计的要求，依据现场条件、工期、质量、施工方案、工程特征等诸多因素的影响，合理安排施工机械，加强企业机械设备管理，不断提高机械设备的完好率，提高机械设备的作业效率，从而节约机械费，提高施工企业效益。根据工程进度，严格按照材料消耗定额执行材料消耗量，不能突破；加强现场管理，合理堆放，减少搬运、仓储和摊销损耗等；此外，全额使用材料，使材料的损耗率降低到最低水平。认真分析各种材料的价格走势，根据材料价格的变化趋势，合理确定材料采购时间，避免因施工材料因市场价格上涨而造成项目施工材料成本的增加。

3. 其他费用的控制

（1）安全费用的控制

建立安全责任制，公司、项目经理部、班组，都要订立安全责任书，如发生安全事故，各级责任人和班组都要承担一定经济责任，同时要确保安全设施投资到位。

（2）施工中期的成本检查

施工中必须加强检查和分析，及时与目标比较差异，采取措施，保证责任成本目标的实现。具体从两方面做好工作，一是要求项目部定期报送财务报表，除按正常的会计报表格式报送有关报表外，还要按照责任成本分解要求报送执行情况报表，并对发生差异原因做出分析和说明；二是上级财务部门要定期（至少半年一次）对项目部责任成本执行情况进行检查。

（九）加强项目成本考核

（1）项目成本考核采取评分制。项目成本考核是工程项目根据责任成本完成情况和成本管理工作业绩确定权重后，按考核的内容评分。

具体办法为：先按考核内容评分，然后按一定的比例加权平均，考核内容包括：责任成本、成本管理业绩、成本管理效果等，在实际工程中还要根据具体情况加以具体内容来进行权重比评。

（2）项目的成本考核评分要考虑相关指标的完成情况，予以嘉奖或扣罚。与成本考核相结合的指标，一般有进度、质量、安全和现场标准化管理。

（3）强调项目成本的中间考核

项目成本的中间考核，一般有月度成本考核和阶段成本考核。成本的中间考核，能更好地带动今后成本的管理工作，保证项目成本目标的实现。

①月度成本考核：一般是在月度成本报表编制以后，根据月度成本报表的内容进行考核。在进行月度成本考核的时候，不能单凭报表数据，还要结合成本分析资料和施工生产、成本管理的实际情况，才能做出正确的评价，带动今后的成本管理工作，保证项目成本目标的实现。

②阶段成本考核。项目的施工阶段，一般可分为：基础、结构、装饰、总体等四个阶段。

（4）正确考核项目的竣工成本

项目的竣工成本，是在竣工和工程结算的基础上编制的，它是竣工成本考核的依据，也是项目成本管理水平和项目经济效益的最终反映，也是考核承包经营情况、实施奖罚的依据。必须做到核算无误，考核正确。

（5）项目成本的奖罚

工程项目的成本考核，可分为月度考核、阶段考核和竣工考核三种。为贯彻责、权、利相结合的原则，应在项目成本考核的基础上，确定成本奖罚标准，并通过以经济合同的形式明确规定，及时兑现。

由于月度成本考核和阶段成本考核属假设性，因而，实施奖罚应留有余地，待项目竣工成本考核后再进行调整。

在确定项目成本奖罚标准的时候，必须从本项目的客观情况出发，既要考虑职工的利益，又要考虑项目成本的承受能力。在一般情况下，造价低的项目，奖金水平定的低些；造价高的项目，奖金水平可以适当提高。具体的奖罚标准，应该经过认真测算再行确定。

第十二章 施工项目职业健康安全与环境管理

第一节 施工项目安全生产管理

一、我国建筑施工安全管理现状及存在的问题

（一）我国建筑安全管理现状分析

作为工程建设项目管理的一个重要部分，建筑施工安全管理是工程项目顺利进行的根本保证。随着我国市场经济水平的提升和我国政府对建筑行业安全生产工作的重视和肯定，我国国内的相关法律法规已经得到了逐步的完善和发展，尤其是在建筑施工安全生产的整体运行机制方面取得的研究成果尤为瞩目，具体来说，集中表现在如下几个方面：

1. 构建了一套行之有效的法律法规体系

从 1998 年《中华人民共和国建筑法》开始实施之后，我国的建筑行业中有了根本性的法律管理体系，而在 2002 年的《中华人民共和国安全生产法》中，针对建筑行业的安全生产同样做出了明文规定，这对于建筑行业的安全生产工作的监督和执法提供了必要的法律依据。在实际的应用过程中，极大地提升了我国建筑行业的整体安全生产能力和政府相关部门的监管力度。

2. 形成了安全生产管理体制

在 1993 年国发（193）50 号文件《国务院关于加强安全生产工作的通知》中，对我国的基本安全生产管理体制进行了重点强调和系统性的总结，尤其是对企业在安全生产过程中所具有的重要地位的强调，对于调动企业积极主动地参与到安全生产工作中来起到了重要的推动作用。而体现在建筑行业中，则有效地加强了从业人员合法权益的保障力度，推动了安全生产。

3. 先进技术得到了广泛的应用和推广

在实际的生产过程中，以往大量的研究成果开始向施工、管理技术标准转化，真正意义上的为工程施工安全管理工作提供理论支持，有效地降低了我国近年来的施工安全事故率。

总的来说，现有建筑安全管理在理论上已经有了很多的研究，但具体实施和操作方面的实用性研究还比较少。

（二）我国建筑安全管理存在的问题分析

尽管我国建筑施工企业的安全管理在过去短短的数十年时间内有了质的提升，但是从整体的管理水平上来说，仍然有着较大的改进空间，无论是在管理方法还是在管理理论方面，都还客观存在着一定的问题。

1. 一线操作人员的安全素质较低，伤亡事故多

根据我国相关部门提供的统计数据显示，在我国的建筑行业中，每年因为安全事故而丧生的施工人员高达数千名，所造成的直接和间接经济损失高达数百元亿元人民币。虽然近年来事故发生的绝对数字已经有所降低，但是占总从业人数的比重并没有出现明显的下降，这一情况应该引起我们的警惕。

2. 培训程度不足

当前阶段，施工行业的从业人员整体素质水平普遍较低是一个不争的事实，教育程度不高、综合素养低下、安全风险意识薄弱是我国建筑施工行业中事故频发的一个重要因素。

3. 管理人员对安全的重要性认识不到位

必须认识到，安全文化的建设对于降低我国安全事故数量有着重要的现实意义，现阶段事故频发的另一个重要原因就是对安全生产的相关认知不到位、监管人员安全意识淡薄，这种情况下，我们必须加强思想引导，通过构建良好的建筑安全生产文化来保证管理人员能够真正意义上的认识到安全生产的重要意义。

4. 政府监管体制存在问题

监督部门的安全监督管理滞后，对企业的安全监督管理，主要体现在对于事故管理方面缺乏事先及过程中的有效监督。与此同时，我们还必须认识到，在建筑行业中的相关监理部门本身也同样存在着这样或者那样的问题，尤其是相关的建立制度还没有完善，政府部门之间的合作还没有形成惯例，很多政府部门之间在职能和管辖范围上有着严重的重合，浪费了大量的行政资源。

二、我国建筑施工安全管理问题的原因分析

（一）建筑施工企业人员的因素

1. 建筑一线操作人员的因素

在我国建筑行业的发展过程中，建筑现场施工人员所做的贡献不可磨灭。但是不可否认的是，我国当前阶段的建筑行业现场施工人员的整体素养水平还有着较大的提升空间，严重的缺乏培训。安全意识淡薄，技术能力、整体素质低下。随着建筑企业改制和用工制度的改革，传统意义上的建筑工人队伍组成结构出现了根本性的改善，管理层和劳务层相分离，传统意义上的八级分工直接转变为现阶段的未经培训和评级的农民工。而民工受到自身的专业素养和综合技能水平的限制，对于安全生产的相关问题没有一个清醒的认识，这一点从死亡事故多是刚刚步入施工现场没多久的农民工这一事实中就可以略窥一斑。

在实际的施工现场，很多未经培训的民工直接上岗，甚至在一些高空作业、高危作业中也同样可以看到他们的身影。加之农民工对施工安全问题认识不够深刻、自我保护意识薄弱，当前阶段的施工过程中表现出非常明显的问题。

2. 建筑专职安全管理人员的素质

建筑施工行业作为一个危险系数较高的行业，在实际的现场施工过程中如何保障施工人员的人身安全，对于施工企业来说有着重要的现实意义。一个企业从事安全工作的人员，如果仅仅从其日常工作表现来说，可以说是可有可无的，因为他们并不能为其创造直接的经济利益，反而还具体工作的过程中还需要大量的资金投入，因此很多企业中，这一部门和部门成员并没有得到管理者应有的重视，这对于他们工作积极性的提升显然是非常不利的。而在这样的大环境下，传统意义上相对独立的安全科和质量科都已经变成工程部的一个岗位或者合并为质量安全科，而其中的人员更是各个部门不愿意要的低素质人员，致使建筑安全管理人员整体素质下降。这种情况下，如果施工项目真的出现安全隐患，必然对企业的整体经济效益水平造成严重的负面影响，对于企业的品牌和声望同样也是一个不小的打击。

3. 建筑企业各级领导的因素

作为当前阶段我国市场经济环境下，建筑行业中最为常见的一种安全管理制度，安全生产责任制是我们完成各项项目安全管理工作的核心制度。在我国政府颁布并实施的《关于认真落实安全生产责任制的意见》中，则对这一问题曾经做出过明确的论述，要求施工企业在具体的施工过程中必须发“管生产必须管安全”“谁主管谁负责”。与此同时，在我国的法律中还规定，企业法人代表是安全生产的第一责任人，当企业发生安全生产问题的时候，其负有首要责任。而兼管安全工作的副职人员，同样应该就安全问题负有领导责任。另外，《国家安全生产法》第五条规定：“生产经营单位的主要负责人对本单位的安全生

产工作全面负责”，第十七条规定：“生产经营单位的主要负责人对本单位安全生产工作负有的职责之一：建立、健全本单位安全生产责任制”，明确了企业领导者在安全工作上的主要责任。在制定相应的安全生产领导责任制度的同时，还应根据实际的生产和经营情况构建全员安全生产责任制度，只有这样才能够建立起一套覆盖全部生产人员的责任制度，保障该制度能够落到实处，为企业的安全生产工作提供坚实的制度保障。在企业的经营和发展过程中，企业领导对企业的绩效水平给予相应的重视和肯定是我国市场经济环境下应有的题中之意，但是对于现有的大部分企业来说，项目上的领导在安全方面的投入很有限。

（二）建筑施工企业中安全管理工作不够重视

1. 各级领导没有充分认识到安全的重要性

当前阶段，在建筑施工行业中，很多企业的领导本身有着丰富的现场施工和现场施工管理方面的经验和知识，但是在安全生产和安全管理方面的知识水平有效，并也没有给予相应的重视，虽然经常在会议上讲述安全工作的重要性，但是到现场具体实施起来，当安全与进度、安全与效益发生矛盾时，很难摆正安全的位置。

我国市场经济刚起步的时期，企业法人的实际作为对于企业的安全生产管理工作同样有着重要的作用。但是一般情况下，企业负责人对于安全生产的问题所给予的重视显然是远远不够的，相对于安全管理工作来说，他们更关注企业能够为其带来何种收益。加之地方政府对这一工作同样没有给予必要的关注，如每年年终组织的安全责任考核验收，可操作性差，不仅仅无法有效的督促企业将资金投入安全生产工作中来，同样也给企业管理层留下了一个企业安全管理只是流于形式的一个走过场的印象。

在我国市场经济飞速发展的今天，建筑行业为我国国民经济的发展所起到的重要推动作用已经逐步地凸现出来，尤其是在当前我国改革开放程度日益加深的背景下，对建筑的数量和质量的需求正以一个前所未有的速度飞快地增长着。而建筑企业在当前的市场经济环境中，经济效益成为企业的核心追求。费用、质量、进度是传统建筑工程项目管理的三大目标。这三大目标的实现，对于自身的实际收益情况有着直接的影响意义。因此建筑的承建方所进行的管理工作也同样是以这三大目标为基础展开的，因此安全管理工作长期得不到重视，工程整体质量堪忧。

2. 安全管理机构被精减

由于安全事故发生的不确定性和突然性，即使是专职安全员在施工现场进行安全管理，也难免会发生安全事故。而专职安全员的主要职责就是在现场检查和监督，但是，许多企业领导认为安全员的工作量不大，也不会产生效益，相反还会花企业的钱，因而一些企业在减员中，片面强调精简效能，缩编安全管理队伍，安全管理人员被一减再减。企业安全管理机构的人数和施工现场配置的专职安全员人数达不到《施工企业安全生产管理人员配备办法》的通知文件中规定的数量。

安全生产管理机构、安全管理人员的作用是在我国当前现有的安全法律法规的指导下，对施工现场的基本安全需求提供服务，是企业保障生产安全的一个重要基础和组织保障。但是在当前阶段，很多建筑施工企业对这一工作并没有给予相应的认识，所配备的安全管理人员和准备的安全管理岗位相对较少，也没有提供有效的培训。作为一项复杂的系统性工作，安全工作具有较强的技术性特征，而现阶段企业对该工作的不重视，直接导致一有裁员需要，该部门首当其冲，造成了大量的安全管理专业人员的流失。严重地干扰了正常的企业安全管理工作的展开和进行。

3. 职工安全教育滞后

建筑业的培训力度不够会使得施工现场的危险因素增加。长期以来，建筑业生产过程都处于劳动力、投资密集型和低技术含量的一种状态。而我国当下的经济环境和建筑行业从人员来源的特征直接决定了其综合素质不可能保持较高的水平，进而使得施工作业的标准化程度也降低。整个建筑业对工人的培训力度都不够，许多新的工人并没有经过培训就直接上岗。在施工过程中，违章操作的现象普遍存在，对建筑业的安全生产埋下了不可忽视的隐患。

4. 安全生产责任制不落实

正如上文中所介绍的，企业安全生产责任制对于企业的安全生产工作有着重要的指导意义，其具体内容是对各个部门以及部门成员在实际的施工过程中所应该肩负起来的职责。

（三）建筑施工企业的安全投入不足

1. 外部原因

（1）建筑市场拖欠、压价、垫资的现象愈演愈烈，为了适应竞争日益激烈的建筑市场，企业不得不采取低价中标。低价中标以后，企业为了获得利润，只有在施工过程中通过降低成本来获取更多的利益。而在降低成本方面，很难减少直接工程费和间接费的成本，甚至有时还要承担人、材、机价格上涨的风险，在这样的一个情况下，首选对象就只能是降低安全生产费用和文明施工措施费用。从我们可以想象，如果没有相应的资金投入到安全生产管理工作中来，现场安全管理的基础工作是很难做好的。

（2）国家《建设工程安全生产管理条例》规定建设单位的安全责任，对建设单位没有多少实际约束意义。就建设单位而言，在实际的现场施工过程中，安全生产管理工作并没有得到相应的重视和肯定，很多单位的领导层都认为这是建筑企业的事情，和建设单位没有直接的关系。除此之外，很多建设单位凭借自身在市场中的优势地位，对建筑施工企业往往提出一些不合理要求，并没有真正认识到安全管理工作对自身所能够带来的利益。这种情况下，建设单位本身就不重视、甚至刻意的忽视安全管理工作，干扰并误导了施工单位。

2. 内部原因

（1）通常情况下，施工单位在实际的施工方面，投入往往集中在工程质量和追赶工期方面，而在安全管理方面的投入则相对较少，主要的投入都是用于购买一些安全用品和宣传上。但是必须认识到，这些宣传往往是为了应付上级检查而存在，本身并不具有多少实际意义。

（2）就我国现阶段的施工企业来说，很多对于建筑安全控制工作还没有形成一个清醒的认识，往往认为安全成本管理仅仅是后期处理事故所需要花费的一项工作，这一认知的典型表现就是最大限度地压缩安全预防费用，从而导致工程施工前期的整体安全费用严重不足，这显然是对建筑行业安全成本管理工作内涵认知不清造成的。更有部分施工单位，在实际的施工之前，不仅仅没有相应的安全教育培训，甚至连基本的进场教育都没有，现场施工人员往往只能被动地接受安全事故，而无法对其进行有效的控制。正如上文中所论述的，在实际的安全成本管理过程中，其认知水平低下还集中表现在很多企业认为安全成本是具体处理安全成本的会计人员的事情，这是一种典型的忽视安全成本发生的过程性特征的现象，必然导致企业在实际的施工过程中面临巨大的安全隐患，一旦出现安全问题，必然造成巨大的负面影响。

在企业的项目管理过程中，应根据实际的施工需求合理安排施工设置设备，并及时的更新、保养设备仪器，从而保障安全技术指标达到国家相关部门的要求和基本的行业要求，这对于保障企业安全施工、安全管理工作有着重要的现实意义。当前阶段，“三同时”审批制度在很多企业的建设项目审批过程中并未得到有效的应用，不仅仅防护产品的数量和质量不达标，相应的施工人员的保险也同样没有到位。这种情况下，一旦企业施工现场出现安全事故，从业人员的人身安全无法得到保障，无法得到有效而及时的治疗。与此同时，很多企业的施工环境非常恶劣，对施工人员的人身安全造成了极大的隐患，这是安全生产所不允许的。

三、加强我国建筑施工安全管理的对策

（一）加强民工的安全管理意识

众所周知，当前建筑施工一线人员已由过去固定工占多数变成了以民工为主体。这是谁都不能忽视和回避的，建筑业自 80 年代末以来逐渐发生的变化。尤其是伤亡事故的 80% 以上发生在农民工身上，这已是不争的事实。民工的安全搞好了，可以说整个安全状况也就扭转了。当前的建筑安全形势严峻的重要原因之一就是安全管理体制没有随着工人构成的改变而调整。

1. 民工的来源

民工是我国社会和经济发展到一定阶段的产物，主要是来自人口较多的省份。根据对

民工的来源的调查和采访得知，民工基本上是来源于我国经济水平相对落后的地区，民工的家庭生活水平与东部沿海地区相比存在很大的差距，他们主要是依靠土地来养活自己和家庭成员，主要收入也是来源于农作物，常遇到自然条件很差，土地产物较易受到自然气候和天气的影响。因此，当地的人就会出去进城打工，一些人文化水平相对高些就会去沿海城市打工，作为公司白领、管理人员和技术工人，另一些文化水平低的人就只能从事最底层的工作，比如去建筑工地、城市清洁工等。民工多以群体聚集在一起，推举出其中一个人作为其领工，称之为民工头，然后他作为与公司和单位的联络人。例如一般的建筑公司有工程开始时，就会联系民工头，通知其带领民工们上班开工。这样的群体通常是同村、亲属或者较为熟悉的朋友，就可以直接结伴进入工地工作。另外有一部分民工来自城市附近的乡村和城镇，这部分民工主要是由于本地生产力较为发达，农业基本实现了自动化和机械化，农村产生了劳动力的富余，因此就会去就近的城市找临时工作来打发非农忙时间。这部分人由于是单个主体较多，形成不了集体工，管理起来相对困难些。

民工的分类较多，其来源不同，自身的特点也不同。但是民工的基本共同特点就是其文化水平相对较低，自我保护意识淡薄，技术水平低等。另外，民工群体的流动性也较强，由于民工的工作是跟随着公司、建筑工程等，因此当工程完工后就会再寻找另外的工作；民工的主体是农民，在非农忙时期进城寻找工作，当遇到农忙时，就会返回自己的家乡回去务农，这样就很难形成统一的控制和管理。工程企业公司对这种情况很难控制，时常会由于此而延误工期，造成较大的损失。企业一般对民工进行基本的安全教育，但是投入的经历和财力也是有限的。在实际工作中，农民工基本上是听从公司的安排。农民工的年龄从16岁到60岁不等,很多企业为了牟取暴利,不顾国家法律的规定,招收小于16岁的童工,也有招收 60 岁以上老人的现象发生。这样的行为是违反我国劳动法的，因此有关单位应该予以把好检查关，杜绝类似的现象发生。

2. 当前的民工管理

民工管理问题一直是我国现在劳动法中规定的重要内容。目前公司和企业进行民工的招聘情况是施工单位直接与民工头联络，之后签订劳务合同，指定其作为招募负责人，统一管理民工招聘工作。劳务合同的主要内容包括有：工作安全教育培训、技术能力培训、生活情况介绍、工资结算情况等。另外还有就是有关当事故发生后，民工头作为其主要的负责人，这样能够免除和躲避公司自身的责任。这种有民工头来管理民工群体的做法是不科学和不合法的。因为民工头不会对民工进行全面的安全和技术教育培训，存在着严重的侥幸心理；二是一旦民工出现建筑事故，民工头无法承担其作为负责人的事故责任，基本上互相推诿，以至于不了了之。

民工的安全教育问题是劳动法中较为重要的一个内容。安全问题涉及的内容和问题很广泛，仅仅依靠企业一方面的努力很难全面实现。因此，需要劳务输出地方的政府部门以及本行业的管理单位协同行动和合作，以此来共同管理民工问题。目前随着建筑业生产管理的发展，施工企业也出现了详细的分类，主要包括三种：一是总承包企业；二是专业分包企业；三是专业从事劳务输出的劳务分包企业。民工基本的安全教育工作最好放在劳务输出地区。由劳务输出地区（以县为单位）的建设与劳动部门共同设立外出民工安全教育培训机构。这种培训机构的主要作用就是提高民工的安全生产意识以及自我保护能力，培训其基本的生产技术能力。机构是经过当地政府的批准执行其职能，颁布严格的法令规定，凡是需出外打工的民工，务必要在该机构进行安全生产教育和技能知识培训，达到要求合格后颁发相关的证书，经用人单位经过核查后才能被录用，无合格证者拒绝其作为正式员工，不与签订劳务合同。

国家有关部门应根据当前的具体情况，制定民工的管理制度。明确企业的责任，让企业在民工问题上有章可循，明确民工的权力、责任和义务，使民工外出打工时做到心中有数。详细规定各种事故的赔偿金额及其责任分担，这样还有利于解决争端。有些民工及其家属文化水平较低，不懂得保护自身利益，受到重伤或死亡得到一点点儿补偿了事，使自己及家属承担大的损失；另有一些民工及其家属，发生了事故就无理取闹，围攻企业或施工现场，使正常的生产难以进行，给企业造成巨大的损失。有了国家规章，有利于迅速、公平、合理地解决争议，更好地维护各方的权益。

（二）有关民工的安全教育问题

1. 有关管理层、决策层的安全教育

在建筑施工行业中，安全一直是作为重中之重来对待的。并且安全问题也是施工过程中最艰难的一部分。做好安全施工，首先一点，也是关键的就是对施工决策层和管理层的安全教育工作要全面的实施。在施工单位中发生事故后统计发生决策层缺乏安全意识是导致施工事故发生的主要原因。当企业管理层的安全意识提高了，才能执行其表率作用，安全教育工作才会更加有效的实施开来。

对于工程建筑行业来说，政府需要建立健全的管理部门，管理部门对整个行业建立客观、全面、科学、有效的评价体系。对施工单位进行每年的安全生产评估，把评估结果作为其是否进行安全教育和培训的主要依据。培训的主要内容是有关管理层和作业层进行安全教育和自我保护技能。

2. 有关底层作业层人员的安全教育

在建筑施工过程中，施工是一件相对危险的作业行为，需要操作人员扎实的操作能力和技术素质，本身需要具备安全意识和自我保护能力。因此，在招聘民工的前期就需要着重加强其安全知识技能的培训工作。

（三）各方管理部门应加强的工作

1. 不断加强建设建筑安全生产的法律法规

政府和相关管理部门需要颁布有关建筑安全生产的管理法律法规，对于建筑施工的设计、建设、施工、监督管理、设备资料等各方面的情况予以统筹管理，明确相关单位和个人的法律责任和义务。另外对于施工的技术要求和规范要制定科学的安全生产管理技术标准，能够使建设过程真正地实现规范化和正规化。

2. 全面开展建筑施工安全技术研究，提高建筑安全施工的科技含量

目前我国经济发展处于高速前进的状态，房地产行业带领着建筑行业进入全面发展的阶段。但是目前建筑业基本的情况是安全技术相对落后，整体建筑水平有待提高，这种情况已经阻碍了经济的发展速度。在建筑行业中，我国普遍使用的脚手架、塔吊、安全护板等机械设备的质量难以保证，科技含量低，这就影响到了施工的安全。与国外发达国家的建筑技术相比，我国的建筑技术还停留在手工操作阶段，机械化水平低，质量难以保证，安全隐患较多，与国外相比存在很大的差距。因此，在今后的发展过程中，我国建筑行业首先要把安全技术作为重要的内容，不断推进安全技术的研究和开发工作，加大力度对科技含量高的建筑技术投资和推广，努力解决安全生产的重大关键性技术问题。另外还要在我国高等院校中成立相关的研究机构和部门，加强对建筑行业的人才培养，组建从事建筑安全技术的专家队伍，努力带动建筑行业进入依靠科技力量达到安全生产的轨道上来。

3. 建议建筑企业施行职业卫生管理体系认证工作

建筑行业需要执行严格的职业卫生管理体系，在该体系主要包括的内容有：制定有关建筑行业的职业卫生管理条例和规定，对建筑行业的卫生评定和审核规章制度，职业卫生管理中的人员的职责、程序、活动内容和规定义务等。职业卫生管理体系的核心思想是“系统安全”，主要的管理模式是运用结构化和组织化、系统化的方式实现科学有效的管理。在建筑施工企业中，把管理重点放在安全事故的预防上来，努力实现全过程、全人员、全方位的安全管理模式，使得建筑施工的每个过程都是基于安全为指导的，为企业提供了一种科学有效的职业安全卫生管理体系。我国十分重视职业卫生管理标准化问题，国家经贸委安全生产局于1999年颁布了标准并开始了实质性的认证工作。作为建筑行业的管理部门，应借卫生管理体系认证之东风，在建筑企业范围内推广认证，从而把我国的建筑企业安全生产工作推上一个新台阶。

随着市场经济体制的形成和发展，安全生产管理体制正在发生着重大变化。市场经济是法制经济，安全生产方面的“依法管理”仍有许多工作要做。在建国初期，我国实行的是计划经济制度，形成的安全管理体系是基于上级和外界的检查，当检查的领导级别越高，管理层对安全检查和建筑过程就越重视。一旦外界不检查施工单位就不会对安全施工重视。另外，施工单位也包括内部检查，这种内部检查的力度和影响远远小于外部的检查力度。

内部检查查出问题后，施工单位也不会立即进行整改工作。这就说明了当时的建筑企业还没有完全形成安全生产的自我约束机制。在建筑行业中展开职业卫生管理体系的认证，能够从外部和内部两个角度全面的推动安全管理的工作进程，能够体现出国家颁布的建筑安全生产管理中企业是主要负责人的方针理念。

工程施工企业和单位从开始就需要进行职业卫生安全管理体系的认证工作，因为安全与职业卫生工作是影响施工进程的重要因素，是建立现代施工企业制度的重要的组成部分．企业建立完善的职业安全卫生管理体系包括全面的安全教育与卫生检查等内容，不同于一般的安全和卫生的检查程序，能够反映出施工企业的安全生产管理的思想和理念。将安全检查与安全卫生管理体系结合起来，能够实现检查和审核双重监管。企业的基本目标是实现盈利，为了实现自己的利益需要，建立全面的职业安全卫生管理系统，能够保证施工进程稳定安全进行，保证整个体系的顺利实施。

4. 建筑企业安全投入的实施与控制

（1）建设单位对措施费足额支付的保证

国家建设部出台的《建筑工程安全防护、文明施工措施费用及使用管理规定》的通知（建办〔2005〕89 号）文件中第七条规定：“建设单位与施工单位应当在施工合同中明确安全防护、文明施工措施项目总费用，以及费用预付、支付计划，使用要求、调整方式等条款”，但在低价中标等恶劣的竞争环境里，施工企业为了能顺利承接工程，不得不让利压价。实际签订合同（选定中标单位）时，虽然在合同表面条款文字上有这样的说明，但实际上这笔钱都已经给让利掉了。

为此，建设行政主管部门，需要出台一系列的配套规定，明确建设单位在措施费支付规定上的责任，如果建设单位不按时足额支付措施费用这笔款项，施工企业发生安全事故，建设单位也要承担连带责任，迫使建设单位在选择施工单位时关注施工单位的安全业绩，同时也实实在在地支付这笔费用，营造整个行业重视安全工作的良好氛围。

（2）建设单位对施工企业安全投入的控制

建设单位每个月审批施工单位的工程款支付申请表时，让安全监理检查现场安全设施投入情况和员工安全教育培训状况。如果发现安全设施投入和人员培训不到位，则扣除施工企业对应的这笔款项。让施工企业（项目经理部）不能从减少安全投入中得到利益，同时还要承担不投入发生安全事故的风险，迫使施工企业进行正常合理的安全投入。

5. 净化安全防护用品市场

不法厂商的行为扰乱了正常的防护用品市场。再加上企业采购人员的不法行为，使进入建筑施工现场的安全防护用品占相当大的比重。不合格防护用品在现场的出现带来的危害比没有防护用品还大，因为这使得隐患的隐蔽性更强。 对不法厂商严加处理，清除出市场，从源头上杜绝不合格防护用品。同时，还应加大检查监督力度。在现场一旦发现此类防护用品，应追究有关人员的责任，并加以严肃处理。

（四）实施安全生产的“五环”控制模式

安全生产过程需要全部参与者共同合作才能实现，仅仅依靠施工企业单方面的实施是不可能的。现行的施工过程的五环安全检测和控制体系是目前较为突出的实施方法，这五环包括有：

1. 行业监控管理

也就是说建筑施工管理部门要对全面施工的安全进行严格把关监控。国家机关和政府强制性的实施监控管理是对施工单位进行安全施工监控很有必要性。对施工队伍要加强安全资格审查，合格者凭借颁发的资格证书才能进行招标施工，不合格者坚决清除，将危险事故的隐患扼杀在开始阶段。

2. 企业作为主导

施工企业和单位是具体实现工程项目的主体，是安全施工的关键因素。对于现场企业的安全管理工作应该作为重点，因此需要对施工队伍、施工人员等现场操作者进行安全基本教育、技能培训、安全操作机械能力资格等内容着重落实。

3. 业主预防管理

业主对于施工进程需要全程的进行监督管理，要担负其一定的责任来。业主在选择执行承包商时的主要责任就是需要选择出有能力进行安全生产和管理的施工企业，当安全事故发生以后，业主要承担一定的责任，以此来警示以后加强重视安全生产工作，这样才能保证企业的良好竞争力，整个市场也会良性循环发展。

4. 社会实施监理

业主在进行工程招标时，需要面向社会招收施工监管公司，而且需要保证监理公司与施工单位不能存在任何的利益关系，否则将会影响到监理的透明化和规范化。监理公司的主要责任就是对施工单位的设计、生产、施工、质量、成本、时间等进行严格的控制和管理。安全问题也是目前需要着重考虑的问题，也必须与以上监管的项目保持同等地位。监管公司进行有效的监管之后，才能保证施工的质量符合业主要求，才能进行安全的生产工作。

5. 保险公司严格检查。

施工单位在招聘建筑工时，应根据国家的劳动法规定，对施工人员进行投保，向保险公司投保可以有效地转移由于人身伤害事故带来的风险。投保公司不定期地对现场施工的安全管理情况进行检查，查看施工单位是否依照法律法规实施安全生产工作。施工企业通过这种方式能够有效地转移自身的风险，但是不能就此而降低了对安全管理的意识，反而要严格地执行既定的安全生产规程，否则，保险公司可以根据保险合同内容不予以赔偿。

第二节　施工项目现场管理与文明施工管理

一、施工项目现场管理

（一）施工现场管理在施工项目管理中的重要性和特点

1. 分析建筑工地管理在建筑项目管理中的重要性

众所周知，安全是一项建筑工程。第一要务是确保施工项目的安全，这也是安全管理的核心内容之一。做好施工企业的相关安全管理工作，有利于内部企业的优化经营管理模式，全面推进建筑施工企业内部工作有序进行，将其带来更多的经济利益。

①加强施工现场的质量控制，有利于保证施工安全和施工质量。因此，在建筑工程现场管理中要严格管理建筑材料、施工机械和施工人员的质量，切实落实工程质量。推进安全有序的建筑工程建设。

②加强施工现场管理也有助于提高客户对施工项目的实际满意度，目前，随着我国社会经济的迅速发展，我国居民的生活水平和生活质量发生了巨大变化。

2. 建筑工地管理在建筑工程项目管理中的特点

施工现场管理在施工项目管理中主要是指施工现场管理人员在施工项目施工中为促进施工组织设计与施工现场设计的和谐关系而开展的一系列工作。施工现场管理在施工项目管理中具有较高的内部能力，这在一定程度上决定了施工质量。一般情况下，施工项目的施工组织设计是指施工项目中有关施工现场管理人员对施工项目的实际参数进行测量，并在施工现场书写施工日志。对施工现场进行监督，并以书面形式向上级主管提交施工进度。施工现场的施工经理必须做好施工的组织设计工作，做好施工现场的管理工作，明确施工目标，严格执行建设工程建设项目的责任和权利等基本原则。

（二）施工现场管理在施工项目管理中的地位分析

1. 建筑工地管理人员在建筑项目管理方面的技术能力薄弱

在建筑工程的项目管理中，施工现场管理人员的素质对建筑工程的整体工程的顺利进展具有良好的作用，但是，我国当前的部分工作人员都没有接受过正常的专业的理论安排和技能训练，也会在工程实施中有很多的临时的工作人员。施工现场管理人员在施工准备阶段不进行任何基础或系统的培训，就不会对施工技术有良好的体现，最后的效果也不会太显著。这使得他们难以按照有关规定组织施工现场的管理，从而难以保证施工现场的施工质量。

2. 施工现场管理系统在施工项目管理中并不完善

尽管近年来中国的建筑业发展迅速，但它对中国国民经济的发展做出了巨大贡献，而施工现场管理系统在施工项目管理中也处于不断改进和完善的阶段。但由于在我国建筑工程管理中仍受传统施工现场管理制度的影响，目前施工现场管理仍存在一系列问题。此外，在施工现场管理中，经常出现合作纠纷、工作纠纷等问题，导致施工现场管理在施工项目管理中更加混乱，导致施工现场管理措施难以实施。

3. 施工项目管理中施工现场管理中的安全问题分析

建设项目安全是建设项目建设中最基本、最重要的环节，在建设项目管理中要做好安全管理工作。但是，我国大多数建筑企业过于重视建筑经济，对建筑工地的安全管理十分轻视，导致建筑工程安全隐患频发，安全事故频发。此外，由于施工公司在施工过程中没有对施工人员进行一些必要的安全生产意识，他们在工作中缺乏安全意识。

（三）建筑工程项目管理中的施工现场管理的优化措施

1. 正确认识保安管理的重要性

施工企业不能正确认识安全管理的意义和必要性是造成安全管理缺陷的根本原因。中国的建筑工程在施工上永远坚持的是“安全第一”的管理模式，但在实际中却有所欠妥，是不可能做到的，也就导致了安全与生产之间有许多问题。妥善处理好建设项目的经济发展与安全生产的关系，不仅要重视建设企业的经济发展，还要考虑到建设项目内部的安全管理。其次，在安全管理的实施过程中，施工企业应对安全管理的价值和作用进行相应的指挥。最后，安全管理工作的实施意味着为施工人员创造一个舒适稳定的工作环境。它不仅对保障职工的安全有巨大的作用，而且能提高建设项目的施工效率，提高工作人员的积极性。

2. 完善相应的安全管理规章制度

建筑工程安全管理体系是整个工程的灵魂所在，在安全管理制度中占有重要的地位。首先需要重视的是，施工企业提前了解详细的了解施工的具体情况，设计科学的施工环节和可行的安全技术措施。建筑工程安全管理应分析和评估施工阶段的所有风险因素，并根据不同情况制定应急预案。相应的施工人员应及时了解和掌握这些隐患，并采取有效的预防措施，尽量避免各种安全事故的发生。其次需要注意的是，企业在实行工程之前就需要及时设置整体的安全体制和惩罚制度，使工程更有保障，促使每一环节的安全生产作业都有专人负责。

3. 加强施工现场管理人员在施工项目管理方面的技术培训

在施工现场管理的施工项目管理中，有关管理人员应全面掌握施工现场的地质、水文和气候条件，明确施工机械设备的实际使用情况。有效建立和完善机械设备维护体系和维护体系。同时，施工企业还应切实加强对施工现场管理人员的技术指导，使施工现场管理人员能够科学地向施工人员解释施工项目施工过程中的具体施工过程和技术质量要求。这保证了施工项目的施工能够在规定的时间内完成。此外，施工企业还应建立科学合理的技术操作程序，为使用新设备、新技术的相关人员进行培训，提高工作效率和质量，进而提高建筑工程的整体施工质量。

4. 建立和完善施工项目管理体系

在建筑行业飞速发展的同时，建筑工程施工现场设计存在多方面的问题，有很多的弊端急需去改善，在建筑工程施工现场管理之中，想要一个良好的建设过程，那么就需要不断制定和完善施工现场管理体系，顺而来确保每个现场管理系统都到位。保证各个管理系统都到位的同时，还必须在施工现场管理的各个方面进行。

5. 施工项目管理中安全现场管理的优化

切实加强有关人员在施工安全现场管理中的责任，培养工作人员知识丰富，建立健全合理的制度和政策，建立扎实的安全生产责任制，在施工现场全面实施安全生产责任制。这不仅要求我们严格执行安全生产责任制，完善施工现场安全管理制度，但也要求我们有效加强对施工现场数量的安全控制，对施工现场的安全隐患进行有针对性的调查和管理。

二、文明施工管理

（一）构建健全的安全管理机制

在建筑工程施工管理过程中，施工企业必须建立相关的管理制度，才能有效提升施工规范性、安全性。对于安全文明施工来说，建立有效的安全责任制度，将具体责任落实到个人，才能更加调动施工人员积极性。改进现有的安全管理机制，采用更加合理的方式处理施工中出现的安全问题，并注重对安全事故的总结，避免同一类型的事故反复发生。另外，建立各部门、各施工队相互协调安全机制，明确各单位的义务与责任，包括各种制度、章程能够落实到位。

（二）做好相关人员安全教育工作

建筑施工过程中，相关人员安全意识十分重要，要求每个施工部门都能够定期组织安全教育与培训工作，向施工人员传授安全技能，并在教育活动后进行有效的考核，组织安全知识竞赛、安全技术交流等活动，帮助相关人员树立安全意识，提升其自我保护意识与能力。通过安全教育，让施工人员能够严格按照规定操作。施工队还需要进行完善的安全检查工作，及时将施工中不安全因素进行排除，对各类施工机械设备进行管理，保证其能够安全运行。特殊工种施工操作人员必须持证上岗，同时佩戴安全护具进行施工。

（三）做好安全文明施工宣传

在施工现场必须设置明显醒目的安全标语，同时将施工总平面图、防火名牌、安全生产记录、重大事故记录、安全责任人名牌等张贴到施工现场醒目的位置，让所有到现场的人员都可以看到。而施工安全管理人员需要持证上岗，并佩戴安全管理袖章或名牌。各个施工小组在上工前需要举行简短会议，为安全文明施工做好宣传工作，在施工企业中建立有效的安全文明施工文化。

（四）完善处理施工现场废弃物

安全文明施工还必须包括对现场废弃物的处理。通常来说，对于施工现场的污染源处理必须依据现有环境保护法加以防治、处理，例如，将沉淀池设置在进出口位置，用以处理现场废气的混凝土；在施工现场不能采取焚烧、熔融的方式处理可能产生有毒的气体、灰尘等的物质。对于高空废弃物的处理，需要用封闭性容器密封，然后通过塔吊运到现场进行集中处理。在处理过程中，为了避免扬尘，需要进行洒水处理，提升施工的环保性，这也是安全文明施工的具体体现。

安全文明施工是新时期建筑施工的要求，但是就目前建筑工程安全文明施工现状来说还不容乐观，必须从制度入手，建立完善的安全管理机制，做好宣传，做好施工人员安全教育工作，构建安全文明的市场场地，提升安全性，文明性，为建筑行业发展奠定基础。

第三节　职业健康安全管理与环境管理体系标准

一、职业健康安全管理

第一条　为了贯彻执行“预防为主，防治结合”的方针，保障职工在生产劳动过程中不受职业病危害因素的影响，预防职业病的发生，保护职业病的合法权益，提高劳动生产率，根据《职业病防治法》的规定，结合公司实际，特制定本制度。

第二条　本制度规定了职业健康管理职责及作业管理，作业环境管理，职业健康管理等职责，适用于公司所有涉及职业健康管理的单位。

第三条　公司人力资源部门、生产部门、行政部门应当加强对职业病防治的宣传教育，普及职业病防治知识，增强职工职业病防治观念，提高职工自我健康保护意识。

第四条　公司任何单位或个人有权对违反本制度的行为向公司领导、安全环保部门、卫生监督部门检举、报告。

第五条　公司各级行政主管领导在各自工作范围和管理权限内负责本单位职业健康管理工作，公司安全生产委员会对全公司职业健康工作进行指导、决策及监督管理。职业健康科代表公司安委会行使职业健康监督管理职能。各级职工代表组织有权对职业健康工作进行群众监督。

第六条 职业健康科作为公司职业健康检测机构，全面负责公司范围内的职业健康检测及公司安委会布置的职业健康管理工作。

第七条 人力资源部门负责职业健康监护，主要负责职业健康体检和医疗。

按照《职业病防治法》的规定，职业病诊断应当由省级以上人民政府卫生行政部门批准的医疗卫生机构承担，我公司仅以此机构出具的职业病诊断结论执行政策。

第八条 涉及职业病危害因素的部门必须指定兼职职业健康管理人员。

第九条 必须认真落实新建、改建、扩建项目（简称“建设项目”）职业健康设施“三同时”管理规定。

（1）建设项目主管部门在拟定生产建设项目时，要充分利用先进技术，尽量选择无毒、无害的先进生产工艺。在可行性论证阶段，应当委托职业健康技术服务机构进行职业病危害预评价。

（2）职业健康设施的设计必须认真贯彻《国务院关于防尘，防毒工作的决定》，并严格执行《工业企业设计卫生标准》及有关行业标准、规定。

（3）对职业健康有特殊要求的（如有毒、有害、有放射性）危害性较大的设计项目，必须经职业健康科和有关部门审查同意，符合安全卫生要求后才能实施。属职业病危害严重的建设项目，同时报安全监察行政部门进行设计审查。

（4）工程部门及施工单位要对职工安全卫生设施工程质量负责；设备及物资供应部门要对所购进设施、设备、防护器材的质量负责；职业健康科对建设项目职业健康设施实行监督管理。

（5）职业安全卫生设施竣工验收要与主体工程同时进行，必须有项目主管部门、职业健康科人员参加，验收合格后方可投入生产运行。

（6）生产设备检修时，安全卫生设施必须同时列入计划，同步检修，同步投入生产。

第十条 尘毒作业单位必须依据《国务院关于防尘、防毒工作的决定》及有关标准、规范加强尘毒作业管理。

（1）尘毒作业现场操作尽量选择隔离化、遥控化、密封化等非直接接触作业方式。

（2）必须建立健全各项尘毒作业操作规程及有关管理制度，严禁违章作业。

（3）尘毒作业扬所控制章、操作室、人员休息室内，尘毒浓度不得超过国家限值标准。

（4）从事尘毒作业职工，要尽量缩短接触时间，要加强个体防护。非进入尘毒浓度超标场所作业不可时，必须穿戴好个体防护用品。

第十条 尘毒、高温、噪声、振动作业环境按照国家标准实行分级管理。

第十一条 公司职业健康科必须按照《木制家具企业职业健康检测规程》等标准对公司尘毒、噪声、振动等有害作业环境定期进行检测评价，发现问题及时处理，上报并督促整改，做好检测数据归档管理工作。

第十二条 尘毒作业环境浓度合格率，高温、噪声、振动作业环境指标合格率，职业健康防护设施运行效率等指标应作为安全环保管理考核指标。

第十三条 尘毒、噪声、振动作业单位应建立防护设施运行、维护和管理制度、管理档案。

第十七条 涉及职业危害因素的单位必须按照国家规定的标准为职工提供职业病防护用品。并督促职工正确使用和穿戴。

第十八条 任何单位或个人不得随意拆卸停用各种职业健康防护设施、标识，因故必须拆卸、停用时须报经安环部门批准，并在生产设备检修完毕时及时恢复。

第二十二条 市定点医院必须严格按照国家及卫生部门有关职业健康管理标准对我公司接触尘、毒噪声、振动等岗位的职工进行健康检查。

第二十三条 实行就业前、在岗和特殊健康检查、职业病人离退后复查。

检查结果必须建立职工健康监护档案。健康监护档案包括劳动者的职业史、职业病危害因素接触史、职业健康检查结果和职业病诊疗等个人健康资料。

第二十四条 职业健康体检岗位人员名单由职业健康科根据现场调查检测结果提出，报卫生部门进行体检，体检结果应及时报送公司职业健康科。

第二十五条 各单位和医疗卫生机构发现职业病人或疑似职业病人时，应当及时向公司职业健康科报告。

职业健康科应及时向公司领导及所在地卫生行政部门报告，对确认为职业病的，应向所在地劳动保障行政部门报告。

第二十六条 根据《职业病防治法》及有关规定，我公司实行接尘人员每年检查一次。接触噪声、振动人员每 2 年检查一次，各部门对检查出的职业病或疑似职业病人员要按照国家规定调离原岗位并妥善安置。

各部门对从事接触职业病危害因素作业的劳动者，应当按照国家或地方政府部门的规定给予适当的岗位津贴。

第二十七条 职业病的治疗由卫生部门负责实施。

第二十八条 职业病体检、医疗及营养费等待遇按照国家或地方政府部门规定执行。安全生产委员会掌握发放标准。

用于预防和治理职业病危害、工作场所卫生检测、健康监护和职业健康培训等的费用，按国家有关规定，在生产成本中据实列支。

疑似职业病病人在诊断、医学观察期间的费用，由用人单位承担。

第二十九条 根据有关职业病报告管理规定，职业健康部门要按照《职业病统计报表》的格式定期向公司安全生产委员会报告我公司职业病发生、发展情况。

二、环境管理体系标准

（一）总要求

组织应根据本标准的要求建立、实施、保持和持续改进环境管理体系，确定它将如何实现这些要求，并形成文件。

组织应界定环境管理体系的范围，并形成文件。

（二）环境方针

最高管理者应确定本组织的环境方针，并在界定的环境管理体系的范围内，确保其：

（1）适合于组织活动、产品和服务的性质、规模和环境影响；

（2）包括对持续改进和污染预防的承诺；

（3）包括对遵守与其环境因素有关的适用法律法规要求和其他要求的承诺；

（4）提供建立和评审环境目标和指标的框架；

（5）形成文件，付诸实施，并予以保持；

（6）传达到所有为组织或代表它工作的人员；

（7）可为公众所获取。

（三）策划

1. 环境因素

组织应建立、实施并保持一个或多个程序，用来：

（1）识别其环境管理体系覆盖范围内的活动、产品和服务中能够控制，或能够施加影响的环境因素，此时应考虑到已纳入计划的或新的开发、新的或修改的活动、产品和服务等因素；

（2）确定对环境具有或可能具有重大影响的因素（即重要环境因素）。

组织应将这些信息形成文件并及时更新。

组织应确保在建立、实施和保持环境管理体系时，对重要环境因素加以考虑。

2. 法律法规和其他要求

组织应建立、实施并保持一个或多个程序，用来：

（1）识别适用于其活动、产品和服务中环境因素的法律法规和其他应遵守的要求，并建立获取这些要求的渠道；

（2）确定这些要求如何应用于组织的环境因素。

组织应确保在建立、实施和保持环境管理体系时，对这些适用的法律法规和其他要求加以考虑。

3. 目标、指标和方案

组织应针对其内部有关职能和层次，建立、实施并保持形成文件的环境目标和指标。

如可行，目标和指标应可测量。目标和指标应符合环境方针，包括对污染预防、持续改进和遵守适用的法律法规和其他要求的承诺。

组织在建立和评审目标和指标时，应考虑法律法规和其他要求，以及它自身的重要环境因素。此外，还应考虑可选的技术方案，财务、运行和经营要求，以及相关方的观点。

组织应制定、实施并保持一个或多个用于实现其目标和指标的方案，其中应包括：

（1）规定组织内各有关职能和层次实现目标和指标的职责；

（2）实现目标和指标的方法和时间表。

（四）实施与运行

1. 资源、作用、职责和权限

管理者应确保为环境管理体系的建立、实施、保持和改进提供必要的资源。资源包括人力资源和专项技能、组织的基础设施以及技术和财力资源。

为便于环境管理工作的有效开展，应对作用、职责和权限做出明确规定，形成文件，并予以传达。

组织的最高管理者应任命专门的管理者代表，无论他（们）是否还负有其他方面的责任，应明确规定其作用、职责和权限，以便：

（1）确保按照本标准的要求建立、实施和保持环境管理体系；

（2）向最高管理者报告环境管理体系的运行情况以供评审，并提出改进建议。

2. 能力、培训和意识

组织应确保所有为它或代表它从事被确定为可能具有重大环境影响的工作的人员，都具备相应的能力。该能力基于必要的教育、培训或经历。组织应保存相关的记录。

组织应确定和其环境因素和环境管理体系有关的培训需求并提供培训，或采取其他措施来满足这些需求。应保存相关的记录。

组织应建立、实施并保持一个或多个程序，使为它或代表它工作的人员都意识到：

（1）符合环境方针与程序和符合环境管理体系要求的重要性；

（2）他们工作中的重要环境因素和实际的或潜在的环境影响，以及个人工作的改进所能带来的环境效益；

（3）他们在实现环境管理体系要求符合性方面的作用与职责；

（4）偏离规定的运行程序的潜在后果。

3. 信息交流

组织应建立、实施并保持一个或多个程序，用于有关其环境因素和环境管理体系的：

（1）组织内部各层次和职能间的信息交流；

（2）与外部相关方联络的接收、形成文件和回应。

组织应决定是否就其重要环境因素与外界进行信息交流，并将其决定形成文件。如决定进行外部交流，就应规定交流的方式并予以实施。

4. 文件

环境管理体系文件应包括：

（1）环境方针、目标和指标；

（2）对环境管理体系的覆盖范围的描述；

（3）对环境管理体系主要要素及其相互作用的描述，以及相关文件的查询途径；

（4）本标准要求的文件，包括记录；

（5）组织为确保对涉及重要环境因素的过程进行有效策划、运行和控制所需的文件和记录。

5. 文件控制

应对本标准和环境管理体系所要求的文件进行控制。组织应建立、实施并保持一个或多个程序，以规定：

（1）在文件发布前进行审批，以确保其充分性和适宜性；

（2）必要时对文件进行评审和修订，并重新审批；

（3）确保对文件的修改和现行修订状态做出标识；

（4）确保在使用处能得到适用文件的有关版本；

（5）确保文件字迹清楚，易于识别；

（6）确保对策划和运行环境管理体系所需的外部文件做出标识，并对其发放予以控制；

（7）防止对过期文件的非预期使用。如需将其保留，要做出适当的标识。

6. 运行控制

组织应根据其方针、目标和指标，识别和策划与所确定的重要环境因素相关的运行，以确保其通过下列方式在规定的条件下进行：

（1）建立、实施并保持一个或多个形成文件的程序，以控制因缺乏程序文件而导致偏离环境方针、目标和指标的情况；

（2）在程序中规定运行准则；

（3）对于组织使用的产品和服务中所确定的重要环境因素，应建立、实施并保持程序，并将适用的程序和要求通报供方及合同方。

7. 应急准备和响应

组织应建立、实施并保持一个或多个程序，用于识别可能对环境造成影响的潜在的紧急情况和事故，并规定相应措施。

组织应对实际发生的紧急情况和事故做出响应，并预防或减少随之产生的有害环境影响。

组织应定期评审其应急准备和响应程序。必要时对其进行修订，特别是在事故或紧急情况发生后。

可行时，组织还应定期试验上述程序。

（五）检查

1. 监测和测量

组织应建立、实施并保持一个或多个程序，对可能具有重大环境影响的运行的关键特性进行例行监测和测量。程序中应规定将监测环境绩效、适用的运行控制、目标和指标符合情况的信息形成文件。

组织应确保所使用的监测和测量设备经过校准和检验，并予以妥善维护。应保存相关的记录。

2. 合规性评价

（1）为了履行遵守法律法规要求的承诺，组织应建立、实施并保持一个或多个程序，以定期评价对适用法律法规的遵循情况。

组织应保存对上述定期评价结果的记录。

（2）组织应评价对其他要求的遵循情况。这可以和 4.5.2.1 中所要求的评价一起进行，也可以另外制定程序，分别进行评价。

组织应保存上述定期评价结果的记录。

（3）不符合，纠正措施和预防措施

组织应建立、实施并保持一个或多个程序，用来处理实际或潜在的不符合，采取纠正措施和预防措施。程序中应规定以下方面的要求：

1）识别和纠正不符合，并采取措施减少所造成的环境影响；

2）对不符合进行调查，确定其产生原因，并采取措施以避免再度发生；

3）评价采取预防措施的需求；实施所制定的适当措施，以避免不符合的发生；

4）记录采取纠正措施和预防措施的结果；

5）评审所采取的纠正措施和预防措施的有效性。

所采取的措施应与问题和环境影响的严重程度相符。

组织应确保对环境管理体系文件进行必要的更改。

（4）记录控制

组织应根据需要，建立并保持必要的记录，用来证实对环境管理体系及本标准要求的符合，以及所实现的结果。

组织应建立、实施并保持一个或多个程序，用于记录的标识、存放、保护、检索、留存和处置。

环境记录应字迹清楚，标识明确，并具有可追溯性。

（5）内部审核

组织应确保按照计划的间隔对环境管理体系进行内部审核。目的是：

1）判定环境管理体系

①是否符合组织对环境管理工作的预定安排和本标准的要求；

②是否得到了恰当的实施和保持。

2）向管理者报告审核结果

组织应策划、制定、实施和保持一个或多个审核方案，此时，应考虑到相关运行的环境重要性和以往审核的结果。

应建立、实施和保持一个或多个审核程序，用来规定：

——策划和实施审核及报告审核结果、保存相关记录的职责和要求；

——审核准则、范围、频次和方法。

审核员的选择和审核的实施均应确保审核过程的客观性和公正性。

（六）管理评审

最高管理者应按计划的时间间隔，对组织的环境管理体系进行评审，以确保其持续适宜性、充分性和有效性。评审应包括评价改进的机会和对环境管理体系进行修改的需求，包括环境方针、环境目标和指标的修改需求。应保存管理评审记录。

管理评审的输入应包括：

①内部审核和合规性评价的结果；

②来自外部相关方的交流信息，包括抱怨；

③组织的环境绩效；

④目标和指标的实现程度；

⑤纠正和预防措施的状况；

⑥以前管理评审的后续措施；

⑦客观环境的变化，包括与组织环境因素有关的法律法规和其他要求有关的发展变化；

⑧改进建议。

管理评审的输出应包括为实现持续改进的承诺而做出的，与环境方针、目标、指标以及其他环境管理体系要素的修改有关的决策和行动。

第四节　案例分析

选取在山东济南一处高层住宅施工项目对其进行高层建筑施工安全评价，该项目规划面积约 17 万 m^2，建筑面积 35 万 m^2，容积率 2.07。

（一）识别可能的施工安全风险因素

进行高层建筑施工安全评价，首先需要识别该项目中可能存在的施工安全风险因素。由于风险评价的准确度和可靠性等多方面都受到评价人员的知识水平以及经验水平的影响，所以在成立风险评价小组时，应该保证其成员包括熟悉系统各方面的专业人员。受实际项目约束，本书选取10位来自不同部门的工程师来模拟施工风险评价小组。对需要进行识别施工安全风险因素的高层建筑项目，风险评价小组应该对该项目的施工作充分的了解，包括该高层建筑施工项目的建筑结构、使用功能、施工中特殊的工艺流程、施工操作条件等，并收集与高层建筑有关的安全法规、标准、制度，以及以往相关高层建筑发生过的事故的相关资料，作为识别可能的施工安全风险因素的重要依据。

由风险评价小组在熟悉高层建筑施工项目和收集高层安全相关资料的基础上，对可能的施工安全风险因素进行识别和分类划分。受实际项目约束，本书采取由施工风险评价小组熟悉高层建筑施工项目，作者搜集高层建筑安全相关资料供施工风险评价小组参考的方法，最终识别的风险和构建的风险框架图将该高层建筑施工可能的施工安全风险因素划分为施工作业人员、电气和机械设备、施工环境、施工管理4个类别。

（二）递阶层次结构的构造

构造模型对上文识别出的风险因素进行评价：在风险因素重要度排序层次结构中，最高层准则为风险因素重要度。第2层中准则为风险因素发生的概率，风险发生时的损失和风险因素的可控制性3个方面。第3层为工程风险分类，按照上文风险的识别和风险框架图的构建，分为施工作业人员、电气和机械设备、施工环境、施工管理。第4层为结构的最底层，包括各风险类中具体风险因素。

（三）判断矩阵的构造和检验

构造因素和子因素的判断矩阵：风险评价小组成员按照自己的经验，对因素层和子因素层间各元素的相对重要性进行两两对比，评判打分。

（四）建筑施工安全评价

采用AHP计算软件yaahp对数据进行分析。在进行分析前需要对结果的一致性加以检验。第1次有3位专家的问卷没通过一致性检验，需要专家重新作评价，然后再检验通过。

通过计算可以得出各个风险的重要性大小的权重和排序，从而确定重点防控领域。由权重可以直观得出各个风险的重要性大小。

（五）确定重点防控领域

从分析结果看出，组织管理方面的安全监管不力，教育培训不足以及施工作业人员的违章操作等重要性都非常高。因而，在确定重点防控领域、制定相应的决策并实行有效的管理方面，建议该项目采取以下一些安全管理措施：

（1）加强安全监管，建立完善的施工安全管理体系。安全检查是及时发现事故隐患，采取有效措施预防事故，保证施工安全的重要手段。建议该项目巩固定期检查、突击性检查、专业性检查和经常性检查 4 类检查制度。具体阐述如下：

①定期检查。各施工队应该每天对自己负责的区域进行检查，由施工负责人组织。生产班组对各自所处施工环境每日开工前和完工后进行自检，发现安全隐患及时报告。

②突击检查。同行业或兄弟单位发生重大伤亡事故、设备事故、交通、火灾事故，为了吸取教训，采取预防措施，根据事故性质、特点，组织突击检查。

③专业性检查。针对施工中存在的突击问题，如：在施工机具、临时用电等方面，组织单项检查，进行专项治理。

④经常性检查。安全职能人员和项目经理部、安全值班人员，应经常深入施工现场，进行预防检查，及时发现隐患、消除隐患，确保施工正常进行。

此外，在制定施工安全管理制度方面，应建立权责明确的组织责任体系，按照科学的管理流程，进行计划、执行、控制和反馈等安全职能管理活动。其中，形成工作内容清晰、责任明确的组织结构和层次分明的管理目标，是构建安全管理体系的基础。以总工程师为例，总工程师对公司的安全生产工作技术负领导责任，其主要职责是：组织开展安全技术研究，推广先进安全技术和安全防护装备，组织落实重大事故隐患整改方案；审核、批准项目安全技术操作规程和安全技术措施项目；审批重大或特殊工程安全技术方案，审定季节性安全技术措施；指导并参与对管理人员及特殊工种作业人员的安全教育、培训和考核；参加重大事故的调查，组织技术力量对事故进行技术原因分析、鉴定，提出技术上的改进措施，防止事故重复发生。

（2）加强项目各方人员，尤其是施工人员的安全教育培训。推行安全教育和培训制度化、规范化，提高全体项目人员的安全意识和安全管理水平，减少和防止生产安全事故的发生。可从以下方面入手：

①施工单位 3 类管理人员的考核。施工单位的主要负责人、项目负责人、专职安全生产管理人员应当进行专门的安全教育培训，并且经安全管理部门或者其他部门考核合格后才能任职。

②每年至少进行 1 次全员安全生产教育培训。施工单位应当对管理人员和作业人员每年分别至少进行一次安全生产教育培训，并且进行考核。安全生产教育培训考核不合格的人员，将不能上岗。管理人员的安全教育重点在安全管理思想教育；作业人员的安全教育重点在安全技能教育和事故案例教育。

③进入新的岗位或者新的施工现场前所有人员应该进行安全生产教育培训。管理人员和作业人员进入新的岗位或者新的施工现场前，必须接受安全生产教育培训。若未经安全教育培训或者教育培训考核不合格的人员，将不能上岗。

第十三章　施工项目竣工验收及评价

第一节　施工项目竣工验收阶段管理

一、施工项目竣工验收的意义

（一）施工项目竣工验收阶段管理的概念

施工项目竣工验收指承包人按施工合同完成了项目全部任务，经检验合格，由发包人组织验收的过程。竣工验收阶段管理除了包括竣工验收管理以外，还包括竣工验收资料管理、竣工结算管理和项目产品移交。对建设项目来说，竣工验收阶段管理是最后阶段的管理，但是对施工项目管理来，竣工验收阶段管理并不是最后管理阶段，在此阶段以后还要进行回访保修阶段的管理。

（二）竣工验收与法律、法规

竣工验收阶段管理是施工项目管理中涉及经营问题较多的一个阶段又因为关系到项目产品（资产）的交易，故受到了很高的重视，有较多的法律、法规对此做了规定，如《中华人民共和国合同法》《中华人民共和国建筑法》《建设工程质量管理条例》《建设工程现场管理规定》《建设工程施工合同（示范文本）》《建设工程文件整理规范》等，都有竣工验收管理的规定。竣工验收管理必须按照有关法律、法规的规定进行准备、组织和运作，使之符合标准要求、行政要求、经济要求等。

（三）竣工验收阶段管理程序

竣工验收阶段管理按以下程序进行：进行竣工验收准备：包括施工单位自检、竣工验收资料准备、竣工收尾等。编制竣工验收计划：包括竣工收尾计划和竣工阶段其他工作计划。组织现场验收：首先由监理机构进行竣工预验收，提出竣工验收评估报告，承包人提交竣工报告，发包人进行审定，做出竣工验收决策。进行竣工结算：工程竣工结算与竣工验收工作同时进行。首先由承包人确定工程竣工结算价款，进行竣工结算，再由监理机构审核后向发包人递交工程竣工结算报告和结算资料，最后由移交竣工资料：竣工资料应齐全、完整、准确、符合规范的规定，标识、编目、组卷、书写符合档案管理质量要求。办理交工手续：工程现场验收合格后，由发包人、承包人、设计单位、监理单位和其他有关单位在竣工验收报告上签认，结算完毕，办完资料移交手续，签署工程质量保修书，便可进行工程移交，项目经理部便完成了全部管理责任。竣工验收阶段的各项工作都要进行目标控制，也涉及生产要素、施工现场、合同和信息管理，工作头绪多，界面多，变化多，专业性强，系统性强。为了保证这一阶段管理成功，以上程序是不能随意改变的。

二、施工项目竣工验收准备的管理

施工项目竣工验收准备阶段管理应做好以下工作：建立竣工收尾小组，该小组由项目经理、技术负责人、有关管理人员、工长、班组长等组成，明确各成员的管理责任。编制竣工收尾计划并限期完成。该计划主要包括收尾工作项目、责任人、完成时间等。项目经理在完成竣工收尾计划后向企业报告，提交有关部门进行准备工作验收。在竣工收尾工作验收合格的基础上，由企业管理层向发包人发出预约竣工验收的通知书，说明拟交工验收项目情况，商定有关竣工验收事宜。

三、施工项目竣工资料管理

（一）施工项目竣工资料的内容

施工项目竣工资料由《建设工程文件归档整理规范》GB/T50328—2001 规定，根据整理资料主体和专业的不同，竣工资料也不尽相同，由建筑业企业整理归档的建筑工程竣工资料主要包括：

①施工文件包括：施工技术准备文件；施工现场准备文件；地基处理记录；工程图纸变更记录；施工材料预制构件质量证明文件及复试试验报告；施工试验记录隐蔽工程检查记录；施工记录；工程质量事故处理记录；工程质量检验记录。

②工程竣工图包括：综合竣工图；专业竣工图。

③竣工验收文件包括：工程竣工总结；竣工验收记录；财务文件；声像、微缩、电子档案。

（二）竣工资料管理要求

（1）在企业总工程师的领导下，由归口管理部门负责日常工作。

（2）在项目经理领导下由项目技术负责人牵头，收集和整理资料。

（3）实行总承包的，分包机构收集整理分包范围内的工程竣工资料，总包人汇总整理并向发包人移交。

（4）执行《建设工程文件归档整理规范》的规定。

（5）建立收集资料的岗位责任制，不遗漏、不损毁。

（6）竣工资料的整理，应做到图物相符、数据准确、手续完备、不伪造、不后补。

（7）以单位工程为对象整理组卷，案卷构成应符合《科学技术档案构成的一般要求》GBT11822—2000 的规定。

四、施工项目竣工验收管理

（一）施工项目竣工验收程序和依据

1. 竣工验收程序

单独签订施工合同的单位工程，竣工后可单独进行竣工验收。在一单位工程中满足规定竣工要求的专业工程，可征得发包人同意，分阶段进行竣工验收。单项工程符合设计文件要求、满足生产需要或具备使用条件，并符合其他竣工条件，便可进行竣工验收。建设项目按设计要求全部建设完成符合竣工验收标准，可进行竣工验收，但是中间竣工并已办理移交手续的单项工程，可不再进行竣工验收。

2. 竣工验收依据

施工项目竣工验收依据包括：设计文件，施工合同，设备技术说明书，设计变更通知书，工程质量验收标准等。

（二）竣工验收要求

达到合同约定的工程质量验收标准。单位工程达到竣工验收的合格标准。单位工程满足生产要求或使用要求。建设项目满足投入使用或生产的各项要求。竣工验收组织要求是：由发包人负责组织验收；勘察、设计、施工、监理、建设主管部门、备案部门的代表参加；验收组织的职责是听取各单位的情况报告，审查竣工资料，对工程质量进行评估、鉴定，形成工程竣工验收会议纪要，签署工程竣工验收报告，对遗漏问题做出处理决定。竣工验收报告应包括下列内容：工程概况，竣工验收组织形式，质量验收情况，竣工验收程序竣工验收意见，签名盖章确认，附件。通过竣工验收程序，办完竣工结算后，承包人应在规定期限内（28d）向发包人办理工程移交手续。工程移交工作的内容包括：交钥匙，交竣工资料，交工程质量保修书。

五、施工项目竣工结算

（一）竣工结算方式

工程竣工验收报告完成后，承包人应立即在规定的时间内向发包人递交工程竣工结算报告及完整的竣工结算资料。执行《建设工程施工合同（示范文本）》第 32 条的规定。

当年开工、当年竣工的工程，一般实行工程竣工后一次结算；跨年施工项目可分段结算；工程实行总包的，总包人统一向发包人按规定办理结算。

（二）竣工结算依据

竣工结算的依据有：施工合同，中标投标书的报价单，施工图及设计变更通知单、施工变更记录、技术经济签证，计价规定，有关施工技术资料，工程竣工验收报告，工程质量保修书，其他有关资料（如材料代用资料，价格变更文件，隐蔽工程记录等）。

（三）竣工结算要求

做好竣工结算检查，逐项核对工程结算书，检查设计变更签证，核实工程数量，检查计价水平是否合理等。编制竣工结算资料和竣工结算报告时，遵循下列原则：以单位工程或合同约定的专业项目为基础，对原报价单的主要内容进行检查核对；对漏算、多算、误算及时进行调整；汇总单位工程结算书编制单项工程综合结算书；汇总综合结算书编制建设项目总结算书。项目经理部编制的工程结算报告要经企业主管部门审定、发包人审查。项目经理部按照项目管理目标责任书的规定配合企业主管部门及时办理竣工结算手续。竣工结算报告及竣工结算资料应作为竣工资料及时归档保存。工程竣工结算要认真预防价格和支付风险，利用合同、保险和担保等手段防止拖欠工程款。

第二节　施工项目管理考核评价

由项目考核评价主体对考核评价客体和项目管理行为，水平及成果进行考核并做出评价的过程。

一、一般规定

（1）项目考核评价的目的应是规范项目管理行为，鉴定项目管理水平，确认项目管理成果，对项目管理进行全面考核和评价。

（2）项目考核评价的主体应是派出项目经理的单位。项目考核评价的对象应是项目经理部，其中应突出对项目经理的管理工作进行考核评价。

（3）考核评价的依据应是施工项目经理与承包人签订的“项目管理目标责任书”，内容应包括完成工程施工合同、经济效益、回收工程款、执行承包人各项管理制度、各种资料归档等情况，以及“项目管理目标责任书”中其他要求内容的完成情况。

（4）项目考核评价可按年度进行，也可按工程进度计划划分阶段进行，还可综合以上两种方式，在按工程部位划分阶段进行考核中插入按自然时间划分阶段进行考核。工程完工后，必须对项目管理进行全面的终结性考核。

(5)工程竣工验收合格后，应预留一段时间整理资料、疏散人员、退还机械、清理场地、结清账目等，再进行终结性考核。

(6)项目终结性考核的内容应包括确认阶段性考核的结果，确认项目管理的最终结果，确认该项目经理部是否具备“解体”的条件。经考核评价后，兑现“项目管理目标责任书”确定的奖励和处罚。

二、考核评价实务

(1)施工项目完成以后，企业应组织项目考核评价委员会。项目考核评价委员会应由企业主管领导和企业有关业务部门从事项目管理工作的人员组成，必要时也可聘请社团组织或大专院校的专家、学者参加。

(2)项目考核评价可按下列程序进行：

①制订考核评价方案，经企业法定代表人审批后施行。

②听取项目经理部汇报，查看项目经理部的有关资料，对项目管理层和劳务作业层进行调查。

③考察已完工程。

④对项目管理的实际运作水平进行考核评价。

⑤提出考核评价报告。

⑥向被考核评价的项目经理部公布评价意见。

(3)项目经理部应向考核评价委员会提供下列资料：

①“项目管理实施规划”、各种计划、方案及其完成情况。

②项目所发生的全部来往文件、函件、签证、记录、鉴定、证明。

③各项技术经济指标的完成情况及分析资料。

④项目管理的总结报告，包括技术、质量、成本、安全、分配、物资、设备、合同履约及思想工作等各项管理的总结。

⑤使用的各种合同，管理制度，工资发放标准。

(4)项目考核评价委员会应向项目经理部提供项目考核评价资料。资料应包括下列内容：

①考核评价方案与程序。

②考核评价指标、计分办法及有关说明。

③考核评价依据。

④考核评价结果。

三、考核评价指标

（一）考核评价的定量指标宜包括下列内容

（1）工程质量等级；

（2）工程成本降低率；

（3）工期及提前工期率；

（4）安全考核指标。

（二）考核评价的定性指标宜包括下列内容

（1）执行企业各项制度的情况。

（2）项目管理资料的收集、整理情况。

（3）思想工作方法与效果。

（4）发包人及用户的评价。

（5）在项目管理中应用的新技术、新材料、新设备、新工艺。

（6）在项目管理中采用的现代化管理方法和手段。

（7）环境保护。

结　语

时代的发展催动着社会的高速进步，就我国现阶段的发展模式而言，城镇化的推广以及人们生活水平的提高，伴随着房屋建设工程的大规模开展已成必然趋势。在房屋建设工程的开展过程中，受制于多方面因素的限制，管理工作的开展还存在很多的不足。这不仅影响了城建工作的有序开展，对于我国社会的持续进步也是一种阻碍。本书就如何提升房屋建设与土木工程项目管理水平问题展开探析，致力于服务今后房屋建设工作的有序开展。除此之外，在土木工程项目管理过程中，通过合理的可持续稳定发展宣传，对项目施工的各个阶段进行意识化管理，增强整体新技术、新水平的建设，不断提升综合工程化模式分析，加强对建设思路、建设需求、建设技术、建设物资等多内容的研究，实现节能环保，绿色建筑，综合资源材料的处理，逐步优化产业管理模式的建设效果，对工程建设的每一个环节进行可持续稳定发展，提升综合建设管理水平。未来我国需要加强土木工程建设项目施工与其他相关工程管理之间的协调沟通水平，明确实际工程建设的目标需求，不断完善建筑施工管理的节能绿色环保需求，提升环保意识，加强可持续稳定发展管理水平。